"十一五"国家计算机技能型紧缺人才培养培训教材

编 委 会

主 任　杨绥华

编 委　（排名不分先后）

韩立凡　孙振业　王　勇　左喜林　邹华跃

姜大鹏　李　勤　钱晓彬　刘　斌　黄梅琪

吕允英　韩　悦　韩　联　韩中孝　张　洁

战晓雷　董淑红

策　划　WISBOOK 海洋智慧图书

丛 书 序 言

　　计算机技术是推动人类社会快速发展的核心技术之一。在信息爆炸的今天，计算机、因特网、平面设计、三维动画等技术强烈地影响并改变着人们的工作、学习、生活、生产、活动和思维方式。利用计算机、网络等信息技术提高工作、学习和生活质量已成为普通人的基本需求。政府部门、教育机构、企事业、银行、保险、医疗系统、制造业等单位和部门，无一不在要求员工学习和掌握计算机的核心技术和操作技能。据国家有关部门的最新调查表明，我国劳动力市场严重短缺计算机技能型技术人才，而网络管理、软件开发、多媒体开发人才尤为紧缺。培训人才的核心手段之一是教材。

　　为了满足我国劳动力市场对计算机技能型紧缺人才的需求，让读者在较短的时间内快速掌握最新、最流行的计算机技术的操作技能，提高自身的竞争能力，创造新的就业机会，我社精心组织了一批长期在一线进行电脑培训的教育专家、学者，结合培训班授课和讲座的需要，编著了这套为高等职业院校和广大的社会培训班量身定制的《"十一五"国家计算机技能型紧缺人才培养培训教材》。

一、本系列教材的特点

1. 实践与经验的总结——拿来就用

　　本系列书的作者具有丰富的一线实践经验和教学经验，书中的经验和范例实用性和操作性强，拿来就用。

2. 丰富的范例与软件功能紧密结合——边学边用

　　本系列书从教学与自学的角度出发，"授人以渔"，丰富而实用的范例与软件功能的使用紧密结合，讲解生动，大大激发读者的学习兴趣。

3. 由浅入深、循序渐进、系统、全面——为培训班量身定制

　　本系列教材重点在"快速掌握软件的操作技能"、"实际应用"，边讲边练、讲练结合，内容系统、全面，由浅入深、循序渐进，图文并茂，重点突出，目标明确，章节结构清晰、合理，每章既有重点思考和答案，又有相应上机操练，巩固成果，活学活用。

4. 反映了最流行、热门的新技术——与时代同步

　　本系列教材在策划和编著时，注重教授最新版本软件的使用方法和技巧，注重满足应用面最广、需求量最大的读者群的普遍需求，与时代同步。

5. 配套光盘——考虑周到、方便、好用

　　本系列书在出版时尽量考虑到读者在使用时的方便，书中范例用到的素材或者模型都附在配套书的光盘内，有些光盘还赠送一些小工具或者素材，考虑周到、体贴。

二、本系列教材的内容

1. 新编中文版 Dreamweaver MX 标准教程（含 1CD）
2. 新编中文版 Flash MX 标准教程（含 1CD）
3. 新编 Authorware 6.5 标准教程（含 1CD）
4. 新编 3ds max 5 标准教程（含 1CD）
5. 新编中文版 AutoCAD 2002 标准教程（含 1CD）
6. 新编中文版 AutoCAD 2004 标准教程（含 1CD）
7. 新编中文版 Photoshop 7 标准教程（含 1CD）
8. 新编中文版 Illustrator 10 标准教程（含 1CD）
9. 新编中文版 CorelDRAW 11 标准教程（含 1CD）
10. 新编 Premiere 6.5 标准教程（含 1CD）

"十一五"国家计算机技能型紧缺人才培养培训教材
教育部职业教育与成人教育司
全国职业教育与成人教育教学用书行业规划教材

新编 中文版 Photoshop CS4 标准教程

策划／WISBOOK海洋智慧图书
编著／张丕军　杨顺花　齐　骥　王景霖

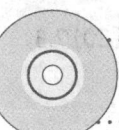

光盘内容
立体演示21个典型范例制作的全过程教学视频文件、
练习素材和范例源文件

海洋出版社
北京

内 容 简 介

本书是专为想在短期内通过课堂教学或自学快速掌握中文版 Photoshop CS4 的使用方法和技巧而编写的标准教程。作者从自学与教学的实用性、易用性出发，用典型的实例边讲解边操作，并配备设计流程图详细生动地展示了 Photoshop CS4 的强大功能。

本书内容：全书由 13 章构成，通过精心设计的丰富典型实例和课堂实训的实际制作，形象直观地介绍了中文版 Photoshop CS4 的具体应用。分别介绍了图形图像基础知识、Photoshop CS4 工具箱中的各工具、图层、通道与蒙版、任务自动化、滤镜、色彩与色调调整、常用菜单命令等的使用方法及其应用；最后通过 5 个典型的综合实例全面讲解了 Photoshop CS4 在图形图像处理方面的具体应用。

本书特点：1. 基础知识讲解与范例操作紧密结合贯穿全书，边讲解边操练，学习轻松、上手容易；2. 提供重点实例设计流程图和设计思路，激发读者动手欲望，注重学生动手能力和实际应用能力的培养；3. 实例典型，任务明确，活学活用；4. 每章后都配有练习题，利于巩固所学知识和创新。

光盘内容：立体演示 21 个典型范例制作的全过程教学视频文件、练习素材和范例源文件。

适用范围：全国职业院校平面设计专业课教材，社会平面设计培训班用书，从事平面设计的广大初、中级人员实用的自学指导书。

图书在版编目(CIP)数据

新编中文版 Photoshop CS4 标准教程/张丕军等编著. —北京：海洋出版社，2009.9（2017.3 重印）

ISBN 978-7-5027-7527-8

Ⅰ.新… Ⅱ.张… Ⅲ.图形软件，Photoshop CS4—教材 Ⅳ.TP 391.41

中国版本图书馆 CIP 数据核字（2009）第 125425 号

总 策 划：WISBOOK	发 行 部：（010）62174379（传真）（010）62132549
责任编辑：刘 斌	（010）68038093（邮购）（010）62100077
责任校对：肖新民	技术支持：（010）62100055
责任印制：赵麟苏	网 址：www.oceanpress.com.cn
光盘制作：刘 斌	承 印：北京画中画印刷有限公司印刷
光盘测试：刘 斌	版 次：2017 年 3 月第 1 版第 5 次印刷
排 版：海洋计算机图书输出中心 晓阳	开 本：787mm×1092mm 1/16
出版发行：海洋出版社	印 张：19.75
地 址：北京市海淀区大慧寺路 8 号（716 房间）100081	字 数：474 千字
	印 数：15001～18000 册
经 销：新华书店	定 价：28.00 元（含 1CD）

本书如有印、装质量问题可与发行部调换

11. 新编中文版 Fireworks MX 标准教程（含 1CD）
12. 新编中文版 PageMaker 6.5 标准教程（含 1CD）
13. 新编 Authorware 7 标准教程（含 1CD）
14. 新编中文版 Fireworks MX 2004 标准教程（含 1CD）
15. 新编中文版 Flash MX 2004 标准教程（含 1CD）
16. 新编 Premiere Pro 标准教程（含 1CD）
17. 新编中文版 Dreamweaver MX 2004 标准教程（含 1CD）
18. 新编中文版 Photoshop CS 标准教程（含 1CD）
19. 新编中文 Illustrator CS 标准教程（含 1CD）
20. 新编 3ds max 6 标准教程（含 1CD）
21. 新编 After Effects 6.0 标准教程（含 1CD）
22. 新编中文版 FreeHand MX 标准教程（含 1CD）
23. 新编中文版 AutoCAD 2005 标准教程（含 1CD）
24. 新编中文版 Acrobat 6.0 标准教程
25. 新编中文 Premiere Pro 1.5 标准教程（含 2CD）
26. 新编中文版 CorelDRAW 12 标准教程（含 1CD）
27. 新编中文版 3ds max 7 标准教程含（含 1CD）
28. 新编中文版 AutoCAD 2006 标准教程
29. 新编中文版 Photoshop CS2 标准教程（含 1CD）
30. 新编中文版 Flash 8 标准教程（含 1CD）
31. 新编中文版 Dreamweaver 8 标准教程（含 1CD）
32. 新编中文版 3ds Max 8 标准教程（含 1DVD）
33. 新编中文版 CorelDRAW X3 标准教程（含 1CD）
34. 新编 After Effects7.0 标准教程（含 1DVD）
35. 新编中文版 Photoshop CS3 标准教程（含 1CD）
36. 新编中文版 Illustrator CS3 标准教程（含 1CD）
37. 新编中文版 3ds Max 9 标准教程含（含 1DVD）
38. 新编中文版 Dreamweaver CS3 标准教程（含 1CD）
39. 新编中文版 Flash CS3 标准教程（含 1CD）
40. 新编中文版 InDesign CS3 标准教程（含 1CD）
41. Flash MX 制作完整实例教程（含 1CD）
42. 新编中文 Illustrator CS4 标准教程（含 1CD）
43. 新编中文版 Dreamweaver CS4 标准教程（含 1CD）
44. 新编中文版 CorelDRAW X4 标准教程（含 1CD）
45. 新编中文版 Photoshop CS4 标准教程（含 1CD）

三、读者定位

本系列教材既是全国高等职业院校计算机专业首选教材，又是社会相关领域初中级电脑培训班的最佳教材，同时也可供广大的初级用户实用自学指导书。

2004 年海洋出版社强力启动计算机图书出版工程！倾情打造社会计算机技能型紧缺人才职业培训系列教材、品牌电脑图书和社会电脑热门技术培训教材。读者至上，卓越的品质和信誉是我们的座右铭。热诚欢迎天下各路电脑高手与我们共创灿烂美好的明天，蓝色的海洋是实现您梦想的最理想殿堂！

希望本系列书对我国紧缺的计算机技能型人才市场和普及、推广我国的计算机技术的应用贡献一份力量。衷心感谢为本系列书出谋划策、辛勤工作的朋友们！

教材编写委员会

前 言

Photoshop 是由 Adobe 公司开发的图形图像软件，它的功能十分强大、使用范围非常广泛。是世界标准的图像编辑解决方案。Photoshop 因其具有友好的工作界面、强大的功能、灵活的可扩充性，已成为专业美工人员、电子出版商、摄影师、平面广告设计师、广告策划者、平面设计者、装饰设计者、网页及动画制作者等必备的工具，被广大计算机爱好者所钟爱。

Photoshop CS4 是一次大的版本更新，它对用户界面进行了重新设计，使界面更简洁更漂亮，以往一些常用却相对复杂的操作也变得更加容易，大大节省了处理图像的时间。其新增的图像 3D 旋转功能、自然饱和度功能、智能滤镜以及自动识别不该被拉长的物体等功能，都使 Photoshop 软件在处理图像方面更加迅捷方便。

本书是针对 Photoshop CS4 的初学者、广大平面广告设计爱好者而撰写的。书中采用"基础知识+典型范例操作"的方式，全面系统地讲解了 Photoshop CS4 中各种工具和命令的使用方法与技巧。

全书共分 13 章，第 1 章 介绍图形图像的基础知识与基本操作。第 2 章介绍了选择与辅助功能。第 3 章介绍了移动、对齐与变形对象的操作方法。第 4 章介绍了图层的概念、创建、编辑、排列、合并，以及图层的混合模式等。第 5 章介绍了绘画工具的使用方法与应用。第 6 章介绍了文字工具与字符、段落调板的使用方法与应用。第 7 章介绍了图章工具、修复工具、颜色替换工具、聚集工具、色调工具、海绵工具与涂抹工具等工具的使用方法与应用，第 8 章介绍了路径类工具的操作方法与技巧，同时还结合实例讲解了路径与选区之间的转换，以及如何使用路径类工具与形状工具绘制贺卡。第 9 章介绍了通道与蒙版的概念及其应用。第 10 章介绍了图像的色彩与色调调整。第 11 章介绍了任务自动化的一些命令，如：动作与自动命令等。第 12 章通过 4 个典型的范例讲解了如何使用 Photoshop CS4 中常用滤镜的使用方法与技巧。第 13 章通过 5 个典型的综合实例对全书所学的命令作进行一步巩固。

本书内容全面、语言流畅、结构清晰、实例精彩、突出软件功能与实际操作紧密结合的特点；采用由浅入深的方式介绍 Photoshop CS4 的功能、使用方法及其应用，并通过典型实例对一些重点、难点进行详尽解说。为了方便读者学习，本书配套光盘中提供了练习素材文件、范例最终源文件与效果图。

编 者

目 录

第1章 Photoshop CS4 快速入门 ... 1
1.1 Photoshop CS4 的启动与工作环境 ... 1
- 1.1.1 Photoshop CS4 的启动 ... 1
- 1.1.2 Photoshop CS4 工作环境 ... 1
- 1.1.3 菜单栏 ... 2
- 1.1.4 选项栏 ... 3
- 1.1.5 工具箱 ... 3
- 1.1.6 控制调板 ... 4

1.2 动手将一张彩色照改为黑白照 ... 6
1.3 文件的基本操作 ... 7
- 1.3.1 文件的创建 ... 7
- 1.3.2 文件的打开 ... 10
- 1.3.3 文件的保存 ... 11
- 1.3.4 关闭文件 ... 12

1.4 基本概念与常用文件格式 ... 13
- 1.4.1 基本概念 ... 13
- 1.4.2 常用文件格式 ... 14

1.5 Photoshop CS4 的退出 ... 16
1.6 本章小结 ... 16
1.7 本章习题 ... 16

第2章 选择与辅助功能 ... 18
2.1 缩放图像 ... 18
- 2.1.1 缩放工具 ... 18
- 2.1.2 抓手工具 ... 20
- 2.1.3 缩放命令 ... 21

2.2 使用标尺、参考线与网格 ... 22
- 2.2.1 标尺 ... 22
- 2.2.2 参考线 ... 23
- 2.2.3 网格 ... 24

2.3 创建与编辑选区 ... 25
- 2.3.1 选框工具 ... 25
- 2.3.2 套索工具 ... 28
- 2.3.3 快速选择工具 ... 31
- 2.3.4 魔棒工具 ... 31

2.4 选择命令 ... 32
- 2.4.1 修改选区 ... 32
- 2.4.2 变换选区 ... 35

2.5 使用选框工具绘制标志 ... 36
2.6 本章小结 ... 42
2.7 本章习题 ... 42

第3章 移动、对齐与变形对象 ... 43
3.1 移动工具选项说明 ... 43
3.2 图像对齐与分布 ... 44
- 3.2.1 对齐图像 ... 44
- 3.2.2 分布图像 ... 45

3.3 移动与复制选定的像素 ... 45
- 3.3.1 移动选区内容 ... 45
- 3.3.2 在不同文件中复制选定的对象 ... 46
- 3.3.3 复制选区 ... 47

3.4 图像变形 ... 51
3.5 本章小结 ... 55
3.6 本章习题 ... 56

第4章 图层的应用 ... 57
4.1 关于图层 ... 57
4.2 【图层】调板 ... 58
4.3 图层操作 ... 59
- 4.3.1 创建图层 ... 59
- 4.3.2 改变图层顺序 ... 63
- 4.3.3 显示与隐藏图层 ... 64
- 4.3.4 给图层添加图层样式 ... 64
- 4.3.5 复制图层 ... 65
- 4.3.6 删除图层 ... 66
- 4.3.7 创建剪贴蒙版 ... 67

4.4 图层的混合模式 ... 68
4.5 图层合并 ... 73
- 4.5.1 合并所有可见图层为一个新图层 ... 74
- 4.5.2 合并图层 ... 74
- 4.5.3 合并可见图层 ... 75
- 4.5.4 拼合图像 ... 75

4.6 图层的应用练习——制作美丽的风景画 75
4.7 本章小结 78
4.8 本章习题 79

第5章 绘画工具 80
5.1 设置颜色 80
5.2 画笔与铅笔工具 81
 5.2.1 画笔与铅笔工具的属性 81
 5.2.2 画笔弹出式调板 82
 5.2.3 【画笔】调板 83
 5.2.4 使用画笔与铅笔工具 84
 5.2.5 自定义画笔 85
5.3 历史记录画笔工具和历史记录艺术画笔 87
 5.3.1 历史记录艺术画笔工具的属性 87
 5.3.2 使用历史记录画笔绘制写意画 88
5.4 渐变工具 90
 5.4.1 渐变工具的属性 90
 5.4.2 应用预设渐变 91
 5.4.3 自定渐变 92
 5.4.4 应用渐变工具制作按钮 93
5.5 油漆桶工具 97
 5.5.1 使用油漆桶工具 97
 5.5.2 自定义图案 98
5.6 制作艺术字 99
5.7 本章小结 105
5.8 本章习题 105

第6章 文字处理 106
6.1 文字工具 106
 6.1.1 文字工具的属性 106
 6.1.2 创建点文字 107
 6.1.3 创建文字选区 108
 6.1.4 创建段落文本 108
 6.1.5 调整定界框 109
6.2 字符调板 110
6.3 段落调板 111
6.4 编辑文字及文字图层 112
 6.4.1 编辑文本 112
 6.4.2 给文字添加图层样式 113
 6.4.3 栅格化文字图层 114
 6.4.4 点文本与段落文本转换 114
 6.4.5 将文字转换为形状 115
6.5 创建变形文字 115
6.6 路径文字 117
 6.6.1 沿路径创建文字 117
 6.6.2 用文字创建工作路径 119
6.7 标志设计 126
6.8 本章小结 134
6.9 本章习题 135

第7章 修复图像 136
7.1 图章工具 136
 7.1.1 仿制图章工具 136
 7.1.2 图案图章工具 138
7.2 修复工具 139
 7.2.1 污点修复画笔工具 139
 7.2.2 修补工具 140
 7.2.3 修复画笔工具 141
 7.2.4 红眼工具 141
7.3 颜色替换工具 142
 7.3.1 颜色替换工具的属性 142
 7.3.2 用颜色替换工具为图像上色 142
7.4 聚焦工具 146
 7.4.1 模糊工具 146
 7.4.2 锐化工具 146
7.5 色调工具 147
 7.5.1 减淡工具 147
 7.5.2 加深工具 148
7.6 海绵工具 148
7.7 涂抹工具 149
7.8 擦除图像 149
 7.8.1 橡皮擦工具 149
 7.8.2 背景色橡皮擦工具 150
 7.8.3 魔术橡皮擦工具 151
7.9 修饰图像 152
7.10 本章小结 154
7.11 本章习题 154

第8章 绘图与路径 155
8.1 路径类工具与路径 155

8.1.1　路径的概述 155
　　　8.1.2　路径类工具 156
　　　8.1.3　路径的创建、存储与应用 157
　　　8.1.4　路径的复制与删除 161
　　　8.1.5　路径的调整 163
　8.2　路径与选区之间的转换 164
　8.3　形状工具与创建形状图层 172
　　　8.3.1　创建形状图层的工具及其
　　　　　　 选项 172
　　　8.3.2　创建形状图层 173
　8.4　创建栅格化形状 175
　8.5　绘制贺卡 175
　8.6　本章小结 189
　8.7　本章习题 190

第9章　通道与蒙版 191
　9.1　通道 191
　　　9.1.1　关于通道 191
　　　9.1.2　通道调板 192
　　　9.1.3　创建通道 192
　　　9.1.4　编辑通道 193
　　　9.1.5　通道与选区之间的转换 196
　9.2　使用通道运算混合图层和通道 198
　　　9.2.1　应用图像 198
　　　9.2.2　计算 200
　9.3　应用通道——换婚纱背景 201
　9.4　蒙版 203
　　　9.4.1　使用快速蒙版模式 203
　　　9.4.2　添加图层蒙版 204
　9.5　使用图层蒙版勾画图像 205
　9.6　本章小结 209
　9.7　本章习题 209

第10章　色彩与色调调整 210
　10.1　颜色和色调校正 210
　　　10.1.1　颜色调整命令 210
　　　10.1.2　色调调整方法 211
　10.2　使用色阶、曲线和曝光度来调整
　　　　图像 212
　　　10.2.1　色阶 212
　　　10.2.2　曲线 215
　　　10.2.3　利用【曲线】命令纠正常

　　　　　　　见的色调问题 216
　　　10.2.4　曝光度 217
　10.3　校正图像的色相/饱和度和颜色平
　　　　衡 218
　　　10.3.1　色相/饱和度 218
　　　10.3.2　自然饱和度 219
　　　10.3.3　色彩平衡 220
　　　10.3.4　照片滤镜 220
　10.4　匹配、替换和混合颜色 221
　　　10.4.1　匹配颜色 221
　　　10.4.2　替换颜色 222
　　　10.4.3　通道混合器 224
　　　10.4.4　可选颜色 225
　10.5　快速调整图像 226
　　　10.5.1　亮度/对比度 226
　　　10.5.2　自动色调 227
　　　10.5.3　自动对比度 227
　　　10.5.4　自动颜色 227
　　　10.5.5　变化 227
　　　10.5.6　色调均化 228
　10.6　对图像进行特殊颜色处理 228
　　　10.6.1　去色 228
　　　10.6.2　反相 229
　　　10.6.3　阈值 229
　　　10.6.4　色调分离 229
　　　10.6.5　渐变映射 229
　　　10.6.6　黑白 230
　10.7　调整照片 231
　10.8　本章小结 234
　10.9　本章习题 234

第11章　任务自动化 235
　11.1　动作 235
　　　11.1.1　【动作】调板 235
　　　11.1.2　应用预设动作 236
　　　11.1.3　创建动作与动作组 237
　11.2　自动化任务 239
　　　11.2.1　批处理 239
　　　11.2.2　创建快捷批处理 242
　　　11.2.3　裁剪并修齐照片 244
　　　11.2.4　Photomerge 245

11.2.5 合并到 HDR 246
11.2.6 条件模式更改 248
11.2.7 限制图像 248
11.3 本章小结 248
11.4 本章习题 249
第 12 章 滤镜特效应用 250
12.1 空中爆炸效果 250
12.2 妙用滤镜制作美丽的花朵 256
12.3 空中燃烧效果——数字财富 260
12.4 褶皱效果 266
12.5 本章小结 271

12.6 本章习题 271
第 13 章 综合应用 273
13.1 制作石镜 273
13.2 装裱照片 280
13.3 相册封面设计 285
13.4 制作房地产广告 290
13.5 网站设计 296
13.6 本章小结 300
13.7 本章习题 300
部分习题参考答案 302

第 1 章 Photoshop CS4 快速入门

教学目标

熟悉 Photoshop CS4 的启动及其工作环境，了解 Photoshop CS4 的常用基本概念与文件格式，掌握文件的基本操作等。

教学重点与难点

- Photoshop CS4 工作环境
- 图像文件的基本操作
- 基本概念与常用文件格式

1.1 Photoshop CS4 的启动与工作环境

1.1.1 Photoshop CS4 的启动

开启计算机，进入 Windows XP 界面，在 Windows XP 界面中单击【开始】菜单的【所有程序】子菜单中会自动出现【Adobe Photoshop CS4】程序图标，如图 1-1 所示，单击【Adobe Photoshop CS4】，即可启动 Photoshop CS4 程序，首先出现的是 Photoshop CS4 的引导画面，如图 1-2 所示；检测完后即可进入 Photoshop CS4 程序。

图 1-1　启动 Photoshop CS4 程序

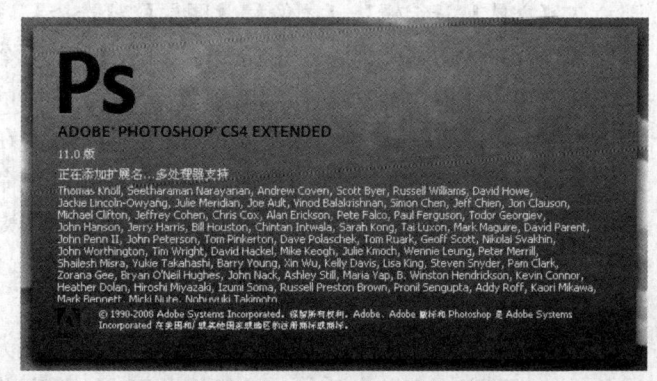
图 1-2　Photoshop CS4 引导画面

1.1.2 Photoshop CS4 工作环境

启动程序后，显示 Photoshop CS4 程序的窗口，如图 1-3 所示，Photoshop CS4 程序的窗口环境是编辑、处理图形、图像的操作平台，它由应用程序栏、标题栏、菜单栏、选项栏、工具箱、控制调板、图像窗口（工作区）、— 最小化按钮、□ 还原按钮、□ 最大化按钮、× 关闭按钮等组成。

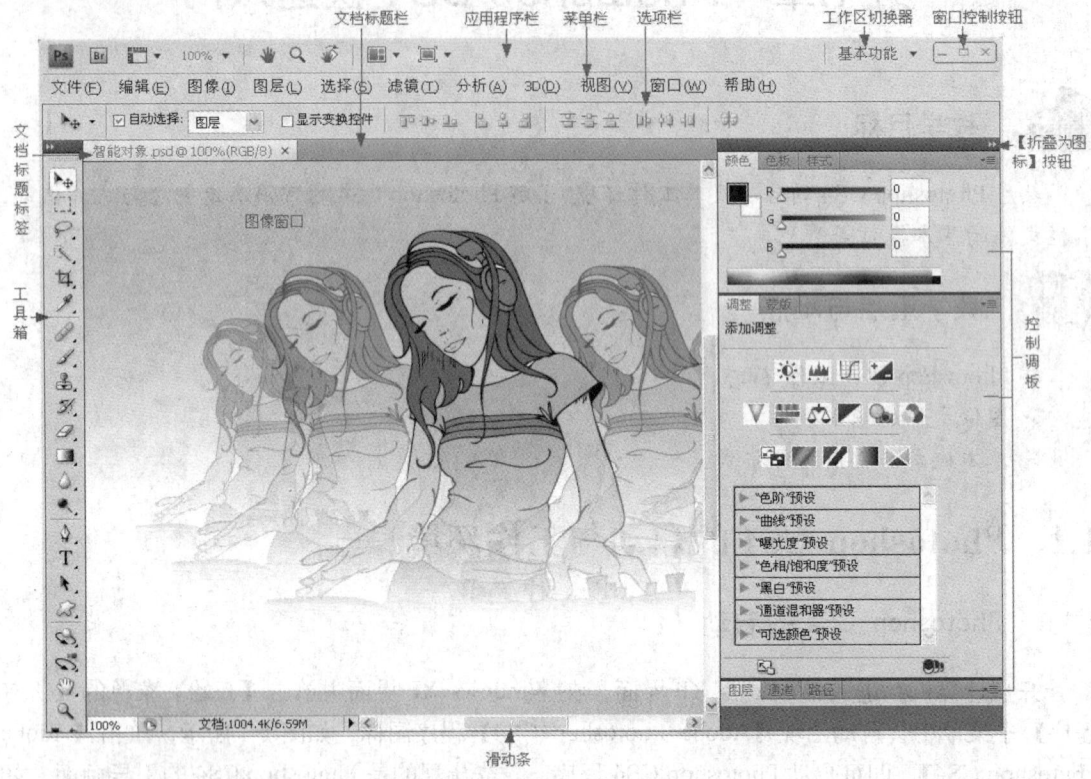

图 1-3　Photoshop CS4 程序的窗口

1.1.3　菜单栏

菜单栏是 Photoshop CS4 的重要组成部分，和其他应用程序一样，Photoshop CS4 将绝大多数功能命令分类后，分别放在【文件】、【编辑】、【图像】、【图层】、【选择】、【滤镜】、【分析】、【3D】、【视图】、【窗口】、【帮助】等 11 个菜单中，只要单击其中某一菜单，即会弹出一个下拉菜单，如图 1-4 所示，如果命令为浅灰色的话，则表示该命令在目前的状态下不能执行。命令右边的字母组合键表示该命令的键盘快捷键，按下该快捷键即可执行该命令，使用键盘快捷键有助于提高操作的效率。有的命令后面带省略号，则表示有对话框出现。

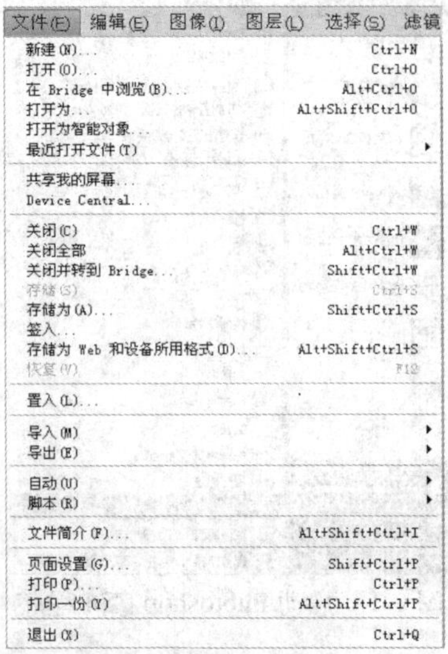

菜单栏中包括 Photoshop 的绝大部分命令操作，绝大部分的功能都可以在菜单中执行。一般情况下，一个菜单中的命令是固定不变的，但有些菜单可以根据当前环境的变化而添加或减少一些命令。各菜单功能说明如下：

图 1-4　【文件】菜单

- 【文件】菜单：主要包括一些有关图像文件的操作，如文件的新建、打开、保存、关闭、导入、导出、打印与页面设置等。

- 【编辑】菜单：主要进行图像文件的纠正、编辑与修改，以及设置预设选项等，其中包括撤消、还原、复制、剪切、粘贴、填充、描边、变换、定义图案、定义画笔等操作。
- 【图像】菜单：主要对图像文件进行色彩、色调调整与模式更改，以及更改图像大小与画布大小等。
- 【图层】菜单：主要对图层进行操作，如：图层的创建、复制、调整、删除，以及为图层添加一些样式等。
- 【选择】菜单：主要对选区进行操作，如：选择图像、取消选择、修改选区、存储与载入选区等操作。
- 【滤镜】菜单：主要为图像添加一些特殊效果，如：云彩、扭曲、水粉画效果等等。
- 【分析】菜单：主要给图像计数、测量与分析等。(Photoshop Extended)
- 【3D】菜单：主要用创建简单 3D 对象与对 3D 对象进行编辑，但是它对系统与显卡要求高。(Photoshop Extended)
- 【视图】菜单：主要对程序窗口进行控制与图像的显示，以及显示/隐藏标尺、网格等。
- 【窗口】菜单：主要对控制调板与工具箱、选项栏等进行控制。
- 【帮助】菜单：主要提供程序的帮助信息。

1.1.4 选项栏

选项栏具有非常关键的作用，默认状态下它位于菜单栏的下方，如图 1-5 所示。当在工具箱中点选某工具时，选项栏中就会显示它相应的属性和控制参数，并且外观也随着工具的改变而变化，有了选项栏就能很方便地利用和设置工具的选项。

图 1-5 选项栏

如果要显示或隐藏选项栏，可以在菜单中执行【窗口】→【选项】命令。

如果要移动选项栏，可以将指针指向选项栏左侧的标题栏上，然后按下左键拖动，即可把选项栏拖动到所需的位置。

如果要使一个工具或所有工具恢复默认设置，可以右击选项栏上的工具图标弹出一下拉菜单如图 1-6 所示，然后从中选取复位工具或者复位所有工具。

图 1-6 复位工具

1.1.5 工具箱

第一次启动应用程序时，工具箱出现在屏幕的左侧。当用鼠标指向它时成彩色三维凸起状态，单击该工具呈凹下状态时即已选中此工具，这样就可以用它进行工作。

如果在工具右下方有小三角形图标，则表示其中还有其他工具，只要按下它不放或右击该工具即可弹出一工具组，在其中列有几个工具，如图 1-7 所示，可从中选择所需的工具。如果在工具上稍停留片刻，则会出现工具提示，提示括号中的字母则表示该工具的快捷键（在键盘上按下 A 键，即可选择——路径选择工具）。单列工具箱与所有工具的显示如图 1-8 所示。

 按住 Shift 键的同时再按工具的快捷键，则可以在这组工具中进行选择，也可在按 Alt 键的同时用鼠标单击工具来切换该组中所需的工具。

4 中文版 Photoshop CS4

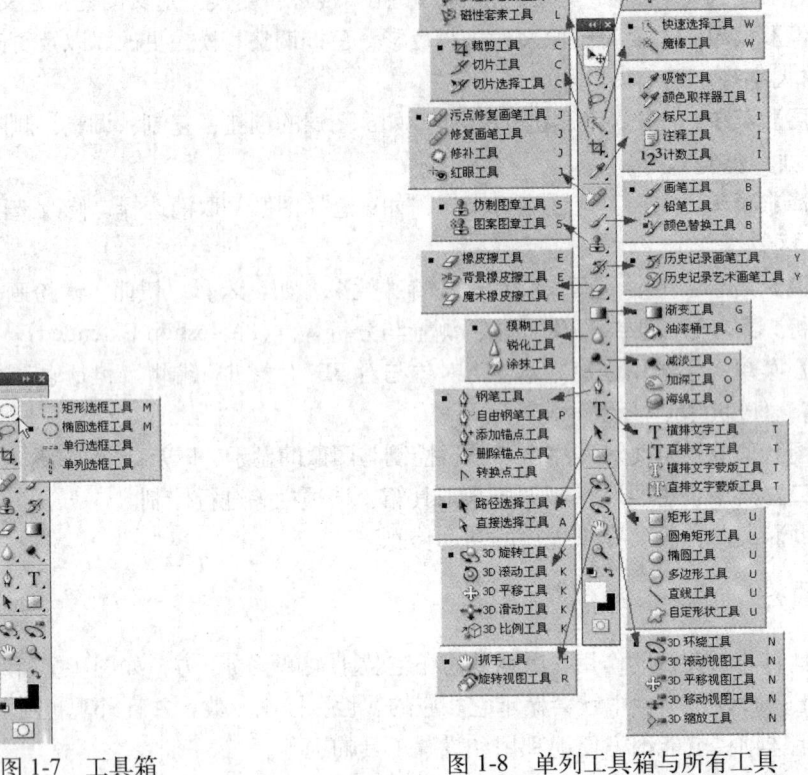

图 1-7 工具箱　　　　　图 1-8 单列工具箱与所有工具

工具箱中一些工具的选项显示在上下文相关的选项栏内。这些工具使用户可以使用文字、选择、绘画、绘图、取样、编辑、移动、注释和查看图像等。工具箱内的其它工具还可以更改前景色和背景色、使用不同的模式。

1.1.6 控制调板

Photoshop CS4 提供了 23 个控制调板，Photoshop CS4 中的控制调板已经灵活的将它们分别以缩略图按钮的形式层叠在程序窗口的右边，如图 1-9 所示；可以将缩略图按钮拖动，以看到调板的名称，如图 1-10 所示；也可以在要打开的控制调板的缩览图上单击，即可打开该调板，如图 1-11 所示，再次单击则可以将其隐藏。

图 1-9　控制调板　　　　　图 1-10　控制调板

通常调板是浮动在图像的上面，而不会被图像所覆盖，而且常放在屏幕的右边，也可将它拖放到屏幕的任何位置上——只要将鼠标指向调板最上面的标题栏，并按下左键不放将它拖到屏幕所需的位置后松开鼠标左键即可。

按 Shift+Tab 键可显示或隐藏所有调板。如果要打开不在程序窗口中显示的控制调板，在【窗口】下拉菜单中直接选择所需的命令即可。

在 Photoshop 中控制调板以 3 组或 4 组或 5 组显示，也可以将它们任意组合或分离，如图 1-12 所示的为 Photoshop 控制调板的基本组成元素。

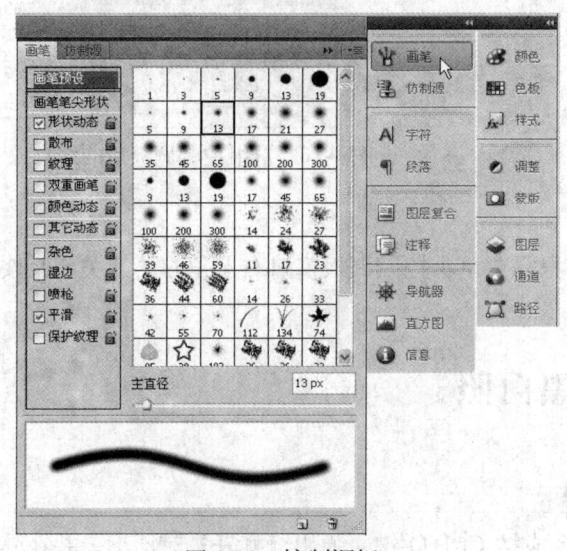

图 1-11　控制调板　　　　　　　　　　　图 1-12　控制调板

1. 分离或群组控制调板

有时需要对控制调板进行重新组合，有时则需要将它们独立分开。将常用的控制调板群组在一起可以节省屏幕的空间，从而留出更大的绘图、编辑空间，也可以更方便快捷地调出所需要的控制调板。群组后的控制调板只需单击控制调板标签，即可在控制调板之间切换，并且这些控制调板将被一起打开、关闭或最小化。

Howto　分离控制调板

1 将指针指向要分离控制调板的标签上，并在其上按下左键向控制调板外拖移，如图 1-13 所示。

2 松开鼠标左键后即可将这个控制调板从群组中分离开来，如图 1-14 所示。

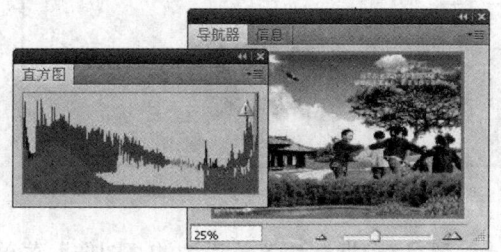

图 1-13　分离控制调板时的状态　　　　　图 1-14　分离控制调板后的结果

Howto 群组控制调板

1 将指针指向控制调板的标签上,并在其上按下左键向需要群组的控制调板拖移,当控制调板上出现蓝色的粗方框,如图1-15所示。

2 松开鼠标左键即可将它们群组在一起,如图1-16所示。

图1-15 群组控制调板时的状态

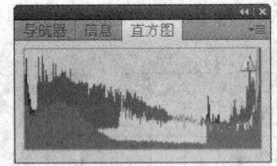

图1-16 群组控制调板后的结果

2. 关闭控制调板

如果不想用某控制调板,可将其关闭,只需要单击控制调板窗口右上角的 ✕ (关闭) 按钮即可。

1.2 动手将一张彩色照改为黑白照

Howto 动手将一张彩色照改为黑白照

1 在【文件】菜单中执行【打开】命令或按 Ctrl+O 键,弹出【打开】对话框,并在其中选择配套光盘中素材库中"CH01"文件夹中的"002.jpg"文件,如图1-17所示,选择好后单击【打开】按钮,即可将选择的文件打开到程序窗口中,如图1-18所示。

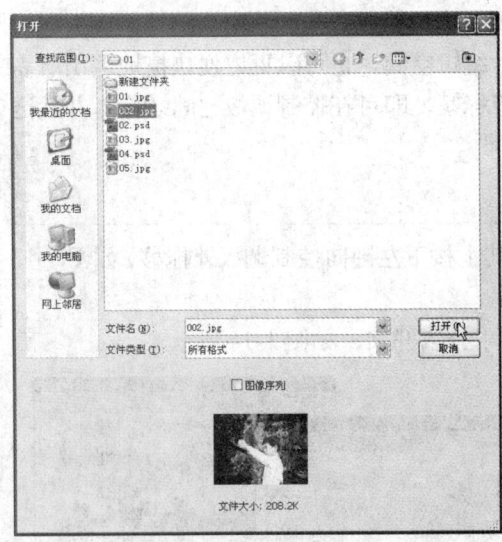

图1-17 【打开】对话框

图1-18 打开的文件

2 移动指针到菜单栏中的【图像】菜单上单击,弹出下拉菜单,并在其中选择【调整】下的【黑白】命令(如图1-19所示)单击,紧接着弹出如图1-20所示的【黑白】对话框,采用默认值，单击【确定】按钮，即可将彩色照改为黑白照了，画面效果如图 1-21 所示。

图 1-19　在菜单中选择【黑白】命令

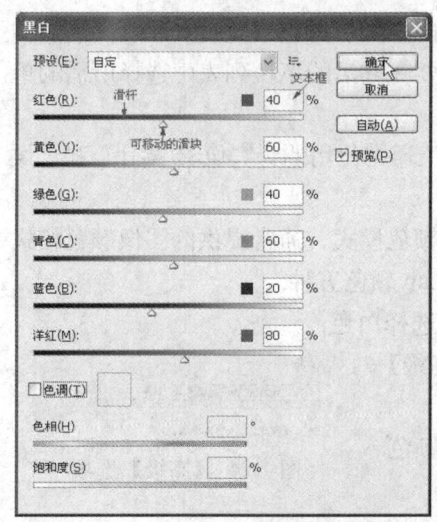

图 1-20　【黑白】对话框

图 1-21　将彩色照改为黑白照后的效果

 如果需要调整参数，可以在【黑白】对话框中拖动滑杆上的滑块至所需的位置（也可以直接在文本框中输入数值），来调整图像的颜色。

1.3　文件的基本操作

1.3.1　文件的创建

要建立一个新的图像文件，可以在菜单中执行【文件】→【新建】命令，或按快捷键 Ctrl+N，弹出如图 1-22 所示的对话框，在此对话框中可以设置新建文件的名称、大小、分辨率、颜色模式、背景内容和颜色配置文件等。

【新建】对话框选项说明如下：

- **名称**：在【名称】文本框中可以输入新建的文件名称，中英文均可；如果不输入自定的名称，则程序将使用默认文件名；如果建立多个文件，则文件按未标题-1、未标题-2、未标题-3……依次给文件命名。
- **预设**：可以在如图 1-23 所示的【预设】下拉列表中选择所需的画布大小（如美国标准纸张、国际标准纸张、照片等）。

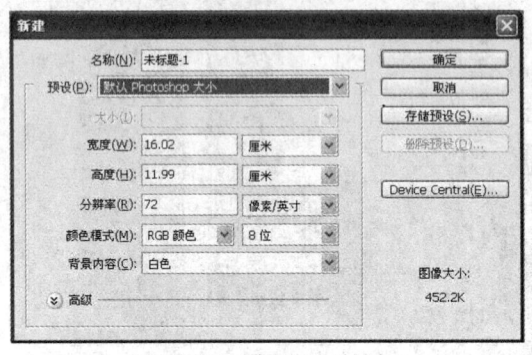
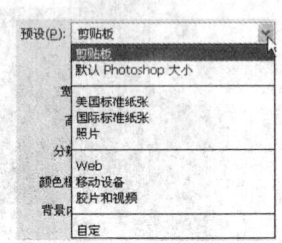

图 1-22 【新建】对话框　　　　　　　图 1-23 【预设】下拉列表

  > **宽度/高度**：也可以自定图像大小（也就是画布大小），即在【宽度】和【高度】文本框中输入图像的宽度和高度（还可以根据需要在其后的下拉列表中选择所需的单位，如：英寸、厘米、派卡和点等）。
  > **分辨率**：在此可设置文件的分辨率，分辨率单位通常使用的为"像素/英寸"和"像素/厘米"。
  > **颜色模式**：在其下拉列表中，可以选择图像的颜色模式，通常提供的图像颜色模式有：位图、灰度、RGB 颜色、CMYK 颜色及 Lab 颜色五种。
  > **背景内容**：也称背景，也就是画布颜色，通常选择白色。

- **高级**：单击【高级】前的按钮，可显示或隐藏【高级】选项栏，显示的【高级】选项如图 1-24 所示。

图 1-24 【高级】选项

  > **颜色配置文件**：在其下拉列表中可选择所需的颜色配置文件。
  > **像素长宽比**：在其下拉列表中可选择所需的像素纵横比。

确认所输入的内容无误后，单击【确定】按钮——或按键盘上的 Tab 键选中【确定】按钮然后按 Enter 键，这样就建立了一个空白的新图像文件，如图 1-25 所示，可以在其中绘制所需的图像。

图像窗口是图像文件的显示区域，也是编辑或处理图像的区域，如图 1-25 所示。在文档标题标签中显示文件的名称、格式、显示比例、色彩模式和图层状态。如果该文件是新建的文件并未保存过，则文件名称为"未标题加上连续的数字"来当作文件的名称。在图像窗口中可以实现所有的编辑功能。

还可在图像窗口左下角的文本框中输入所需的显示比例。在其后单击▶按钮，弹出如图 1-26 所示的菜单，可在其中选择所需的选项。

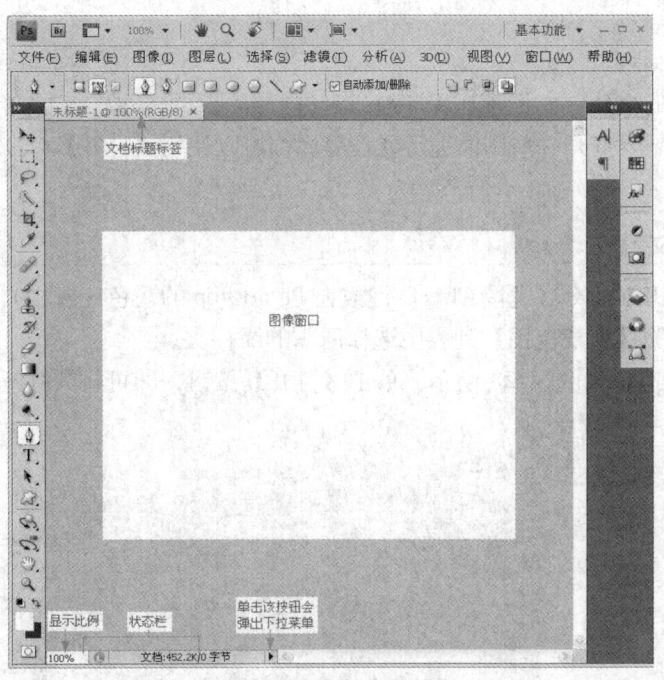

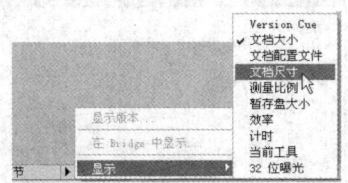

图 1-25　建立新图像文件　　　　　　　　　图 1-26　状态栏

 将指针指向文档标题标签上按下左键向其他地方拖动，即可拖动图像窗口到所需的位置。也可以对图像窗口进行多种操作，如改变窗口大小和位置、最大化与最小化窗口等。改变窗口大小的操作方法是将指针指向图像窗口的四个角或四边上，当指针成双向箭头状时拖动可缩放图像窗口，如图 1-27 所示。

图 1-27　拖离文档标题栏成浮停状态

如果要关闭图像窗口，可以在标题栏的右侧单击 ✕（关闭）按钮，将图像窗口关闭。

1.3.2 文件的打开

如果需要对已经编辑过或编辑好的文件（它们不在程序窗口）进行继续或重新编辑，或者需要打开一些以前的绘图资料，或者需要打开一些图像进行处理等，都可以使用【打开】命令来打开文件。

Howto 利用【打开】命令打开文件

1 在菜单中执行【文件】→【打开】命令（或按 Ctrl+O 键或在 Photoshop 的灰色区双击），便会弹出【打开】对话框，可在其中的【查找范围】列表中选择所需的文件夹。

2 在当前文件夹中选择所需的文件，如图 1-28 所示，单击【打开】按钮，即可将其打开到程序窗口，如图 1-29 所示。

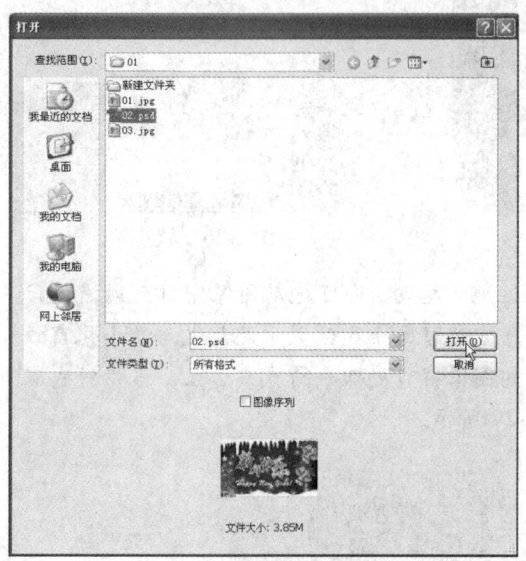

图 1-28 【打开】对话框

图 1-29 打开的文件

【打开】对话框中选项说明如下：

- ：单击该按钮可向上一级；单击该按钮后 按钮呈 活动可用状态，再单击 图标可转到已访问的上一个文件夹。
- （创建新文件夹）：单击该按钮可新增一个新文件夹 ，可直接输入所需的名称对该新建文件夹进行命名，也可采用默认名称。
- ：单击该按钮出现一下拉菜单，用户可点选其中的任何一项，如果用户点选【详细资料】则在下面的文件窗口中就会以详细资料显示，如图 1-30 所示。
- （偏好）：单击该按钮，弹出一下拉菜单，可把所选的文件夹或文件添加到收藏夹或移去收藏夹，如图 1-31 所示。

图 1-30 文件窗口

第 1 章 Photoshop CS4 快速入门 *11*

- 【查找范围】选项：在该列表中可以选择所需打开的文件所在的磁盘或文件夹名称，（也可单击左边栏中的相关图标，直接进入所需的文件夹或窗口或网上邻居）。

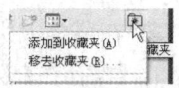

图 1-31 （偏好）选项

- 【文件类型】选项：在该列表中选择所要打开文件的格式。如果选择"所有格式"，则会显示该文件夹中的所有文件，如果只选择任意一种格式，则只会显示以此格式存储的文件。

 如果要同时打开多个文件，则需在【打开】对话框中按 Shift 或 Ctrl 键不放，用鼠标点选所需打开的文件，再单击【打开】按钮；如果不需要打开任何文件则单击【取消】按钮即可。

利用【打开为】命令以某种格式打开文件

1 在菜单中执行【文件】→【打开为】命令（或用快捷键 Alt+Ctrl+O），弹出如图 1-32 所示的对话框，并在【文件类型】下拉列表中选择所需的文件格式。

2 在文件窗口中选择好所需的文件后单击【打开】按钮（或双击），即可将该文件打开到程序窗口中，如图 1-33 所示。

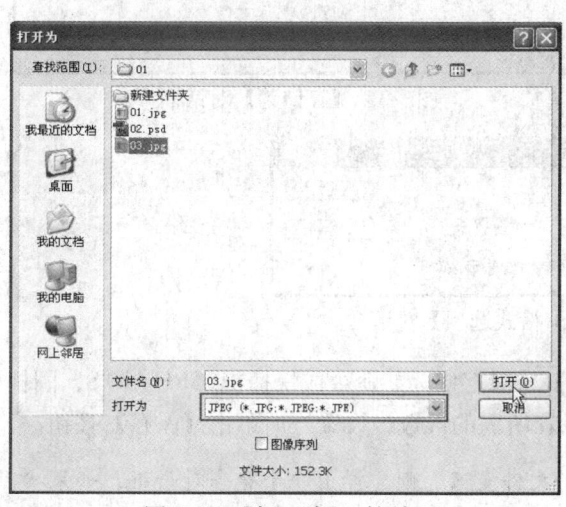

图 1-32 【打开为】对话框

图 1-33 打开的文件

它与【打开】命令不同的是，所要打开的文件类型要与【打开为】下拉列表中的文件类型要一致，否则就不能打开此文件。

1.3.3 文件的保存

绘制与编辑好文件后通常需要将其保存起来，以备后用。如果我们是打开某文件，并对其进行编辑与修改，但是所做的编辑与修改满意，需要将其保存，这时就需要用【存储为】命令来将其另存为一个副本，原图像不被破坏，而且自动关闭。

存储文件

1 在新建的文件中随意绘制一两个图形，如图 1-34 所示。

2 在菜单中执行【文件】→【存储】命令或按 Ctrl+S 键，弹出【存储为】对话框，并在其中的【保存在】列表中选择要保存的文件夹（如：01），再在【文件名】文本框中输入所需的文件名称（如：04.psd），也可根据需要设置所需的格式与选择所需的选项，如图1-35所示，设置好后单击【保存】按钮，接着弹出【Photoshop 格式选项】对话框，如图1-36所示，在其中直接单击【确定】按钮，即可将文件保存起来了。

图 1-34　新建并绘制了图形的文件

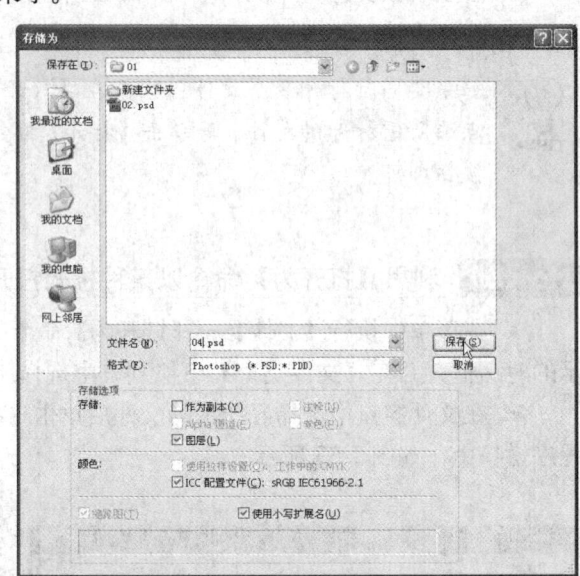

图 1-35　【存储为】对话框

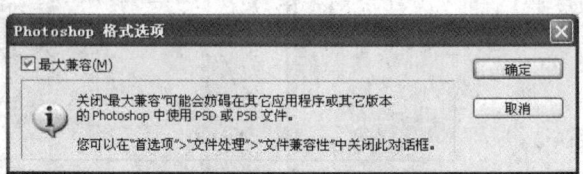

图 1-36　【Photoshop 格式选项】对话框

如果要将文件另存，在菜单中执行【文件】→【存储为】命令或快捷键 Ctrl+Alt+S，同样会弹出如图1-35所示的对话框，再根据需要设置所需的参数，设置好后单击【保存】按钮。

 如果在存储时该文件名与前面保存过的文件重名，则会弹出一个警告对话框，如果确实要进行替换，单击【是】按钮，如果不替换原文件，则单击【否】按钮，然后再对其进行另外命名或选择另一个保存位置。

【存储】命令经常用于存储对当前文件所做的更改，每一次存储都将会替换前面的内容。在 Photoshop 中，以当前格式存储文件。

1.3.4　关闭文件

当编辑和绘制好一幅作品后需要存储并关闭该图像窗口。

Howto　关闭文件

1 如果该文件已经存储好了，则在图像窗口标题栏上单击 ✕ （关闭）按钮，或在菜单中执行【文件】→【关闭】命令或按快捷键 Ctrl+W，即可将存储过的图像文件直接关闭。

2 如果该文件还没有存储过或是存储后又更改过，那么它会弹出一个警告对话框，如图 1-37 所示，问您是否要在关闭之前存储对该文档的更改，如果要请单击【是】按钮，如果不存储则请单击【否】按钮，如果不关闭该文档就单击【取消】按钮。

图 1-37　警告对话框

 如果程序窗口中有多个文件，并且需要全部关闭，在菜单中执行【文件】→【关闭全部】命令。值得注意的是如果还有文件没有保存，那么它会弹出一个对话框，问您是否要在关闭之间对该文档进行存储，用户则要根据需要单击相关按钮进行存储或不保存而直接关闭。

1.4　基本概念与常用文件格式

在操作过程中经常会提到一些专用术语，为了能够更好地学习 Photoshop CS4，本节将对一些基本概念和常用文件格式进行简单的介绍。

1.4.1　基本概念

1. 位图图像和矢量图形

可以在 Photoshop 中使用这两种类型的图形——位图图像和矢量图形。

在 Photoshop 文件既可以包含位图，又可以包含矢量数据。了解两类图形间的差异，对创建、编辑和导入图片很有帮助。

（1）**位图图像**（也称为点阵图像）：是由许多点组成的，其中每一个点称为像素，而每个像素都有一个明确的颜色，如图 1-38 所示。在处理位图图像时，用户所编辑的是像素，而不是对象或形状。

图 1-38　位图图像

位图图像是连续色调图像（如照片或数字绘画）最常用的电子媒介，因为它们可以表现阴影和颜色的细微层次。位图图像与分辨率有关，也就是说，它们包含固定数量的像素。因此，如果在屏幕上对它们进行缩放或以低于创建时的分辨率来打印它们，将丢失其中的细节，并会呈现锯齿状。

(2) **矢量图形**（也称为向量图形）：是由被称为矢量的数学对象定义的线条和曲线组成。矢量根据图像的几何特性描绘图像。

矢量图形与分辨率无关，可以将它们缩放到任意尺寸，也可以按任意分辨率打印，而不会丢失细节或降低清晰度。因此，矢量图形在标志设计、插图设计及工程绘图上占有很大的优势。如图1-39所示。

图1-39 矢量图形

由于计算机显示器呈现图像的方式是在网格上显示图像，因此，矢量数据和位图数据在屏幕上都会显示为像素。

2. 像素和分辨率

要制作高质量的图像，就要对图像大小和分辨率加以掌握。

图像以多大尺寸在屏幕上显示取决于多种因素——图像的像素大小、显示器大小和显示器分辨率设置。

像素大小为位图图像的高度和宽度的像素数量。图像在屏幕上的显示尺寸由图像的像素尺寸和显示器的大小与设置决定。（如：典型的15英寸显示器水平显示800×600个像素。尺寸为800×600像素的图像将充满此屏幕。在像素设置为800×600的更大的显示器上，同样大小的图像仍将充满屏幕，但每个像素会更大。）

当制作用于联机显示的图像时（如在不同显示器上查看的Web页），像素大小就尤其重要。由于可能在15英寸的显示器上查看图像，因此，用户可将图像大小限制为800×600像素，以便为Web浏览器窗口控制留出空间。

分辨率是指在单位长度内所含有的点（像素）的多少，其单位为像素/英寸或是像素/厘米，例如分辨率为200dpi的图像表示该图像每英寸含有200个点或像素。了解分辨率对于处理数字图像是非常重要的。

 分辨率的高低直接影响到图像的输出质量和清晰度。分辨率越高，图像输出的质量与清晰度越好，图像文件占用的存储空间和内存需求越大。对于低分辨率扫描或创建的图像，提高图像的分辨率只能提高单位面积内像素的数量，并不能提高图像的输出品质。

1.4.2 常用文件格式

在Photoshop CS4中，能够支持20多种格式的图像文件，可以打开不同格式的图像进行编辑并存储，也可以根据需要将图像另存为其他的格式。

下面介绍几种常用的文件格式：

- **PSD;PDD**：是 Adobe Photoshop 的文件格式，Photoshop 格式（PSD）是新建图像的默认文件格式；而且是唯一支持所有可用图像模式、参考线、alpha 通道、专色通道和图层的格式。

  PSD 格式在保存时会将文件压缩，以减少占用磁盘空间，但 PSD 格式所包含的图像数据信息较多（如图层、通道、剪贴路径、参考线等），因此比其他格式的文件要大得多。由于 PSD 格式的文件保留所有原图像数据信息，因而修改起来较为方便，这也就是它的最大优点。在编辑的过程中最好使用 PSD 格式存储文件，但是大多数排版软件不支持 PSD 格式的文件，所以到图像处理完以后，就必须将其转换为其他占用空间小而且存储质量好的文件格式。

- **BMP**：图形文件的一种记录格式。BMP 是 DOS 和 Windows 兼容计算机上的标准 Windows 图像格式。BMP 格式支持 RGB 索引颜色、灰度和位图颜色模式，但不支持 alpha 通道。可以为图像指定 Microsoft Windows 或 OS/2 格式以及位深度。对于使用 Windows 格式的 4 位和 8 位图像，还可以指定 RLE 压缩，这种压缩不会损失数据，是一种非常稳定的格式。BMP 格式不支持 CMYK 模式的图像。

- **GIF**：图形交换格式（GIF）是在 World Wide Web 及其他联机服务上常用的一种文件格式，用于显示超文本标记语言(HTML)文档中的索引颜色图形和图像。GIF 是一种用 LZW 压缩的格式，目的在于最小化文件大小和电子传输时间。GIF 格式保留索引颜色图像中的透明度，但不支持 Alpha 通道。

- **JPEG**：联合图片专家组（JPEG）格式是在 World Wide Web 及其他联机服务上常用的一种格式，用于显示超文本标记语言(HTML)文档中的照片和其他连续色调图像。JPEG 格式支持 CMYK、RGB 和灰度颜色模式，但不支持 Alpha 通道。与 GIF 格式不同，JPEG 保留 RGB 图像中的所有颜色信息，但通过有选择地扔掉数据来压缩文件大小。

- **JPEG**：图像在打开时自动解压缩。压缩级别越高，得到的图像品质越低；压缩级别越低，得到的图像品质越高。在大多数情况下，【最佳】品质选项产生的结果与原图像几乎无分别。

- **TIFF**：TIFF 是英文 Tag Image File Format（标记图像文件格式）缩写，用于在应用程序和计算机平台之间交换文件。TIFF 是一种灵活的位图图像格式，受几乎所有的绘画、图像编辑和页面排版应用程序的支持。而且，几乎所有的桌面扫描仪都可以产生 TIFF 图像。

  TIFF 格式支持具有 Alpha 通道的 CMYK、RGB、Lab、索引颜色和灰度图像以及无 Alpha 通道的位图模式图像。Photoshop 可以在 TIFF 文件中存储图层；但是，如果在其他应用程序中打开此文件，则只有拼合图像是可见的。Photoshop 也可以用 TIFF 格式存储注释、透明度和多分辨率金字塔数据。

  在 Photoshop 中保存为 TIF 格式会让用户选择是 PC 机还是苹果机格式，并可选择是否使用压缩处理，它采用的是 LZW Compression 压缩方式，这是一种几乎无损的压缩型式。

- **Photoshop EPS** 即压缩 PostScript（EPS）语言文件格式可以同时包含矢量图形和位图图形，并且几乎所有的图形、图表和页面排版程序都支持该格式。EPS 格式用于在应用程序之间传递 PostScript 语言图片。当打开包含矢量图形的 EPS 文件时，Photoshop 栅格化图像，将矢量图形转换为像素。

  EPS 格式支持 Lab、CMYK、RGB、索引颜色、双色调、灰度和位图颜色模式，但不支持 Alpha 通道。EPS 确实支持剪贴路径。桌面分色（DCS）格式是标准 EPS 格式的一个版本，可以存储 CMYK 图像的分色。使用 DCS 2.0 格式可以导出包含专色通道的图像。若要打印 EPS 文件，必须使用 PostScript 打印机。

- **TGA**：TGA（Targa）格式专门用于使用 Truevision 视频卡的系统，并且通常受 MS-DOS 色彩应用程序的支持。Targa 格式支持 16 位 RGB 图像（5 位×3 种颜色通道，加上一个未使用的位）、24 位 RGB 图像（8 位×3 种颜色通道）和 32 位 RGB 图像（8 位 x3 种颜色通道，加上一个 8 位 Alpha 通道）。Targa 格式也支持无 Alpha 通道的索引颜色和灰度图像。当以这种格式存储 RGB 图像时，可以选取像素深度，并选择使用 RLE 编码来压缩图像。
- **PCX**：PCX 格式通常用于 IBM PC 兼容计算机。PCX 格式支持 RGB、索引颜色、灰度和位图颜色模式，但不支持 Alpha 通道。PCX 支持 RLE 压缩方法。图像的位深度可以是 1、4、8 或 24。
- **PICT 文件**：是英文 Macintosh Picture 简称。PICT 格式作为在应用程序之间传递图像的中间文件格式，广泛应用于 Mac OS 图形和页面排版应用程序中。PICT 格式支持具有单个 Alpha 通道的 RGB 图像和不带 Alpha 通道的索引颜色、灰度和位图模式的图像。PICT 格式在压缩包含大面积纯色区域的图像时特别有效。对于包含大面积黑色和白色区域的 Alpha 通道，这种压缩的效果惊人。

以 PICT 格式存储 RGB 图像时，可以选取 16 位或 32 位像素的分辨率。对于灰度图像，可以选取每像素 2 位、4 位或 8 位。在安装了 QuickTime 的 Mac OS 中，有 4 个可用的 JPEG 压缩选项。

1.5 Photoshop CS4 的退出

当不需要使用该程序时，需要将 Photoshop CS4 程序退出。在菜单中执行【文件】→【退出】命令或单击程序窗口标题栏上的×（关闭）按钮或按 Alt+F4 键或按 Ctrl+Q 键，即可退出程序，并且程序中的所有文件将随着一起退出程序。如果有文件没有存储，就会弹出一个警告对话框，提示是否要存储该文件，可以根据需要单击【是】、【否】与【取消】按钮。

1.6 本章小结

本章对 Photoshop CS4 的启动、退出与窗口环境进行了简要介绍，其中重点并详细地介绍了文件的新建、打开、存储与关闭，控制调板和图像窗口等功能的操作与相关选项说明。此外，对基本概念与常用文件格式进行了介绍。通过本章的学习，希望能够对 Photoshop CS4 程序有一定的认识。

1.7 本章习题

一、填空题

1. 位图图像（也称为_____）是由_____组成的，其中每一个点称为像素，而每个像素都有一个明确的颜色。在处理位图图像时，所编辑的是_____，而不是_____或_____。

2. 矢量图形（也称为_____），它是由_____定义的线条和曲线组成。矢量根据图像的_____描绘图像。

3. 矢量图形与_____无关，可以将它们缩放到_____，也可以按_____打印，而不会丢失细节或降低清晰度。

二、选择题

1. 按以下哪个快捷键可以打开文件？ （ ）
   A. Ctrl+O B. Ctrl+S C. Ctrl+A D. Ctrl+C

2. 按以下哪两个快捷键可以退出程序？ （ ）
   A. Alt+F4 B. Ctrl+Q C. Ctrl+F D. Ctrl+B

3. 按以下哪个快捷键可以创建新文件？ （ ）
   A. Ctrl+E B. Ctrl+R C. Ctrl+N D. Ctrl+G

4. 按以下哪两个快捷键可以保存文件？ （ ）
   A. Ctrl+W B. Ctrl+Shift+S C. Ctrl+O D. Ctrl+S

三、简答题

1. 简述像素大小与分辨率的含义。
2. 简述位图图像与矢量图形的含义。

第 2 章 选择与辅助功能

教学目标

掌握图像的缩放、平移、选取等操作，以及标尺、参考线与网格的使用。

教学重点与难点

➢ 缩放图像
➢ 图像的选取
➢ 标尺、参考线与网格的使用

2.1 缩放图像

在编辑与处理图像时，通常需要将图像放大、缩小或平移，以便编辑、处理与查看。在 Photoshop CS4 程序中主要使用 🔍 缩放工具与 ✋ 抓手工具来缩放与平移图像，不过为了方便快捷，通常都配合快捷键（缩放工具按 Z 键，抓手工具按空格键）来使用它们。

2.1.1 缩放工具

利用 🔍 缩放工具，可将图像缩小或放大，以便查看或修改。将缩放工具移入图像（如图 2-1 所示）后指针变为 🔍 放大镜，中心有一个"+"号，如果在图层上单击两下，则图像就会放大两级，如图 2-2 所示。如果按下 Alt 键的同时（或在选项栏中点选 🔍 缩小按钮）指针为 🔍 放大镜，但它中心为一个"-"减号，在图像上单击则可将图像缩小（即单击一次则缩小一级），如图 2-3 所示。

图 2-1 打开的图像文件

图 2-2 放大图像

图 2-3 缩小图像

缩放工具的选项栏如图 2-4 所示。

图 2-4 选项栏

缩放工具选项栏说明如下：

- **放大**：点选它时可将图像放大。
- **缩小**：点选它时可将图像缩小。
- **调整窗口大小以满屏显示**：勾选该选项可以在缩放的同时调整窗口以适合显示。默认情况下它不适用于快捷键如：Ctrl++，Ctrl+-。
- **缩放所有窗口**：勾选该选项则以固定窗口缩放图像。
- **实际像素**：单击它可以将图像以实际像素显示。

- **适合屏幕**：单击它可以将图像适合于屏幕显示。
- **填充屏幕**：单击它可以将图像充满当前的整个屏幕。
- **打印尺寸**：单击它可以以打印尺寸显示。

Howto 使用缩放工具放大图片的局部显示

1 按 Ctrl+O 键从配套光盘中打开"/范例源文件/CH02/05.jpg"文件，需对一局部进行修改或查看，如图 2-5 所示。

2 在工具箱中点选 缩放工具，如图 2-6 所示，在画面中按下左键从一点向另一点拖动，以拖出一个虚线框，如图 2-7 所示，松开鼠标左键后即可将图像放大并且所选区域正位于窗口中，如图 2-8 所示。

图 2-5 打开的文件

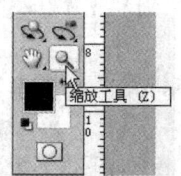

图 2-6 选择缩放工具

图 2-7 拖出一个虚线框

图 2-8 图像放大后的效果

2.1.2 抓手工具

当图像窗口不能全部显示整幅图像时，可以利用 抓手工具在图像窗口内上下、左右移动图像，以观察图像的目标位置，如图 2-9 所示。在图像上右击，可弹出快捷菜单，可以按照需要在其中选择所需的方式来调整图像的大小。如选择【按屏幕大小缩放】命令，则当前的图像在屏幕中以最合适的大小显示，如图 2-10 所示。也可用于局部修改，只要把整个图像放大很多倍，然后利用它来上下、左右移动图像到所需修改的位置。

图 2-9 移动画面

图 2-10 【按屏幕大小缩放】后的效果

在工具箱中点选 抓手工具，如图 2-11 所示，选项栏就会显示如图 2-12 所示的选项。

图 2-11 选择抓手工具

图 2-12 抓手工具选项栏

2.1.3 缩放命令

在菜单中执行【视图】→【放大】命令或按 Ctrl++ 键，可以将图像放大；在菜单中执行【视图】→【缩小】命令或按 Ctrl+ - 键，可以将图像缩小。

2.2 使用标尺、参考线与网格

Photoshop CS4 提供了"标尺、参考线与网格"等功能，在绘制图形时可以迅速准确的定位标点。参考线可以设置成垂直的、水平的、倾斜的，还可以在屏幕上任意移动以及改变它的方向。

2.2.1 标尺

Howto 改变标尺原点

1 按 Ctrl+R 键显示标尺栏，将光标移动到标尺栏的左上角交点处，如图 2-13 所示，并在其上按下左键向所需的方向拖移，如图 2-14 所示，

图 2-13 显示标尺栏

图 2-14 拖移标尺原点

2 到达所需的位置后松开左键，即可将该点设为标尺原点，如图 2-15 所示。

图 2-15 改变标尺原点后的结果

在标尺栏的左上角交点处双击可以将标尺原点还原为默认值。

2.2.2 参考线

1. 创建参考线

Howto 创建参考线

1 按 Ctrl+O 键从配套光盘中打开"/范例源文件/CH02/05.jpg"文件,在菜单中执行【视图】→【新建参考线】命令,弹出【新建参考线】对话框,并在其中设置【取向】为"垂直",【位置】为"6 厘米",如图 2-16 所示。

2 单击【确定】按钮,即可在图像窗口中创建了一条参考线,如图 2-17 所示。

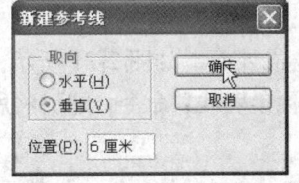

图 2-16 【新建参考线】对话框

图 2-17 创建参考线

2. 移动参考线

Howto 移动参考线

1 在工具箱中点选 移动工具,如图 2-18 所示,再移动光标到参考线上指针呈 状时,按下左键向右拖动至所需的位置,如图 2-19 所示。

2 到达所需的位置后松开左键,即可将参考线移至松开左键的位置,结果如图 2-20 所示。

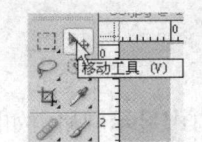

图 2-18 选择移动工具　　图 2-19 按下左键拖移参考线时的状态

图 2-20 松开左键后的结果

3. 清除参考线

Howto 清除参考线

1 如果要清除某条参考线，可以直接拖动参考线向标尺栏上或外面，如图 2-21 所示。

2 如果要将所有参考线清除，在菜单中执行【视图】→【清除参考线】命令，即可将所有参考线清除。

图 2-21 清除参考线

2.2.3 网格

在菜单中执行【视图】→【显示】→【网格】命令，即可在图像窗口中显示网格，如图 2-22 所示。如果要隐藏网格，同样也可以执行【视图】→【显示】→【网格】命令。

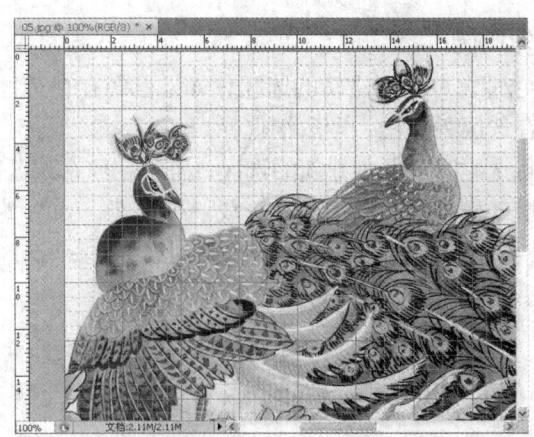

图 2-22　显示网格

2.3　创建与编辑选区

如果要对图像部分应用更改，则首先需要选择构成这些部分的像素。通过使用选择工具或通过在蒙版上绘画并将此蒙版作为选区载入，可以在 Photoshop 中选择像素。要在 Photoshop 中选择并处理矢量对象，可以使用钢笔工具和直接选择工具。

Photoshop CS4 提供了 9 种选择工具，使用选择工具可以创建矩形、多边形、椭圆、1 个像素宽的行和列的选区，以及任一形状的选区。创建选区后只能对选区进行工作，比如：填充颜色、填充图案、渐变填充、复制选区内容、描边和绘画等等。

2.3.1　选框工具

Photoshop CS4 提供了 4 种选框工具，如：▭矩形选框工具、◯椭圆选框工具、▬单行选框工具和 ▮单列选框工具。

1．矩形选框工具

使用矩形选框工具可以绘制矩形选区，如果按下 Shift 键再拖动矩形选框工具可以向已有选区添加选区，按 Alt 键可以从选区中减去选区。

Howto　使用矩形选框工具绘制矩形选区

1 在工具箱中点选▭矩形选框工具，它的选项栏就会显示它的相关选项，如图 2-23 所示。

2 可以直接在画面中从一点向另一点拖动，以绘制出一个矩形框（也称：选区），如图 2-24 所示。

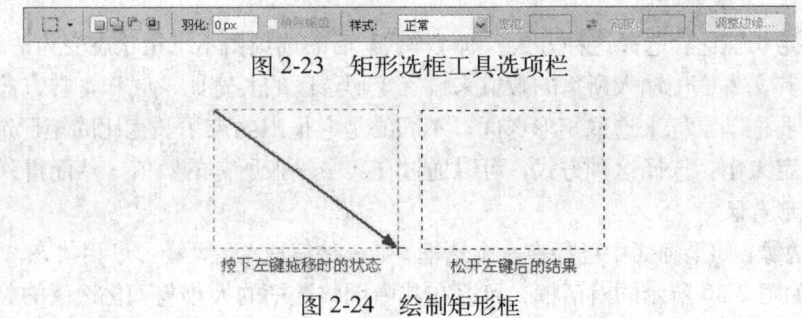

图 2-23　矩形选框工具选项栏

图 2-24　绘制矩形框

矩形选框工具选项栏说明如下：
- ■**新选区**：点选它时，可以创建新的选区，如果已经存在选区，则会去掉旧选区，而创建新的选区；在选区外单击，则取消选择。
- ■**添加到选区**：点选它时可以创建新的选区，也可在原来选区的基础上添加新的选区，相交部分选区的滑动框将去除，而同时形成一个选区，如图 2-25 所示。
- ■**从选区减去**：点选它时可以创建新的选区，也可在原来选区的基础上减去不需要的选区，如图 2-26 所示。

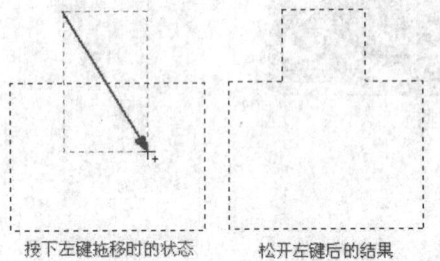
图 2-25　添加新的选区

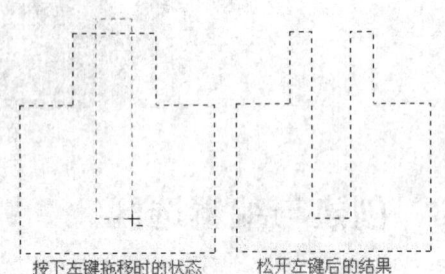
图 2-26　减去不需要的选区

- ■**与选区交叉**：点选它时可以创建新的选区，也可以创建出与原来选区相交的选区，如图 2-27 所示。
- **羽化**：在其文本框中输入相应的数值可以软化硬边缘，也可使选区填充的颜色（如：黑色）向其周围逐步扩散，如图 2-28 所示。在【羽化】文本框中输入数据（其取值范围为：0 至 255）可设置羽化半径。

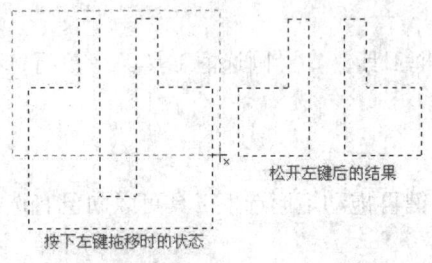
图 2-27　创建与原来选区相交的选区

图 2-28　羽化与填充选区

- **样式**：在【样式】下拉列表中可选择所需的样式，如图 2-29 所示。
  - **正常**：为 Photoshop 默认的选择方式，也是通常用的方式。在选择这种方式的情况下，可以用鼠标拖出任意大小的矩形选区。

图 2-29　样式选项

  - **固定长宽比**：选择这种方式，则【样式】后的选项由不可用状态变为活动可用状态，在其文本框中输入所需的数值来设置矩形选区的长宽比，它和正常方式一样，都是需要拖动鼠标来选取矩形选区，不同的是它拖出约束了长宽比的矩形选区。
  - **固定大小**：选择这种方式，可以通过在其中输入所需的数值，从而得到固定大小的矩形选区。
- **调整边缘**：如果画面中已经有一个选框，则该按钮成为 调整边缘... 可用状态，单击该按钮，弹出如图 2-30 所示的对话框，可以在其中调整选框的大小与羽化选区的大小。

➢ **半径**：决定选区边界周围的区域大小，将在此区域中进行边缘调整。增加半径可以在包含柔化过渡或细节的区域中创建更加精确的选区边界，如短的毛发中的边界，或模糊边界。

➢ **对比度**：锐化选区边缘并去除模糊的不自然感。增加对比度可以移去由于"半径"设置过高而导致在选区边缘附近产生的过多杂色。

➢ **平滑**：减少选区边界中的不规则区域（"山峰和低谷"），创建更加平滑的轮廓。输入一个值或将滑块在 0～100 之间移动。

图 2-30 【调整边缘】对话框

➢ **羽化**：在选区及其周围像素之间创建柔化边缘过渡。输入一个值或移动滑块以定义羽化边缘的宽度（从 0～250 像素）。

➢ **收缩/扩展**：收缩或扩展选区边界。输入一个值或移动滑块以设置一个介于 0～100%之间的数以进行扩展，或设置一个介于 0～-100%之间的数以进行收缩。这对柔化边缘选区进行微调很有用。收缩选区有助于从选区边缘移去不需要的背景色。

 在这一节中详细讲解了选框工具选项栏中的各选项的作用。而在 Photoshop 程序中，一些工具的选项栏有许多相同的选项，因此在介绍其他工具时就不再重复介绍相同的选项。

2. **椭圆选框工具**

使用椭圆选框工具可以绘制椭圆选区。

Howto 使用椭圆选框工具绘制椭圆选区

1 在工具箱中点选 ⬚ 椭圆选框工具，它的选项栏就会显示它的相关选项，如图 2-31 所示，其操作方法与矩形选框工具的操作方法一样。在选项栏中勾选【消除锯齿】选项，在画面中从一点向另一点拖动，以绘制出一个椭圆选区，如图 2-32 所示。再在选项栏中选择 ⬚ 按钮，取消【消除锯齿】选项的勾选，然后在画面中再绘制一个椭圆选区，如图 2-33 所示。

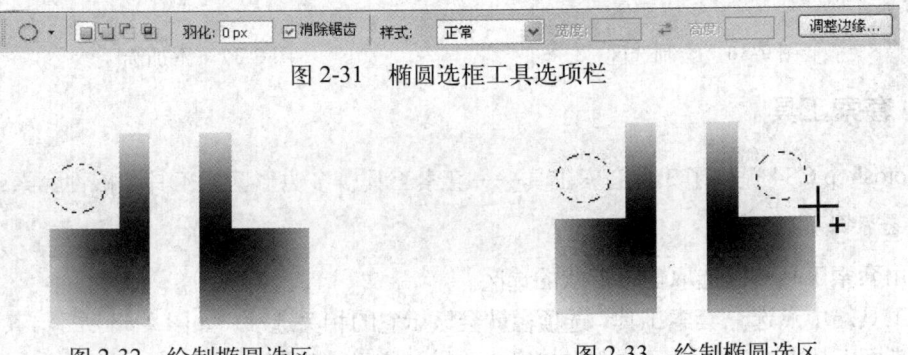

图 2-31 椭圆选框工具选项栏

图 2-32 绘制椭圆选区   图 2-33 绘制椭圆选区

2 按 Alt+Del 键用前景色填充选区，以得到如图 2-34 所示的效果，按 Ctrl+D 键取消选择，再按 Ctrl++ 键将画面效果，即可看到选择与不选择【消除锯齿】选项的区别，如图 2-35 所示。

图 2-34 填充选区

图 2-35 选择与不选择【消除锯齿】选项的对比图

椭圆选框工具选项栏说明如下：

- **消除锯齿**：在 Photoshop 中生成的图像为位图图像，而位图图像使用颜色网格（像素）来表现图像。每个像素都有自己特定的位置和颜色值。在进行椭圆、圆形选取或其他不规则的选取时就会产生锯齿边缘。所以 Photoshop 就提供了【消除锯齿】选项来在锯齿之间填入中间色调，并从视觉上消除锯齿现象。

3. 单行、单列选框工具

使用单行选框工具可以创建一个像素宽的水平选框。使用单列选框工具可以创建一个像素宽的垂直选框。在工具箱中点选 单行选框工具，选项栏中就会显示它的相关选项，单行选框工具的选项栏与矩形选框工具选项栏相同，只是样式已不可用，而羽化只能为 0 像素。在图像窗口中单击，即可得到一个像素的选区，如图 2-36 所示；在选项栏中点选 （添加到选区）按钮，并在图像上多次单击，即可得到多条选区，如图 2-37 所示，可以对单行选区进行填充、删除与移动等操作。

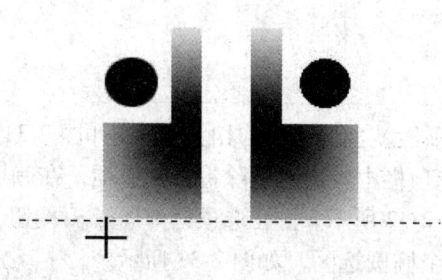

图 2-36 绘制选区

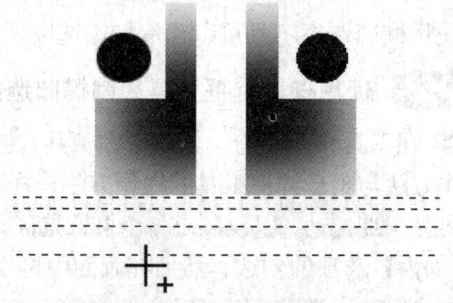

图 2-37 添加选区

2.3.2 套索工具

Photoshop CS4 提供了 3 种套索工具——套索工具、多边形套索工具与磁性套索工具。

1. 套索工具

使用套索工具可以选取任一形状的选区。

在工具箱中点选 套索工具，选项栏就会显示它的相关选项，如图 2-38 所示，其中的选项与矩形选框工具中的选项相同，作用与用法一样，这里就不重复了。

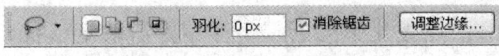

图 2-38 套索工具选项栏

在使用套索工具时,可以通过任意拖动来绘制所需的选区。

(1) 当从起点处向终点处拖动鼠标,并且起点与终点不重合时,松开鼠标左键后,系统会自动在起点与终点之间用直线连接,从而得到一个封闭的选区,如图 2-39 所示。

图 2-39 绘制选区

(2) 从起点处按下左键向所需的方向拖动,直至返回到起点处才松开左键,即可得到一个封闭的曲线选框。

(3) 如果要在曲线中绘制直线选框,请按下 Alt 键后松开鼠标左键,然后移动鼠标到所需的点单击。

 实际上在使用套索工具创建选区时,按下 Alt 键就是切换到多边形套索工具。

2. 多边形套索工具

使用多边形套索工具可以选取任一多边形选区。

在工具箱中点选 多边形套索工具,选项栏就会显示它的相关选项,它的选项栏与套索工具的选项栏一样。它是通过单击来确定点,直至返回到起点指针呈 状时单击完成,从而选取所需的多边形选区,如图 2-40 所示。

图 2-40 绘制选区

如果通过单击确定了一个点或几个点后，可按下左键移动鼠标，来围绕这个点进行旋转，到所需的位置时松开鼠标左键，即可确定该直线段的位置和长度。也可在确定一个点后，松开鼠标左键再移动鼠标到一定位置后单击，同样可以确定该直线段的位置和长度。

3. 磁性套索工具

磁性套索工具具有识别边缘的作用。利用它可以从图像中选取所需的部分。

Howto 使用磁性套索工具选取选区

1 按 Ctrl+O 键从配套光盘中打开"/范例源文件/CH02/03.psd"文件，接着在工具箱中点选磁性套索工具，选项栏就会显示如图 2-41 所示的选项。

2 在画面中单击确定起点，再移动指针，然后在一个关键点处单击，接着再移动指针，这样，反复操作，直至返回到起点处指针呈状时单击，即可完成图像的选择，如图 2-42 所示。

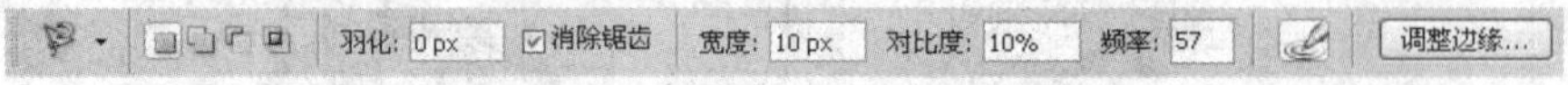

图 2-41　磁性套索工具选项栏

图 2-42　绘制选区

磁性套索工具选项栏说明如下：

- 【宽度】：在其文本框中可输入 1～256 之间的数值，从而来确定选取时探查的距离，数值越大探查的范围就越大。
- 【对比度】：在其文本框中可输入 1%～100%之间的数值，来设置套索的敏感度，数值大可用来探查对比度高的边缘，数值小可用来探查对比度底的边缘。
- 【频率】：在其文本框中可输入 0～100 之间的数值，来设置以什么频度设置紧固点，数值越大选取外框紧固点的速率越快——较高的数值会更快地固定选区边框。

- ：如果使用光笔绘图板来绘制与编辑图像，并且选择了该选项，则在增大光笔压力时将导致边缘宽度减小。

2.3.3 快速选择工具

利用快速选择工具在画面中单击目标画面，就可以准确而快速地选择出需要被勾选到的地方；也可以在画面中拖动鼠标来选择所需的区域。

Howto 使用快速选择工具选取选区

1 按 Ctrl+O 键从配套光盘中打开"/范例源文件/CH02/03.psd"文件，在工具箱中点选快速选择工具，选项栏就会显示如图 2-43 所示的选项。

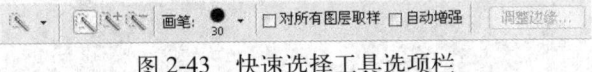

图 2-43　快速选择工具选项栏

2 移动到画面中要选择的地方单击，即可选择与所单击点相邻的区域，如图 2-44 所示。快速选择工具选项栏说明如下：

- **新选区**：选择它时可以创建新的选区，如果已经存在选区，则会去掉旧选区，而创建新的选区。
- **添加到选区**：选择它时可以创建新的选区，也可在原来选区的基础上添加新的选区。
- **从选区减去**：选择它时可以创建新的选区，也可在原来选区的基础上减去不需要的选区。
- **画笔**：在选项栏中单击·按钮，弹出如图 2-45 所示的【画笔】弹出式调板，在其中可设置画笔的直径、硬度、间距、角度、圆度和大小。

图 2-44　选择区域

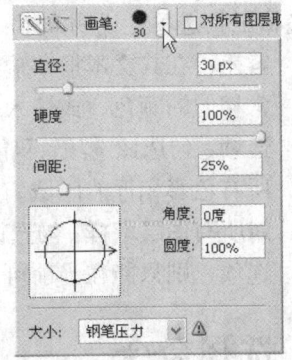

图 2-45　【画笔】弹出式调板

- **对所有图层取样**：基于所有图层（而不是仅基于当前选定图层）创建一个选区。
- **自动增强**：减少选区边界的粗糙度和块效应。选择【自动增强】选项会自动将选区向图像边缘进一步流动并应用一些边缘调整，用户也可以通过在【调整边缘】对话框中使用【平滑】、【对比度】和【半径】选项手动应用这些边缘调整。

2.3.4 魔棒工具

利用魔棒工具可以选择颜色一致的区域，而不必跟踪其轮廓。通过在图像上单击来指定魔棒工具选区的颜色，在选项栏中设置它的容差值来确定它选取的色彩范围。

不能在位图模式的图像中使用魔棒工具。

Howto 使用魔棒工具选择颜色一致的选区

1 从配套光盘中打开"/范例源文件/CH02/06.jpg"文件，如图 2-46 所示，在工具箱中点选魔棒工具，选项栏就会显示如图 2-48 所示的选项。

2 再移向画面要选取的地方单击，即可选取出与所单击处相同或相似的区域，如图 2-47 所示。

图 2-46 打开的图像文件

图 2-47 选择区域

图 2-48 魔棒工具选项栏

魔棒工具选项栏说明如下：
- **容差**：在其文本框中输入 0～255 之间的像素值。输入较小值以选择与所点按的像素非常相似的颜色，或输入较高值以选择更宽的色彩范围。
- **连续**：勾选该选项，只能选择色彩相近的连续区域；不勾选该选项，则可以选择图像上所有色彩相近的区域。
- **对所有图层取样**：勾选该选项，可以在所有可见图层上选取相近的颜色；如果不勾选该选项，则只能在当前可见图层上选取颜色。

2.4 选择命令

可以使用【选择】菜单中的命令选择全部像素、取消选择、反选、修改选区、羽化选区、扩大选取、变换选区、载入选区、存储选区和重新选择等。在菜单中执行【选择】→【取消选择】命令或按 Ctrl+D 键，可以取消当前图像窗口中的选择。在菜单中执行【选择】→【全部】命令或按 Ctrl+A 键，即可将当前可用图层的内容全部选定。

2.4.1 修改选区

利用【修改】命令中的【边界】、【平滑】、【扩展】、【收缩】与【羽化】命令，可以对选区进行修改。

Howto 使用修改命令修改选区

1 按 Ctrl+O 键从配套光盘中打开 "/范例源文件/CH02/04.psd" 文件，如图 2-49 所示。

图 2-49 打开的图像文件

2 显示【图层】调板，并在其中单击 ▢（创建新图层）按钮，新建图层 1，如图 2-50 所示，接着从工具箱中点选 ○ 椭圆选框工具，再在画面中绘制出一个椭圆选区，如图 2-51 所示。

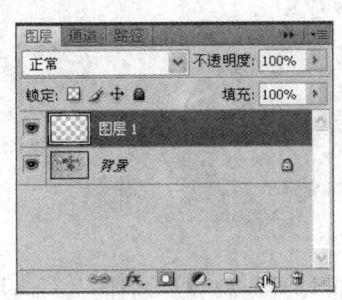

图 2-50 【图层】调板

图 2-51 绘制椭圆选区

3 在菜单中执行【编辑】→【描边】命令，弹出【描边】对话框，并在其中设置【宽度】为 "2"，【颜色】为 "R145、G51、B11"，【位置】为 "居中"，如图 2-52 所示，设置好后单击【确定】按钮，即可为选区进行描边，描边后的效果如图 2-53 所示。

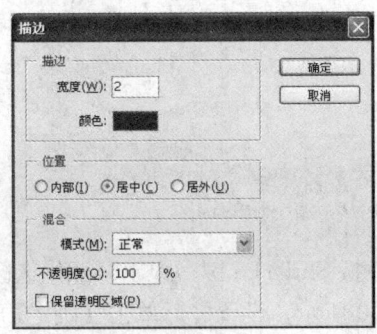

图 2-52 【描边】对话框

图 2-53 描边后的效果

4 在菜单中执行【选择】→【修改】→【收缩】命令，弹出【收缩选区】对话框，并在其中设置【收缩量】为"5像素"，如图2-54所示，设置好后单击【确定】按钮，以将选区缩小，缩小后的选区如图2-55所示。

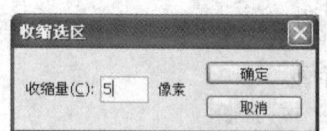

图2-54 【收缩选区】对话框　　　　　　图2-55 缩小后的选区

5 设置前景色为白色，接着在【图层】调板中单击 （创建新图层）按钮，新建图层2，如图2-56所示，然后按Alt+Del键将选区填充为白色，填充颜色后的效果如图2-57所示。

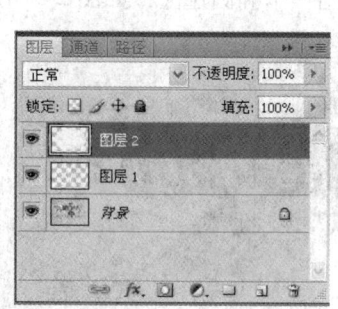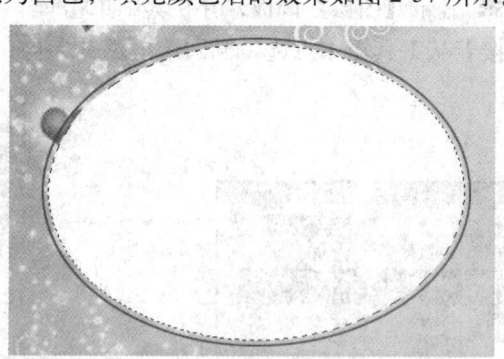

图2-56 【图层】调板　　　　　　图2-57 填充颜色

6 在菜单中执行【选择】→【修改】→【收缩】命令，弹出【收缩选区】对话框，并在其中设置【收缩量】为"2像素"，如图2-58所示，设置好后单击【确定】按钮，以将选区缩小，缩小后的选区如图2-59所示。

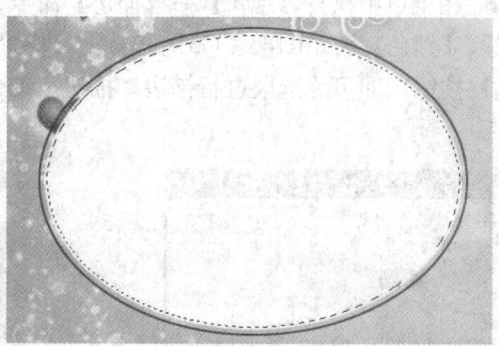

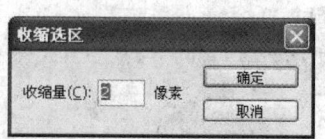

图2-58【收缩选区】对话框　　　　　　图2-59 缩小后的选区

7 在菜单中执行【选择】→【修改】→【羽化】命令或按Shift+F6键，弹出【羽化选区】对话框，并在其中设置【羽化半径】为"25像素"，如图2-60所示，设置好后单击【确定】按钮，以将选区羽化，羽化后的选区如图2-61所示。

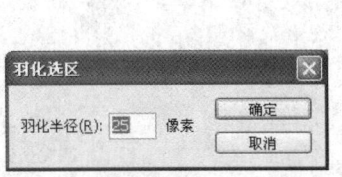
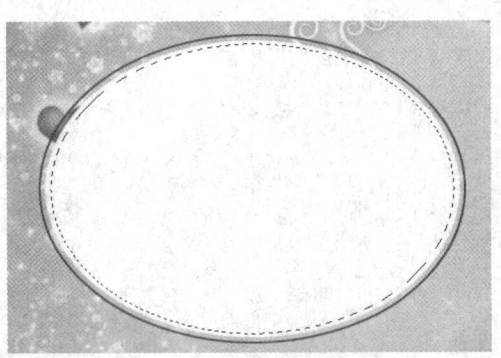

图 2-60 【羽化选区】对话框　　　　图 2-61 羽化后的选区

8 在键盘上按 Del 键将选区中的内容删除，删除后的效果如图 2-62 所示，再在菜单中执行【选择】→【取消选择】命令或按 Ctrl+D 键，取消选择，得到如图 2-63 所示的效果。

图 2-62 删除内容后的效果　　　　图 2-63 最终效果

2.4.2 变换选区

利用【变换选区】命令可以对选择区域进行自由变换调整。

Howto 使用变换选区命令变换选区

1 按 Ctrl+N 键新建一个图像文件，在工具箱中点选椭圆选框工具，再在画面中绘制出一个椭圆选框，如图 2-64 所示。

2 在菜单中执行【选择】→【变换选区】命令，会在选框上显示变换框，如图 2-65 所示，将指针指向对角控制柄指针呈状时按下左键进行拖移，可以旋转变换框，如图 2-66 所示，旋转到指定位置后松开左键即可。

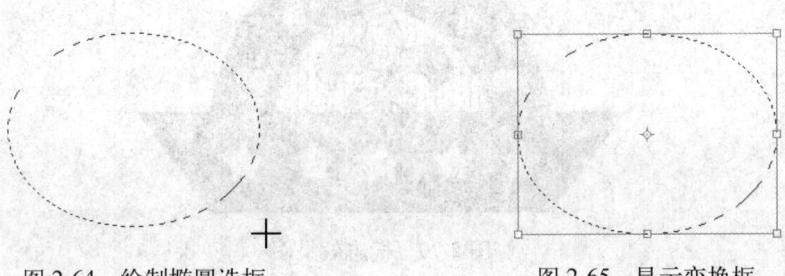

图 2-64 绘制椭圆选框　　　　图 2-65 显示变换框

3 移动指针到变换框中间控制柄上指针呈状时按下左键向右上方拖移，将变换框放大，如图 2-67 所示，放大到所需的大小后松开左键即可。

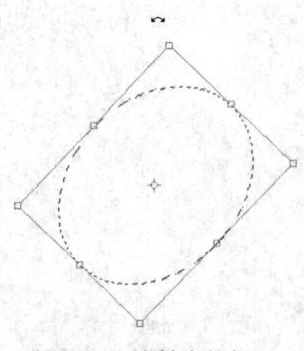
图 2-66 旋转变换框
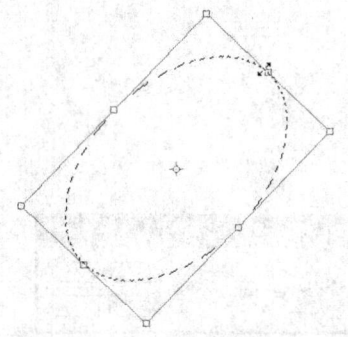
图 2-67 调整变换框

4 按 Ctrl 键指向控制柄指针呈 状时按下左键进行拖移,如图 2-68 所示,以将变换框进行扭曲,拖移到所需的位置后松开左键,即可将变换框进行扭曲与缩小,结果如图 2-69 所示,在变换框中双击确认变换即可。

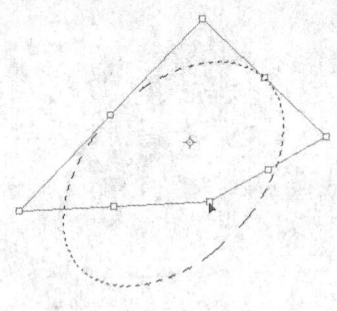
图 2-68 调整变换框
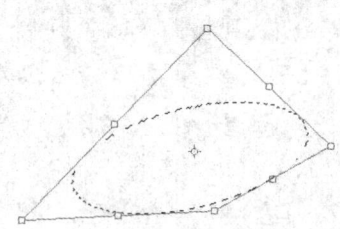
图 2-69 调整变换框

2.5　使用选框工具绘制标志

本例是先用椭圆选框工具、矩形选框工具、单列选框工具、多边形套索工具、套索工具与【填充】、【存储选区】、【载入选区】等命令绘制出标志的基本形状,再用自定形状工具绘制出辅助图形与标志性图形。

效果图如图 2-70 所示。

图 2-70 标志效果图

Howto　使用选框工具绘制标志

1 按 Ctrl+N 键,弹出【新建】对话框,并在其中设置所需的参数,如图 2-71 所示,设置好后单击【确定】按钮，即可新建一个空白的图像文件。

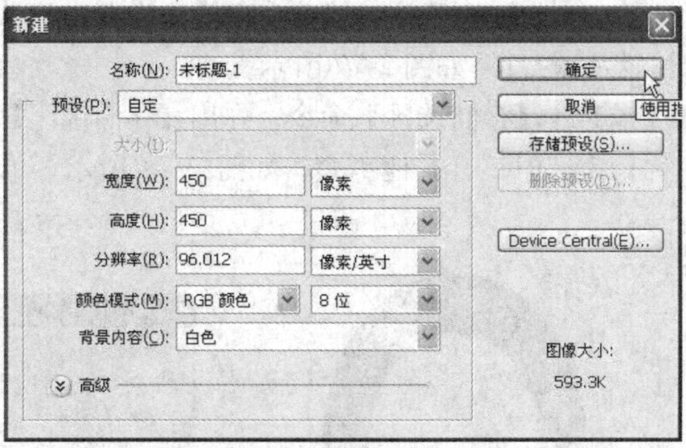

图 2-71 【新建】对话框

2 显示【图层】调板，并在其中单击 ᓱ（创建新图层）按钮，新建图层 1，如图 2-72 所示，接着从工具箱中点选 ○ 椭圆选框工具，再在图像窗口中绘制出一个椭圆选区，如图 2-73 所示。

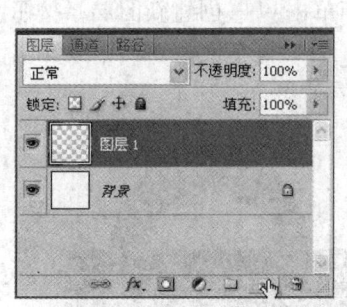

图 2-72 【图层】调板

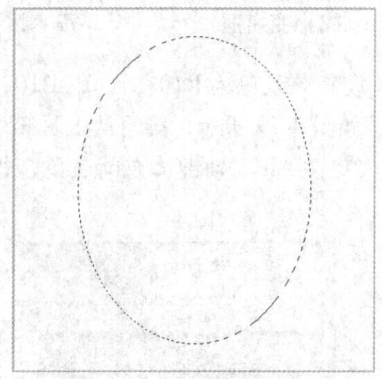

图 2-73 绘制椭圆选区

3 设置前景色 R3、G47、B85，在菜单中执行【编辑】→【填充】命令或按 Shift+F5 键，弹出如图 2-74 所示的【填充】对话框，采用默认值，单击【确定】按钮，即可用前景色填充选区，填充颜色后的效果如图 2-75 所示。

 也可以直接按 Alt+Del 键用前景色填充选区。

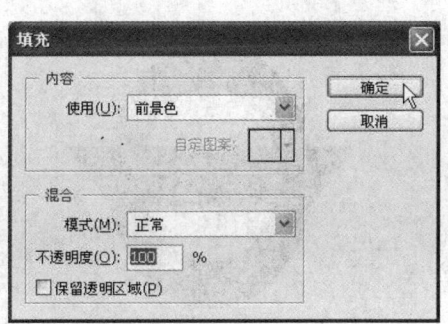

图 2-74 【填充】对话框

图 2-75 填充颜色后的效果

4 在菜单中执行【选择】→【变换选区】命令，显示变换框，再在选项栏的 W: 中输入 65%，以将选区缩小，如图 2-76 所示，接着在变换框中双击确认变换，然后在键盘上按 Del 键将选区内容删除，删除后的效果如图 2-77 所示。

5 在菜单中执行【选择】→【存储选区】命令，弹出【存储选区】对话框，并在其中设置【通道】为"新建"，【名称】为"011"，其他不变，如图 2-78 所示，单击【确定】按钮，即可将选区保存起来了。

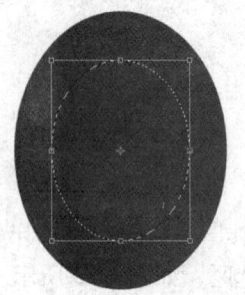
图 2-76　缩小变换框

图 2-77　删除选区内容

图 2-78　【存储选区】对话框

6 设置前景色为 R108、G0、B10，在【图层】调板中单击 （创建新图层）按钮，新建图层 2，如图 2-79 所示，接着从工具箱中点选 矩形选框工具，再在图像窗口中绘制出一个矩形选区，并按 Alt+Del 键填充前景色，得到如图 2-80 所示的效果。

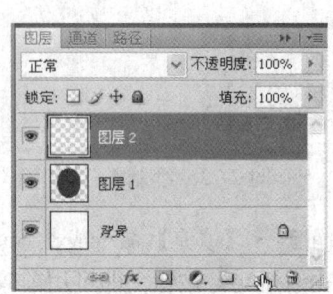
图 2-79　【图层】调板

图 2-80　绘制矩形选区并填充颜色

7 在工具箱中点选 多边形套索工具，再在画面中矩形的右边绘制出一个三角形选区，以框住矩形的右下角，然后按 Del 键将选区中的内容删除，删除后的效果如图 2-81 所示。

8 用上步同样的方法将矩形的左下角框选，并按 Del 键将选区中的内容删除，删除后的效果如图 2-82 所示。

图 2-81　删除选区内容

图 2-82　删除选区内容

9 在【图层】调板中激活图层 1,以它为当前图层,如图 2-83 所示,再用矩形选框工具,在画面中框选出不需要的部分,如图 2-84 所示,然后按 Del 键将选区中的内容删除,按 Ctrl+D 键取消选择,结果如图 2-85 所示。

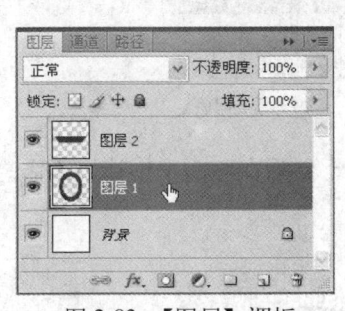
图 2-83 【图层】调板

图 2-84 用矩形选框工具框选出不需要的部分

图 2-85 删除选区内容并取消选择

10 按 Ctrl+R 键,显示标尺栏,在工具箱中点选 单列选框工具,并在选项栏中选择 按钮,接着在画面中并与标尺的刻度线对齐时单击,创建一个单列选区,如图 2-86 所示,然后用同样方法在画面中多次单击,以创建多个单列选区,并且它们之间的距离相等,如图 2-87 所示。

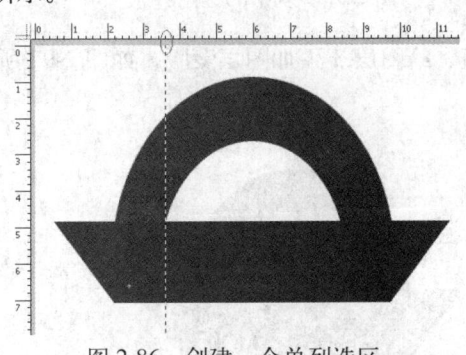
图 2-86 创建一个单列选区

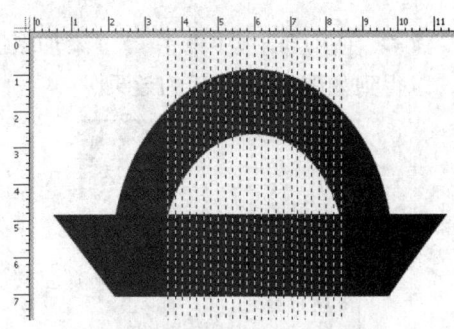
图 2-87 创建多个单列选区

11 在【图层】调板中单击 (创建新图层)按钮,新建图层 3,如图 2-88 所示,按 Alt+Del 键填充前景色,再按 Ctrl+D 键取消选择,得到如图 2-89 所示的效果。

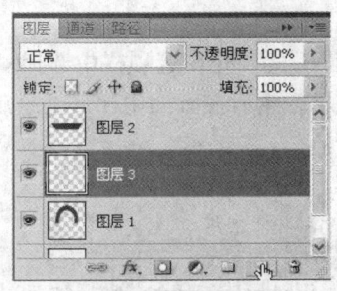
图 2-88 【图层】调板

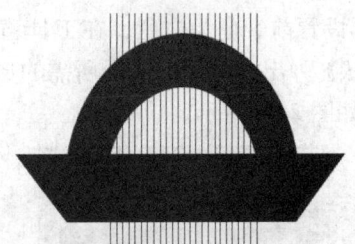
图 2-89 填充颜色并取消选择

12 在菜单中执行【选择】→【载入选区】命令,弹出【载入选区】对话框,并在其中的【通道】下拉列表中选择前面保存的选区"001",如图 2-90 所示,选择好后单击【确定】按钮,以将保存的选区重新载入到画面中来,如图 2-91 所示。

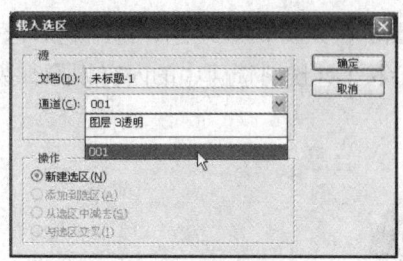
图2-90 【载入选区】对话框

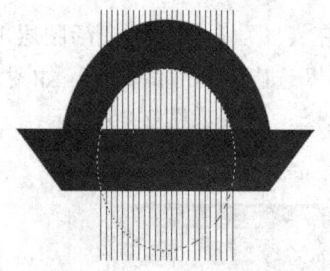
图2-91 选区重新载入

13 在工具箱中点选☒套索工具,并在选项栏中选择☒按钮,然后在画面中框选出不需要的选区,如图2-92、图2-93所示。

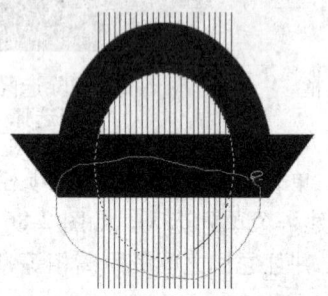
图2-92 框选出不需要的选区

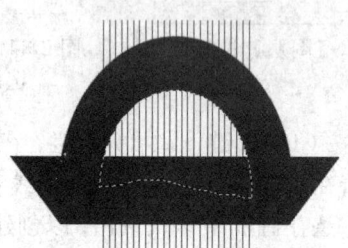
图2-93 剩下的选区

14 在图层调板中单击☒(添加图层蒙版)按钮,给图层3添加图层蒙版,如图2-94所示,以得到如图2-95所示的效果。

图2-94 【图层】调板

图2-95 添加图层蒙版后的效果

15 在【图层】调板中先激活图层2,再单击☒(创建新图层)按钮,新建图层4,如图2-96所示。

16 设置前景色为白色,在工具箱中点选☒自定形状工具,并在选项栏中选择☒按钮,再在【形状】弹出式调板中选择所需的形状,如图2-97所示,然后在画面中梯形上绘制出一个五角星,如图2-98所示。

图2-96 【图层】调板

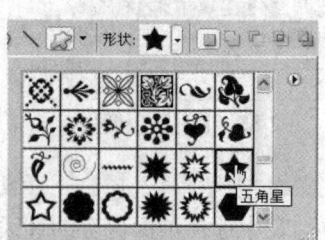
图2-97 【形状】弹出式调板

17 按 Alt+Shift 键将五角星向右拖动并复制多个副本，复制好后的效果如图 2-99 所示。

图 2-98　绘制五角星

图 2-99　绘制五角星

18 设置前景色为 R239、G156、B0，在【图层】调板中新建图层 5，如图 2-100 所示，再在自定形状工具的选项栏中选择所需的形状，如图 2-101 所示，然后在画面中绘制了一个圆形，如图 2-102 所示。

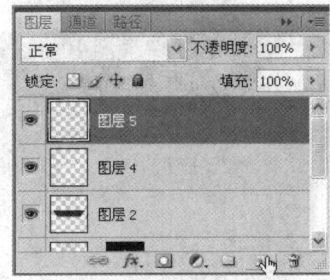
图 2-100　【图层】调板

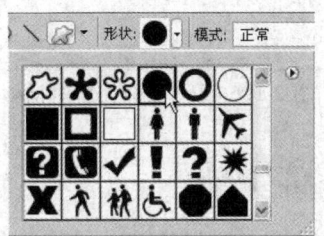
图 2-101　【形状】弹出式调板

19 按 Alt 键将其拖动并复制四个副本，分别将它们排放到适当位置，复制好后的效果如图 2-103 所示。

图 2-102　绘制圆形

图 2-103　绘制圆形

20 设置前景色为 R0、G176、B52，接着在【图层】调板中新建图层 6，再在自定形状工具的选项栏中选择所需的形状，如图 2-104 所示，然后在画面的中间位置绘制出所选的形状，如图 2-105 所示。

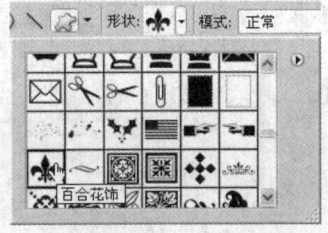
图 2-104　选择形状

图 2-105　绘制所选的形状

21 在【图层】调板中双击图层 6，弹出如图 2-106 所示的【图层样式】对话框，并在其左边栏中单击【描边】选项,以选择它,采用默认值直接单击【确定】按钮,以给刚绘制的图形描边,描边后的效果如图 2-107 所示。这样,标志就制作完成了。

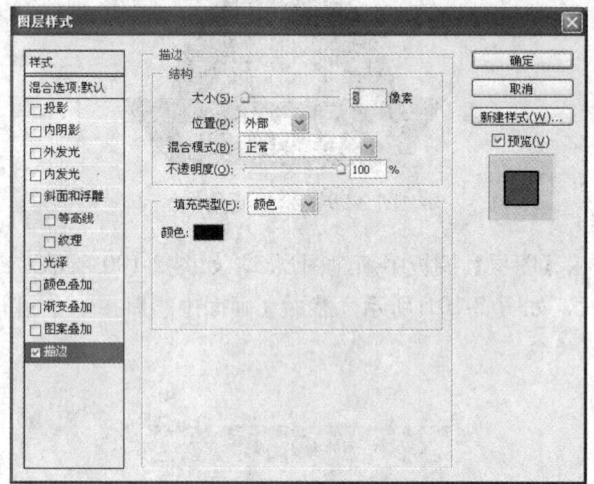

图 2-106 【图层样式】对话框

图 2-107 最终效果

2.6 本章小结

　　本章主要介绍了 Photoshop 程序中最常用的缩放、选择命令,以及标尺、参考线与网格等辅助功能。结合效果图或实例对缩放工具、抓手工具、选框工具、套索工具、魔棒工具等工具的使用方法与应用进行了详细的介绍。灵活应用这些工具将会大大提高我们的工作效率,使得图像的处理更加灵活快捷。

2.7 本章习题

一、填空题

1. Photoshop CS4 提供了____种选择工具,使用选择工具可以选取出____、_____、_____、1 个像素宽的行和列的选区,以及任一形状的选区。

2. Photoshop CS4 提供了 4 种选框工具,如:_____、_____、_____和_____。

二、选择题

1. 利用以下哪个工具可以选择颜色一致的区域,而不必跟踪其轮廓？　　　　　　　（　　）
　　A. 魔棒工具　　　　B. 椭圆选框工具　　　C. 套索工具　　　　D. 矩形选框工具

2. 按以下哪个快捷键可以显示或隐藏标尺栏？　　　　　　　　　　　　　　　　　（　　）
　　A. Ctrl+R　　　　　B. Ctrl+;　　　　　　C. Ctrl+E　　　　　D. Ctrl+'

3. Photoshop CS4 提供了几种套索工具？　　　　　　　　　　　　　　　　　　　（　　）
　　A. 3 种　　　　　　B. 2 种　　　　　　　C. 4 种　　　　　　D. 5 种

第 3 章　移动、对齐与变形对象

教学目标

掌握图像的移动、对齐、分布、复制与变形等操作。

教学重点与难点

- ➢ 移动与复制选定的像素
- ➢ 对齐与分布对象
- ➢ 变形图像

3.1　移动工具选项说明

移动工具可以将选区或图层移动到同一图像的新位置或其他图像中。还可以使用移动工具在图像内对齐选区和图层并分布图层。在工具箱中点选移动工具，选项栏中就会显示它的相关选项，如图 3-1 所示。

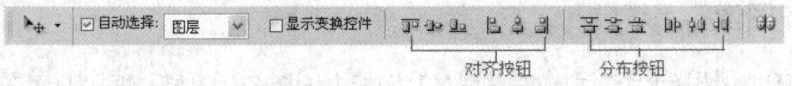

图 3-1　移动工具选项栏

移动工具选项栏说明如下：

- **自动选择**：如果勾选它，使用鼠标在图像上单击，即可直接选中指针所指的非透明图像所在的图层/组（在下拉列表中可以选择"图层"/"组"）。
- **显示变换控件**：可在选中对象的周围显示定界框，对准四个对角的小方块控制点单击，此时的定界框变为变换框。
- 在【图层】调板中选择要对齐的图层，单击 （顶对齐）按钮、 （垂直居中对齐）按钮、 （底对齐）按钮、 （左对齐）按钮、 （水平居中对齐）按钮和 （右对齐）按钮，可在图像内对齐选区或图层。单击 （按顶分布）按钮、 （垂直居中分布）按钮、 （按底分布）按钮、 （按左分布）按钮、 （水平居中分布）按钮和 （按右分布）按钮，可在图像内分布图层。
- （自动对齐图层）：如果在【图层】调板中选择了两个或两个以上的图层，则该按钮为活动可用状态，单击该按钮，弹出如图 3-2 所示的对话框。
  - ➢ **自动**：Photoshop 将分析源图像并应用"透视"或"圆柱"版面（取决于哪一种版面能够生成更好的复合图像）。
  - ➢ **透视**：通过将源图像中的一个图像（默认情况下为中间的图像）指定为参考图像来创建一致的复合图像。然后将变换其他图像（必要时，进行位置调整、伸展或斜切），以便匹配图层的重叠内容。

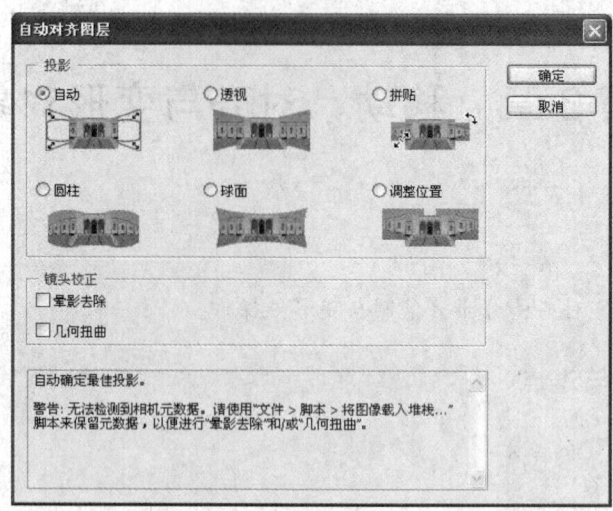

图 3-2 【自动对齐图层】对话框

> 圆柱：通过在展开的圆柱上显示各个图像来减少在"透视"版面中会出现的"领结"扭曲。图层的重叠内容仍匹配。将参考图像居中放置。最适合于创建宽全景图。
> 仅调整位置：对齐图层并匹配重叠内容，但不会变换（伸展或斜切）任何源图层。

3.2 图像对齐与分布

3.2.1 对齐图像

在图像窗口中选择多个对象或在【图层】调板中选择多个图层，再在工具箱中点选移动工具，并在移动工具的选项栏中单击、、、、、按钮，或在【图层】菜单中执行【对齐】子菜单中执行【顶边】、【垂直居中】、【底边】、【左边】、【水平居中】与【右边】命令，来对齐图层。

Howto 对齐图像

1 按 Ctrl+O 键打开配套光盘中的"/范例源文件/CH03/1.psd"文件，如图 3-3 所示，其【图层】调板如图 3-4 所示。

图 3-3 打开的图像文件

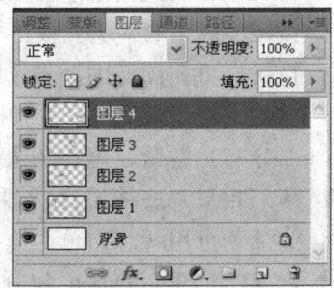

图 3-4 【图层】调板

2 在键盘上按住 Shift 键，再用鼠标单击"图层 1"图层，以同时选择"图层 1"至"图层 4"图层，如图 3-5 所示，接着在菜单中执行【图层】→【对齐】→【垂直居中】命令，或在移动工具的选项栏中单击按钮，将选择的图层以图像窗口的水平中间对齐，结果如图 3-6 所示。

按 Ctrl 键可以在【图层】调板中选择不相邻的图层。

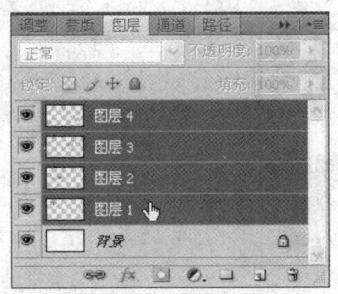

图 3-5　【图层】调板

图 3-6　水平中间后对齐的结果

3.2.2　分布图像

将要分布的图层选择后,在菜单中执行【图层】→【分布】命令,会弹出一个子菜单,再根据需要在其中执行所需的命令,或在工具箱中点选 移动工具,并在移动工具的选项栏中单击 、 、 、 、 、 按钮,来分布图层。

Howto　分布图层

在菜单中执行【图层】→【分布】→【左边】命令,或在移动工具的选项栏中单击 按钮,将所有选择的图层以前后两个对象为基准进行均匀分布,均匀分布后的结果如图 3-7 所示。

图 3-7　均匀分布后的结果

3.3　移动与复制选定的像素

3.3.1　移动选区内容

有时需要将选区的内容移动到其他的位置,以改变图层中的内容。

Howto　移动选区内容

1　从配套光盘打开"/范例源文件/CH03/2.jpg"文件,在工具箱中点选 矩形选框工具,并在选项栏中设定【羽化】为"20px",然后在画面中框选出所需的内容,如图 3-8 所示。

2　在工具箱中点选 移动工具,移动指针到选区内,指针呈 状按下左键向指定位置移动,如图 3-9 所示,到达所需的位置后松开左键,即可将选区的内容移动到松开左键的位置,再按 Ctrl+D 键取消选择,结果如图 3-10 所示。

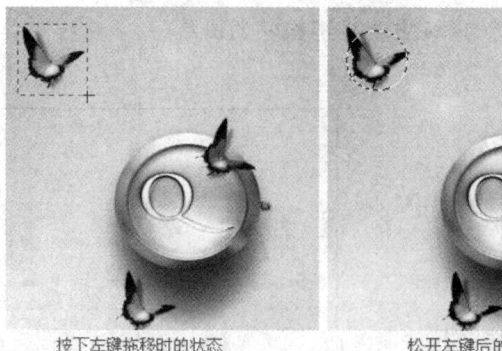

图 3-8　框选出所需的内容

图 3-9　移动时的状态　　　　　　　　图 3-10　移动后的结果

 也可以按 Alt 键将选区内容向指定位置拖动，同样可以复制副本；如果要复制多个副本，按 Alt 键拖动多次可以复制多个次副本。

3.3.2　在不同文件中复制选定的对象

Howto　在不同文件中复制选定的对象

1 按 Ctrl+O 键从配套光盘打开"/范例源文件/CH03/001.psd"以及"/范例源文件/CH03/002.psd"文件，并分别将它们从文档标题栏中拖出成浮停状态，如图 3-11 所示。

2 以"001.psd"图像文件为当前文件，在工具箱中点选 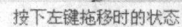 椭圆选框工具，接着在画面中框选出所需的部分，如图 3-12 所示。

　　图 3-11　打开的图像文件　　　　　　　　图 3-12　框选出所需的部分

第 3 章 移动、对齐与变形对象

3 在菜单中执行【选择】→【修改】→【羽化】命令，或按 Shift+F6 键，弹出【羽化选区】对话框，并在其中设置【羽化半径】为 "25 像素"，如图 3-13 所示，设置好后单击【确定】按钮，以将选区进行羽化，然后在工具箱中点选 移动工具，并移动指针到选区内按下左键向 "002.psd" 文件中拖移，如图 3-14 所示，当指针呈 状时松开左键，即可将选区中的内容复制到 "002.psd" 文件中来，再将其排放到适当位置，结果如图 3-15 所示。

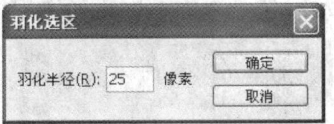

图 3-13 【羽化选区】对话框

图 3-14 移动时的状态

图 3-15 复制后的结果

3.3.3 复制选区

在图像内或图像间拖动选区时，可以使用移动工具复制选区，或者使用【拷贝】、【合并拷贝】、【剪切】和【粘贴】命令来复制和移动选区。用移动工具拖动可节省内存，这是因为此时没有使用剪贴板，而【拷贝】、【合并拷贝】、【剪切】和【粘贴】命令使用剪贴板。其中：

- **拷贝**：拷贝现用图层上的选中区域。
- **合并拷贝**：建立选中区域中所有可见图层的合并副本。
- **粘贴**：将剪切或拷贝的选区粘贴到图像的另一个部分，或将其作为新图层粘贴到另一个图像。如果有一个选区，则【粘贴】命令将拷贝的选区放到当前的选区上。如果没有现用选区，则【粘贴】命令会将拷贝的选区放到视图区域的中央。
- **贴入**：将剪切或拷贝的选区粘贴到同一图像或不同图像的另一个选区内。源选区粘贴到新图层，而目标选区边框将转换为图层蒙版。

在不同分辨率的图像中粘贴选区或图层时，粘贴的数据将保持其像素尺寸。这可能会使粘贴的部分与新图像不成比例。在拷贝和粘贴图像之前，使用【图像大小】命令可以使源图像和目标图像的分辨率相同；也可以使用【自由变换】命令调整粘贴内容的大小。

1. 拷贝与粘贴选区内容

Howto 拷贝与粘贴选区内容

1 按 Ctrl+O 键从配套光盘中打开 "/范例源文件/CH03/2.psd" 文件，如图 3-16 所示，在工具箱中点选 磁性套索工具，并在选项栏中设定【羽化】为 "5px"，再在画面中沿着蝴蝶的边缘进行拖动，到达一些关键点时可单击确定这些关键点，直至勾选到起点指针呈 状时如图

3-17 所示单击，即可勾选出这只蝴蝶，如图 3-18 所示。

图 3-16　打开的图像文件　　　　　图 3-17　勾选时的状态　　　　　图 3-18　勾选后的结果

2 在菜单中执行【编辑】→【拷贝】命令或按 Ctrl+C 键，将选区内容拷贝到剪贴板，再按 Ctrl+D 键取消选择，然后在菜单中执行【编辑】→【粘贴】命令或按 Ctrl+V 键，将拷贝到剪贴板中的内容粘贴到图像中，按 Ctrl 键将复制的蝴蝶移动到适当位置，结果如图 3-19 所示。

3 按 Ctrl+T 键执行【自由变换】命令，显示变换框，然后将变换框调整到所需的大小，如图 3-20 所示，在变换框中双击确认变换，即可将蝴蝶缩小，然后将其移动到适当位置，调整好后的画面效果如图 3-21 所示。

图 3-19　复制蝴蝶　　　　　　　图 3-20　调整大小　　　　　　　图 3-21　调整后的结果

 剪切与粘贴选区内容的方法，和拷贝与粘贴选区内容的操作方法相同，只是在剪切过后选区的内容被剪掉并存放到剪贴板中。

2. 将图像贴入到一个选区中

Howto 将图像贴入到一个选区中

1 按 Ctrl+O 键从配套光盘中打开"/范例源文件/CH03/003.psd"和"/范例源文件/CH03/004.psd"文件，如图 3-22 所示。

第 3 章 移动、对齐与变形对象 49

图 3-22 打开的图像文件

2 激活 "004.psd" 文件，以它为当前文件，再在工具箱中点选 移动工具，然后将 "004.psd" 文件中的相框拖到 "003.psd" 文件中，当指针呈 状（如图 3-23 所示）时松开左键，即可将相框复制到 "003.psd" 文件中，结果如图 3-24 所示。同时在 "003.psd" 文件的【图层】调板中自动生成了一个图层，如图 3-25 所示。

图 3-23 拖时的状态

图 3-24 复制对像

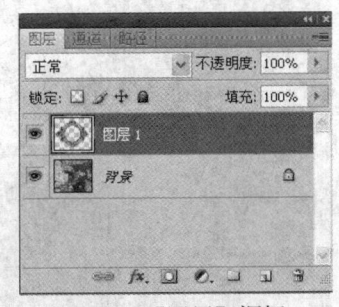

图 3-25 【图层】调板

3 在工具箱中点选 魔棒工具，接着在画面中相框中央单击，以选择中间的空洞，如图 3-26 所示。

4 按 Ctrl+O 键打开配套光盘中的 "/范例源文件/CH03/005.psd", 如图 3-27 所示, 再按 Ctrl+A 键全选, 然后按 Ctrl+C 键进行拷贝, 将选择的内容拷贝到剪贴板中。

图 3-26　选择区域

图 3-27　打开并选择图像

5 先激活 "003.psd" 文件, 再在菜单中执行【编辑】→【贴入】命令, 或按 Shift+Ctrl+V 键, 即可将拷贝到剪贴板的内容粘贴到选区中, 结果如图 3-28 所示, 同时【图层】调板中也自动生成了一个图层, 而且还添加了图层蒙版, 如图 3-29 所示。

图 3-28　将剪贴板的内容粘贴入选区

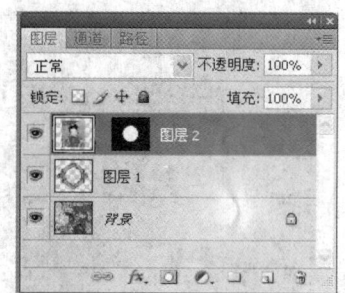
图 3-29　【图层】调板

6 在工具箱中点选 ![移动工具] 移动工具, 再在画面中拖动人物图像到适当位置, 排放好后的效果如图 3-30 所示。

7 在【图层】调板中将图层 2 拖到图层 1 的下面, 如图 3-31 所示。

图 3-30　调整位置

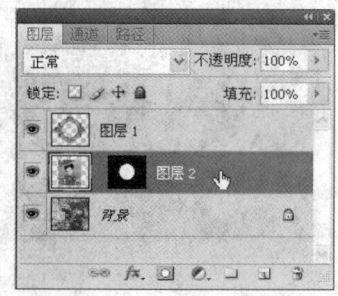
图 3-31　【图层】调板

8 在【图层】调板中双击图层 1, 弹出【图层样式】对话框, 并在其左边栏中单击【投影】

选项，接着在右边的【投影】栏中设置【距离】为"10像素"，【大小】为"10像素"，如图 3-32 所示，设置好后单击【确定】按钮，以得到如图 3-33 所示的效果。

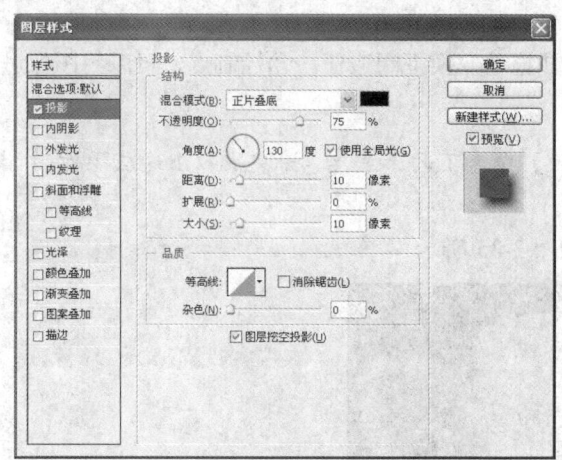

图 3-32 【图层样式】对话框

图 3-33 添加【投影】后的效果

3.4 图像变形

在 Photoshop 中可以使用【变换】命令、【自由变换】命令与移动工具中的显示变换控制选项对图像进行变形。

使用【自由变换】命令可以对图像进行缩放、倾斜、扭曲、变形等操作。【自由变换】命令可用于在一个连续的操作中应用变换（如：旋转、缩放、斜切、扭曲和透视）而不必选取其他命令。

【自由变换】命令可以对选区、图层、路径和形状进行变换。在图像中选择要调整的对象，再在菜单中执行【编辑】→【自由变换】命令，或按 Ctrl+T 键，显示变换框，选项栏如图 3-34 所示。

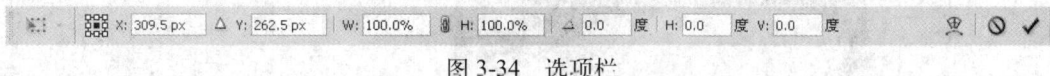

图 3-34 选项栏

【自由变换】命令选项栏说明如下：

- **移动**：在选项栏的 X: 309.5 px △ Y: 262.5 px 中输入所需的数值来准确移动图像。也可以移动鼠标指针到变换框中按住鼠标左键进行拖移，将选择的图像移动到指定位置。如果要确保图像在水平、垂直或 45 度角的倍数上移动，在拖动的同时在键盘按住 Shift 键。
- **缩放**：在选项栏 W: 100.0% ⓖ H: 100.0% 中输入所需的数值来准确缩放图像。也可以将指针移至变换框四边的任一控制点上，指针呈双向箭头状时按下左键进行拖移，可以放大或缩小选择的图像。如果要等比缩放，在拖动对角控制点时按住 Shift 键。如果要等比例对称缩放，在拖动控制点时按住 Shift+Alt 键。
- **斜切**：在选项栏的 H: 0.0 度 V: 0.0 度 中输入所需的数值对图像进行准确斜切。也可以在键盘上按住 Ctrl 键并拖动变换框四边任一中间的控制点，可以将图像进行斜切变形。如果要确保图像在水平或垂直方向上进行斜切变形，在拖动四边任一中间控制点时按住 Shift+Ctrl 键。

- **扭曲**：在键盘上按住 Ctrl 键并拖动变换框四边任一角控制点，可以将图像进行扭曲变形。如果要确保图像在水平或垂直方向上进行扭曲变形，在拖动四边任一角控制点时按住 Shift+Ctrl 键。
- **透视**：在键盘上按住 Shift+Ctrl+Alt 键并拖动变换框四边任一角控制点，可以将图像进行透视变形。

 也可以在菜单中执行【编辑】→【变换】命令下的子菜单，来完成以上这些操作。

下面讲解如何对图像进行变形，效果图如图 3-35 所示。

图 3-35　效果图

Howto 使用【自由变换】命令变形图像

1 按 Ctrl+O 键从配套光盘中打开"/范例源文件/CH03/006.psd"和"/范例源文件/CH03/007.psd"两个图形文件，如图 3-36 所示。

图 3-36　打开的图像文件

2 激活"006.psd"文件，以它为当前文件，在工具箱中点选 移动工具，然后将"006.psd"文件中的花拖到"007.psd"文件中，当指针呈 状（如图 3-37 所示）时松开左键，即可将花复制到"007.psd"文件中，结果如图 3-38 所示。同时"007.psd"文件为当前可用文件。

第 3 章 移动、对齐与变形对象 53

图 3-37 拖动时的状态　　　　　　　　　图 3-38 复制后的结果

3 按 Ctrl+T 键执行【自由变换】命令，显示变换框，然后将其进行一定角度旋转，以达到所需的效果，如图 3-39 所示，调整好后在变换框中双击确认变换，以得到如图 3-40 所示的效果。

图 3-39 旋转图像　　　　　　　　　　　图 3-40 旋转后的结果

4 在工具箱中点选 矩形选框工具，接着在画面中框选出一只蝴蝶，如图 3-41 所示，再按 Ctrl 键将蝴蝶拖动到所需的位置，如图 3-42 所示，然后按 Ctrl+D 键取消选择。

图 3-41 框选蝴蝶　　　　　　　　　　图 3-42 将蝴蝶拖动到所需的位置

5 按 Ctrl+T 键执行【自由变换】命令，显示变换框，如图 3-43 所示，再在选项栏中单击 按钮，进入到变形模式，从而变换框就转换为变形框了，如图 3-44 所示。

6 移动指针到右上角的锚点上按下左键向左拖动，以调整变形框的形状，如图 3-45 所示；接着拖动右下角的锚点向左至适当位置，如图 3-46 所示。

7 分别拖动右边的两个控制点至杯子的边缘上，以使花适合于杯子，如图 3-47 所示。

图 3-43　执行【自由变换】命令

图 3-44　将变换框转换为变形框

图 3-45　调整变形框的形状

图 3-46　调整变形框的形状

图 3-47　调整变形框的形状

8 用前面同样的方法对右边的锚点与控制点进行调整，调整好后的结果如图 3-48 所示，然后在选项栏中单击 按钮，确认变形，以得到如图 3-49 所示的效果。

9 显示【图层】调板，并在其中单击 按钮，给图层 1 添加图层蒙版，如图 3-50 所示，再在工具箱中点选 画笔工具与设置前景色为黑色，在选项栏中设置【画笔】为 柔角 35 像素，其他不变，然后在画面中不需要的部分进行涂抹，以将其隐藏，隐藏后的效果如图 3-51 所示。

图 3-48 调整变形框的形状

图 3-49 调整好后的结果

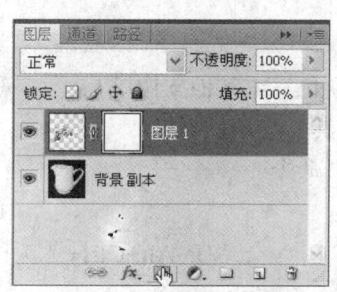

图 3-50 【图层】调板

图 3-51 用画笔工具涂抹边缘

10 在画笔工具的选项栏中设置参数为 ，再在画面中杯子的边缘下涂抹两次，以得到如图 3-52 所示的效果。这样，我们就为杯子贴上了花纹。

图 3-52 最终效果

3.5 本章小结

本章主要介绍了 Photoshop 程序中最常用的移动工具与复制功能。结合实例对自由变换、变形、复制等命令的使用方法与应用进行了详细的介绍。灵活应用这些工具与命令将会大大提高我们的工作效率，为使用图像的处理更加灵活快捷。

3.6 本章习题

一、填空题

1. 用移动工具拖动可节省内存，因为它没有使用剪贴板，而_____、_____、_____和【粘贴】命令使用剪贴板。

2. 在图像内或图像间拖动选区时，可以使用_____复制选区，或者使用_____、_____、_____和_____命令来复制和移动选区。

3. 在【图层】菜单中执行【对齐】子菜单中执行_____、_____、【底边】、_____、【水平居中】与_____命令可以对齐图层。

二、选择题

1. 在 Photoshop 中可以使用以下哪几个命令与工具中的显示变换控制选项可以对图像进行变形？　　　　　　　　　　　　　　　　　　　　　　　　　　　　　（　　）

   A.【变换】命令　　　　　　　　　　B. 移动工具
   C.【自由变换】命令　　　　　　　　D.【缩放】命令

2. 以下哪种工具可以将选区或图层移动到同一图像的新位置或其他图像中？（　　）

   A.【变换】命令　　　　　　　　　　B. 移动工具
   C.【自由变换】命令　　　　　　　　D.【缩放】命令

3. 使用以下哪个快捷键可以执行【贴入】命令？　　　　　　　　　　　　　（　　）

   A. Shift+Ctrl+V　　　B. Ctrl+C　　　C. Ctrl+V　　　D. Alt+Ctrl+V

第 4 章 图层的应用

教学目标

理解图层的含义，认识【图层】调板，掌握有关图层的基本操作与应用。

教学重点与难点

- 【图层】调板
- 图层的混合模式
- 排列图层
- 对齐与分布图层
- 合并图层

4.1 关于图层

在 Photoshop 中对图层的操作是非常频繁的。通过建立图层、调整图层、处理图层、分布与排列图层、复制图层等工作来分别编辑和处理图像中的各个元素，从而达到富有层次、整个关联的图像效果。

使用图层可以在不影响图像中其他图素的情况下处理某一图素。所谓图层，我们通过在纸上的图像与计算机上画的图像作一比较，就可以更深入的了解图层的概念。通常纸上的图像是一张一个图，而计算机上的图像是可以将它画在多张如透明的塑料薄膜上画上图像的一部分，最后将这多张的塑料薄膜叠加在一起，就可浏览到最终的效果，每一张塑料膜被称为所谓的图层，如图 4-1 所示。

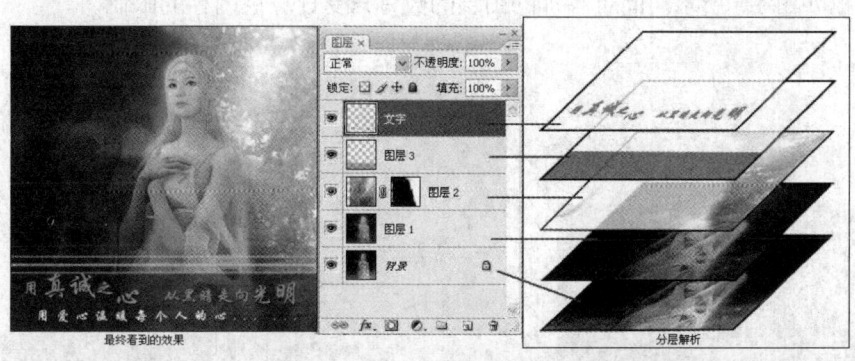

图 4-1 图层分析

如果图层上没有任何像素，则该图层是完全透明的，就可以一直看到底下的图层。通过更改图层的顺序和属性，可以改变图像的合成。另外利用调整图层、填充图层和图层样式等特殊功能可创建出复杂效果。

可以使用图层来执行多种任务，如复合多个图像、向图像添加文本或添加矢量图形形状。

可以应用图层样式来添加特殊效果，如投影或发光。

1. 非破坏性工作

有时，图层不会包含任何显而易见的内容。例如，调整图层包含可对其下面的图层产生影响的颜色或色调调整。可以编辑调整图层并保持下层像素不变，而不是直接编辑图像像素。

名为智能对象的特殊类型的图层包含一个或多个内容图层。可以变换（缩放、斜切或整形）智能对象，而无需直接编辑图像像素。或者，也可以将智能对象作为单独的图像进行编辑，即使在将智能对象置入到 Photoshop 图像中之后也是如此。智能对象也可以包含智能滤镜效果，可让用户在对图像应用滤镜时不造成任何破坏，以便用户以后能够调整或移去滤镜效果。

2. 组织图层

新图像包含一个图层。可以添加到图像中的附加图层、图层效果和图层组的数目只受计算机内存的限制。

可以在【图层】调板中使用图层。图层组可以帮助用户组织和管理图层。用户可以使用组来按逻辑顺序排列图层，并减轻【图层】调板中的杂乱情况。可以将组嵌套在其他组内。还可以使用组将属性和蒙版同时应用到多个图层。

3. 视频图层（Photoshop Extended）

可以使用视频图层向图像中添加视频。将视频剪辑作为视频图层或智能对象导入到图像中之后，可以遮盖该图层、变换该图层、应用图层效果、在各个帧上绘画或栅格化单个帧并将其转换为标准图层。可使用【时间轴】调板播放图像中的视频或访问各个帧。

4.2 【图层】调板

Photoshop 中的新图像只有一个图层，该图层称为背景层。既不能更改背景层在堆叠顺序中的位置（它总是在堆叠顺序的最底层），也不能将混合模式或不透明度直接应用于背景层（除非先将其转换为普通图层）。可以添加到图像中的附加图层、图层组和图层效果，如图 4-2 所示，【图层】调板如图 4-3 所示。而可添加的图层的数目只受计算机内存的限制。

图 4-2　打开的图像

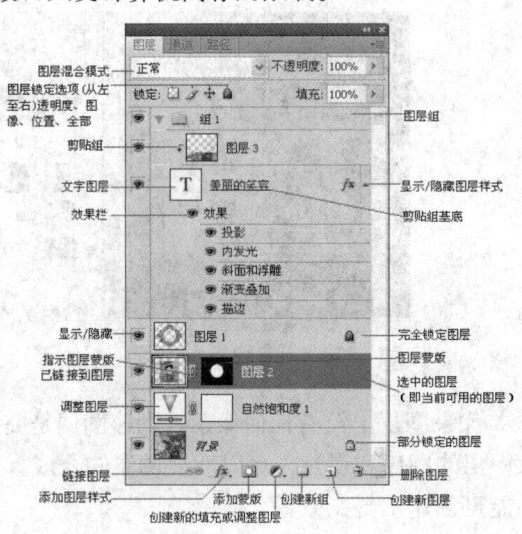

图 4-3　【图层】调板

4.3 图层操作

4.3.1 创建图层

可以创建空图层，然后向其中添加内容，也可以利用现有的内容来创建新图层。创建新图层时，它在【图层】调板中显示在所选图层的上面或所选图层组内。

创建一个图层有多种方法，可利用菜单命令、也可利用【图层】调板底部的 ▭ （创建新图层）按钮、也可利用【图层】调板的弹出式菜单命令。

1. 利用菜单命令创建图层

Howto 利用菜单命令创建图层

1 按 Ctrl+N 键新建一个 RGB 颜色的图像文件，大小自定。

2 在菜单中执行【图层】→【新建】→【图层】命令，弹出【新建图层】对话框，并在其中根据自己的需要进行设置，如图 4-4 所示，设置好后单击【确定】按钮，即可新建一个图层，如图 4-5 所示。

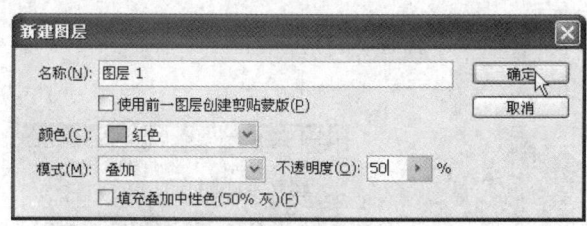
图 4-4 【新建图层】对话框

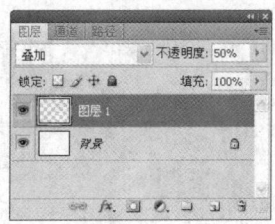
图 4-5 【图层】调板

【新建图层】对话框选项说明如下：

- **名称**：在【名称】文本框中可以输入所需的图层名称，也可以采用默认名称。
- **使用前一图层创建剪贴蒙版**：勾选该项可与前一图层（即它下面的图层）进行编组，从而构成剪贴组。
- **颜色**：在此下拉列表中可以选择新建图层在【图层】调板中的显示颜色。
- **模式**：在此下拉列表中选择所需的混合模式。
- **不透明度**：在此设置图层的不透明度，0%为完全透明，100%为完全不透明。
- **填充叠加中性色（50%灰）**：中性色是根据图层的混合模式而定的，并且无法看到。如果不应用效果，用中性色填充对其余图层没有任何影响。它不适用于使用"正常"、"溶解"、"色相"、"饱和度"、"颜色"或"亮度"等模式的图层。

2. 利用【图层】调板创建图层

Howto 利用【图层】调板创建图层

1 在【图层】调板的底部单击 ▭ （创建新图层）按钮，即可直接新建一个图层，如图 4-6 所示，而不会弹出一个对话框。如果只是需要一个图层，而不需要其他的设置则利用这种方法比较快捷。

2 也可以在【图层】调板中单击 ▭ 按钮，并在弹出的调板菜单中选择【新建图层】命令，会弹出一个【新建图层】对话框，在对话框中根据需要设置所需的参数，设置好后单击【确定】

按钮,即可新建一个图层。

3. 给新图层添加内容

Howto 给新图层添加内容

1 在工具箱中先设置前景色为 R222、G241、B15,再点选 自定形状工具,并在选项栏中选中 按钮。

2 在【形状】弹出式调板中选择所需的形状,如图 4-7 所示,其他为默认值,然后在图像窗口中拖动,即可绘制出刚选择的图案,画面效果如图 4-8 所示,其【图层】调板如图 4-9 所示。

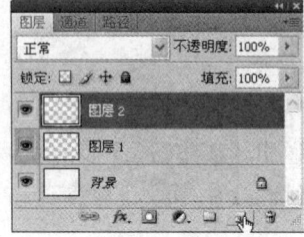

图 4-6 【图层】调板

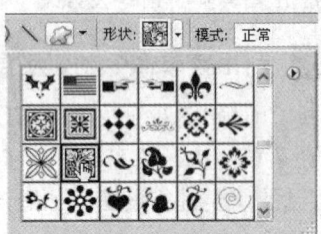

图 4-7 选择形状

图 4-8 绘制好的图案

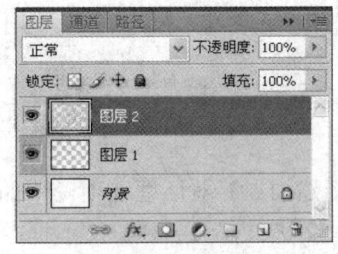

图 4-9 【图层】调板

4. 新建文字图层

Howto 新建文字图层

1 显示【色板】调板,并在其中选择"RGB 红",如图 4-10 所示,在工具箱中点选 横排文字工具,或按 T 键选择横排文字工具,接着在画面中单击并输入"保护家园人人有责"文字,如图 4-11 所示。

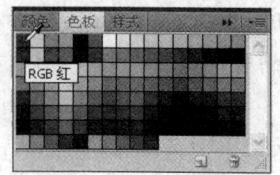

图 4-10 【色板】调板

图 4-11 输入文字

在输入好"保护家园"文字后按 Enter 键另起一行,再输入"人人有责"文字。

2 按 Ctrl+A 键选择刚输入的八个文字,在菜单中执行【窗口】→【字符】命令,显示【字符】调板,并在其中设置所需的参数,如图 4-12 所示,将文字拖动到适当位置,如图 4-13 所示,再单击选项栏中的 ✓ 按钮,确认文字输入,以得到如图 4-14 所示的文字效果,【图层】调板中也自动新建了一个文字图层,如图 4-15 所示。

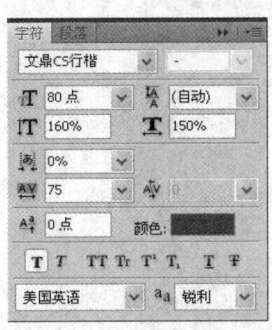

图 4-12 【字符】调板

图 4-13 编辑文字

图 4-14 输入的文字

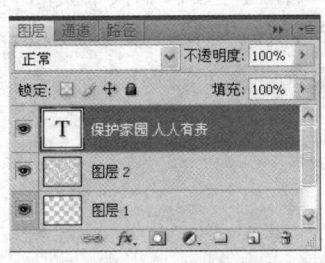

图 4-15 【图层】调板

5. 通过拷贝或剪切图像创建图层

一般情况下,在一个图层上所做的操作都不会影响其他图层,如:"创建通过拷贝的图层"或"创建通过剪切的图层"都是选中要处理的图层作为当前可用图层,再通过拷贝或剪切直接创建新图层;而【拷贝】或【剪切】命令,则是通过【粘贴】命令将复制到剪贴板中的内容粘贴到新图层中。

Howto 创建通过拷贝的图层

1 以"保护家园人人有责"文字图层为当前图层。

2 在菜单中执行【图层】→【新建】→【通过拷贝的图层】命令,或直接在键盘上按 Ctrl+J 键,可得到一个新的图层,如图 4-16 所示,画面中效果没有发生什么变化。

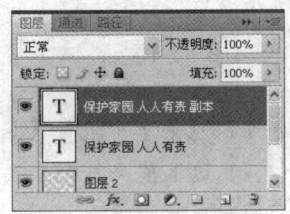

图 4-16 【图层】调板

Howto 将选区创建为图层

1 在键盘上按住 Ctrl 键,用鼠标单击"保护家园人人有责副本"图层的图层缩览图,如图 4-17 所示,使"保护家园人人有责副本"图层载入选区。

图 4-17 使文字载入选区

2 在【图层】调板中激活图层 2,使它为当前图层,如图 4-18 所示,再按 Ctrl+J 键由选区建立一个新图层,如图 4-19 所示,画面中此时也没什么变化,如果将刚新建的图层拖动文字的上层就会看到有变化。

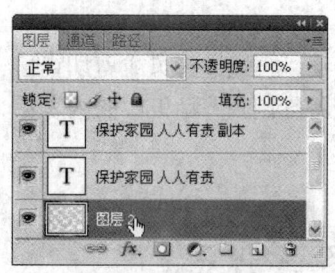

图 4-18 【图层】调板

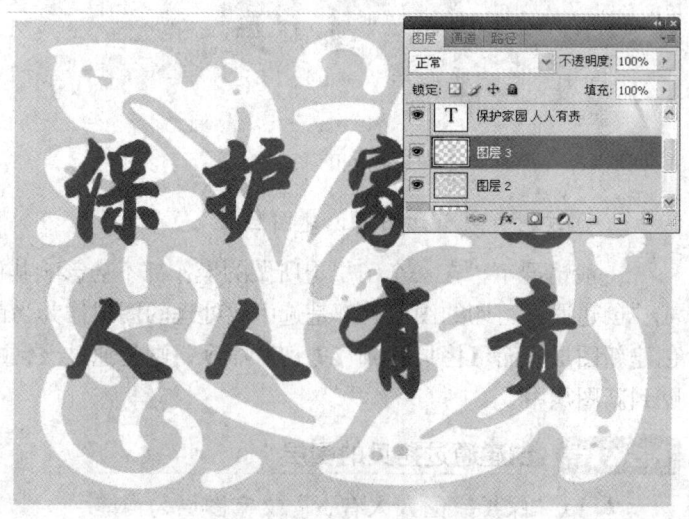

图 4-19 由选区建立一个新图层

也可以在菜单中执行【图层】→【新建】→【通过剪切的图层】命令或按 Shift+Ctrl+J 键,从选区建立一个新图层。不过值得注意的是剪切过后原来选择的图层中选区的内容将被剪掉。

4.3.2 改变图层顺序

当图像含有多个图层时，Photoshop 是按一定的先后顺序来排列图层的，即最后创建的图层将位于所有图层的上面。可以通过【排列】命令来改变图层的堆放次序，指定具体的一个图层到底应堆放到哪个位置，还可以通过手动完成。

在菜单中执行【图层】→【排列】命令，弹出如图 4-20 所示的子菜单，可以在其中选择所需的命令来排列图层顺序。

图 4-20 【排列】的子菜单

【排列】的子菜单选项说明如下：
- **置为顶层**：使用该命令可以将选择的图层移动到所有图层的最上面，也可以按 Shift+Ctrl+] 键来执行该命令。
- **前移一层**：使用该命令可以将选择的图层移动到所选图层的上一层（即前一层），也可以按 Ctrl+] 键来执行该命令。
- **后移一层**：使用该命令可以将选择的图层移动到所选图层的下一层（即后一层），也可以按 Ctrl+[键来执行该命令。
- **置为底层**：使用该命令可以将选择的图层移动到所有图层的最下面（如果有背景层，则放在背景层的上层），也可以按 Shift+Ctrl+[键来执行该命令。
- **反向**：如果在【图层】调板中选择了多个图层，则该命令呈可用状态，使用该命令可以改变选择图层的排列顺序。

在多图层的图像中操作，一般都习惯手动操作，也就是直接在【图层】调板中拖动图层到指定位置。

在【图层】调板中图层 3 上按下左键向"保护家园人人有责副本"图层上方拖移，如图 4-21 所示，松开左键后即可将图层 3 拖到文字副本图层的上方，如图 4-22 所示，从而改变了图层顺序，也改变了效果，画面效果如图 4-23 所示。

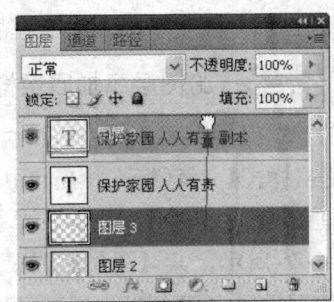

图 4-21 【图层】调板

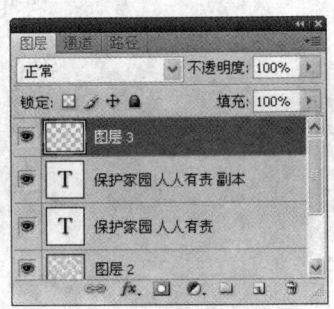

图 4-22 【图层】调板

图 4-23 改变图层顺序后的效果

如果要想移动背景层,先将其转为普通图层,在背景层上双击,并在弹出的对话框中单击【确定】按钮,即可将背景层转换为普通图层。

4.3.3 显示与隐藏图层

通常需要显示/隐藏图层来查看效果。特别是在制作动画时,一个图层需要显示,另一个图层需要隐藏,或者同时隐藏多个图层,然后逐一显示每个图层,同时在【动画】调板中添加相应的帧,以制作出动画效果。

Howto 显示/隐藏图层

1 在【图层】调板中单击"保护家园人人有责副本"图层前面的眼睛图标,使它不可见,即可隐藏该图层的显示,如图 4-24 所示。

2 再次单击便会重新显示,由于与下方内容相同,因此画面并没有变化。

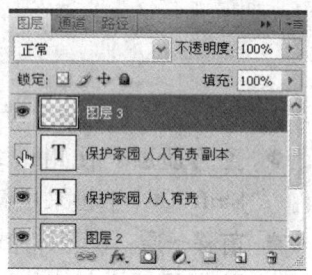

图 4-24 隐藏图层

 在图层缩览图前面的方框(或眼睛图标)上按下左键向上或向下拖动,可显示眼睛图标(或隐藏眼睛图标)来显示/隐藏多个图层。

4.3.4 给图层添加图层样式

可以为图层添加各种各样的效果,如投影、内阴影、内发光、外发光、斜面和浮雕、光泽、颜色叠加、渐变叠加、图案叠加和描边等效果。

Howto 给图层添加图层样式

1 保持图层 3 为当前图层,在菜单中执行【图层】→【图层样式】→【描边】命令,弹出【图层样式】对话框,并在其中设定【大小】为"1 像素",再勾选【投影】与【外发光】选项,其他不变,如图 4-25 所示,单击【确定】按钮,即可为图层 3 的内容添加了样式,画面效果如图 4-26 所示。其【图层】调板如图 4-27 所示。

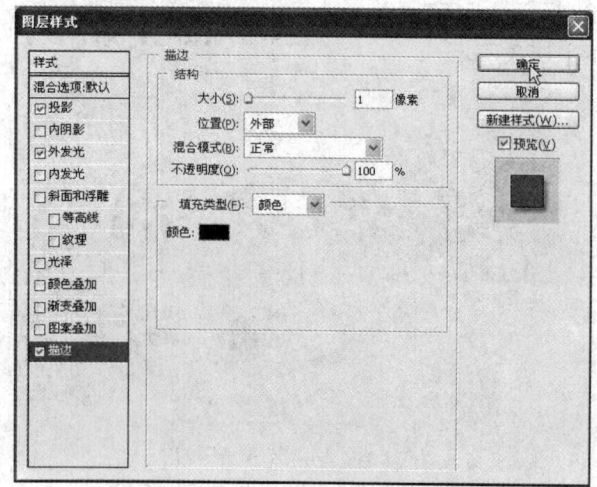

图 4-25 【图层样式】对话框

图 4-26 添加图层样式后的效果

2 在【图层】调板中双击"保护家园人人有责"文字图层,弹出【图层样式】对话框,并在其中勾选【投影】、【外发光】与【斜面和浮雕】选项,再单击【描边】选项,然后设置【大小】为"1 像素",其他不变,如图 4-28 所示,设置好后单击【确定】按钮,得到如图 4-29 所示的画面效果。

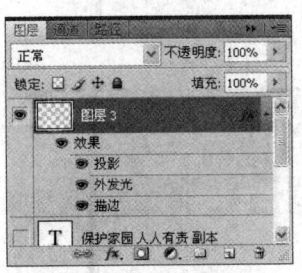

图 4-27 【图层】调板

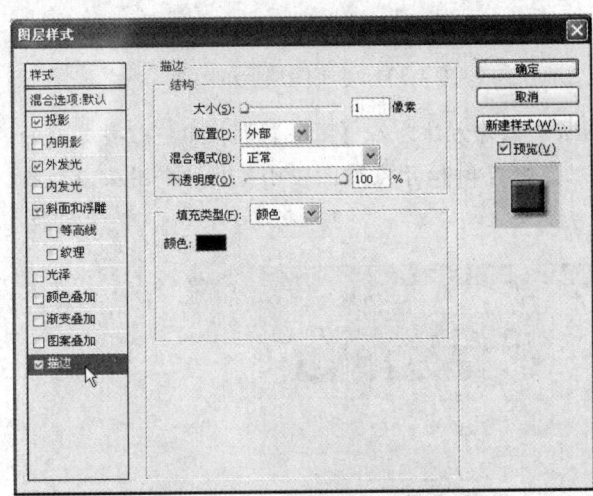

图 4-28 【图层样式】对话框

图 4-29 添加图层样式后的效果

4.3.5 复制图层

在编辑和绘制图像时,有时需要一些相同的内容,利用【复制图层】命令就可以轻松地得到相同的内容。

Howto 利用【复制图层】命令复制图层

1 在【图层】调板中单击图层 3,以它为当前图层,如图 4-30 所示。

2 在菜单中执行【图层】→【复制图层】命令,弹出如图 4-31 所示的对话框,可在其中为副本命名,也可采用默认名称,目标文档为当前的文件(如:创建文字图层),也可以选择其他的文档,以将复制的内容粘贴到其他文件中,单击【确定】按钮,即可复制一个图层,画面效果并没有发生变化,【图层】调板如图 4-32 所示;

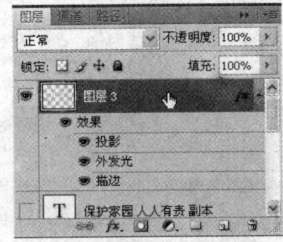

图 4-30 【图层】调板

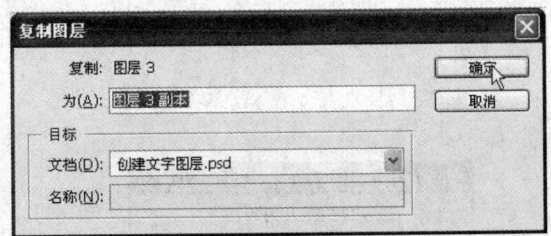

图 4-31 【复制图层】对话框

3 可以用移动工具将其向左上方移动到适当位置,从而画面中就发生了变化,画面效果如图 4-33 所示。

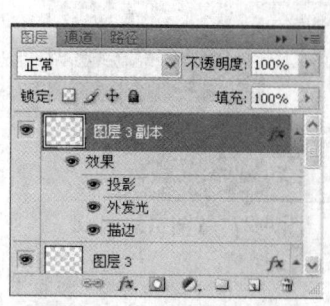
图 4-32 【图层】调板

图 4-33 复制图层后的效果

也可以直接在【图层】调板中复制图层，操作方法为在【图层】调板中拖移要复制的图层到 ▫ （创建新图层）按钮上呈凹下状态时松开左键，即可复制一个图层，如图 4-34 所示。

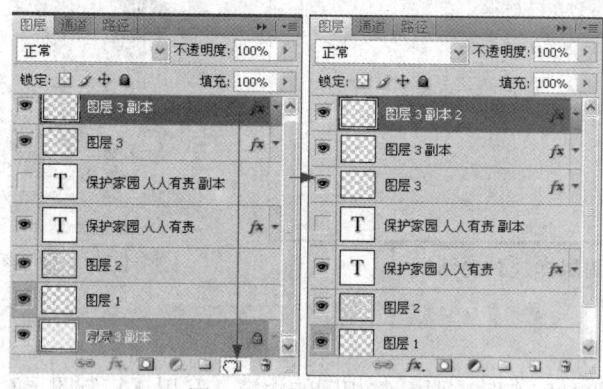
图 4-34 【图层】调板

4.3.6 删除图层

当在一个图层上编辑或绘画，而且所编辑或绘制的内容并不是自己所要的效果，可以将其删除，删除图层有以下两种方法：

方法 1 在【图层】调板中先选中要删除的图层，如"图层 1"图层，再在菜单中执行【图层】→【删除】→【图层】命令，弹出如图 4-35 所示的对话框，并在其中单击【是】按钮，即可将其删除了，如图 4-36 所示，由于图层 1 中没有内容，因此画面效果并没有发生变化。

图 4-35 警告对话框

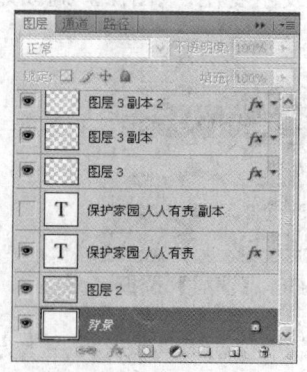
图 4-36 【图层】调板

方法2 直接在【图层】调板中拖动要删除的图层到 按钮上呈凹下状态时松开鼠标左键,即可将拖动的图层删除。操作方法与复制图层一样。

4.3.7 创建剪贴蒙版

使用剪贴蒙版可让某个图层的内容来遮盖其上方的图层。遮盖效果由底部图层或基底图层决定的内容。基底图层的非透明内容将在剪贴蒙版中裁剪(显示)它上方的图层的内容。剪贴图层中的所有其他内容将被遮盖掉。

可以在剪贴蒙版中使用多个图层,但它们必须是连续的图层。蒙版中的基底图层名称带下划线,上层图层的缩览图是缩进的。叠加图层将显示一个剪贴蒙版图标 ↓ 。

Howto 创建剪贴蒙版

1 按 Ctrl+O 键从配套光盘中打开"/范例源文件/CH04/04.psd"文件,如图 4-37 所示,接着在菜单中执行【图层】→【复制图层】命令,弹出【复制图层】对话框,并在其中的【文档】下拉列表中选择"创建文字图层.psd",如图 4-38 所示,单击【确定】按钮,即可将刚打开的图像复制到"创建文字图层.psd"文件中,在文档标题栏中单击"创建文字图层"标签,使它为当前文件,即可看到已经将刚打开的图像复制到其中了,画面效果如图 4-39 所示。

图 4-37 打开的图像文件

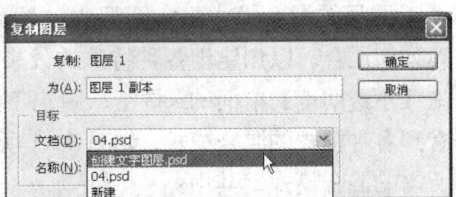

图 4-38 【复制图层】对话框

图 4-39 复制图层后的效果

2 在菜单中执行【图层】→【创建剪贴蒙版】命令,或按 Alt+Ctrl+G 键,即可给图层创建剪贴蒙版,如图 4-40 所示。

图 4-40　创建剪贴蒙版

4.4　图层的混合模式

图层的混合模式决定图层中的像素与其下面图层中的像素如何混合，以创建出各种特殊的效果。在【图层】调板中单击【不透明度】前面的 按钮，弹出下拉列表，即可在其中查看到各种模式的混合模式，如图 4-41 所示，可以根据需要选择所需的混合模式。其中：

- **正常模式**：是 Photoshop 中的默认模式，编辑或绘制每个像素，使其成为结果色。当右边的【不透明度】为 "100%" 时，当前图层中的图像会把下面的图层中的图像覆盖；当不透明度小于 100%时，透过当前图层可以看到下一图层中的内容。不透明度越低，当前图层中的图像就越透明，显示下一图层中的图像就越清楚。如图 4-42 所示为设置不同不透明度的效果对比图。

在处理位图图像或索引颜色图像时，"正常"模式也称为阈值。

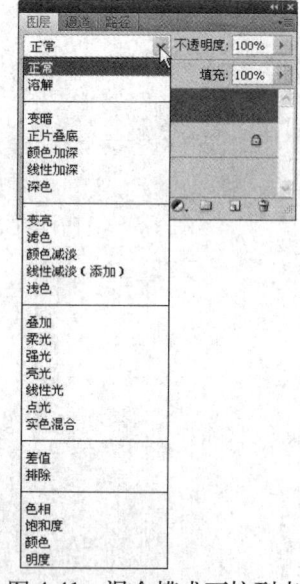

图 4-41　混合模式下拉列表

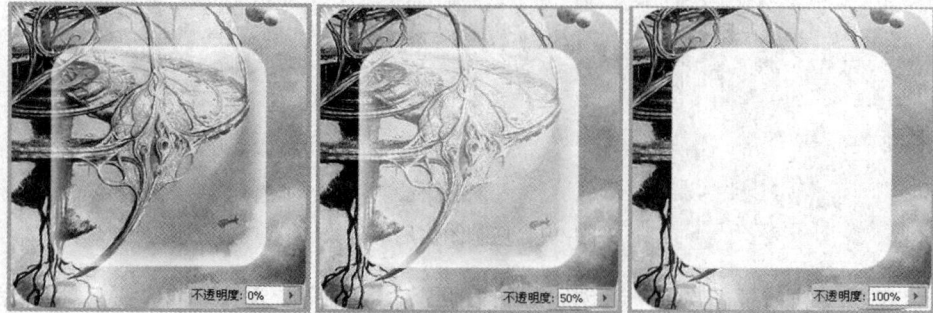

图 4-42　不同不透明度的效果对比图

● **溶解模式**：编辑或绘制每个像素，使其成为结果色，以产生颗粒效果，效果的明显程度与右边的不透明度有直接的关系，当不透明度越低时，溶解的颗粒效果越明显，但是【不透明度】为"0%"时，颗粒不可见。如图 4-43 所示为设置溶解模式与不同的不透明度所编辑的效果对比图。

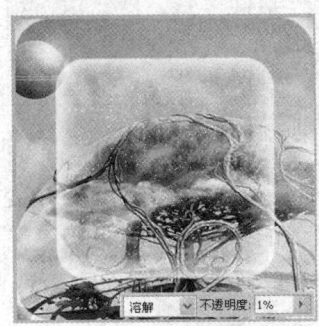 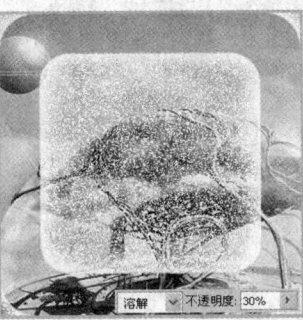 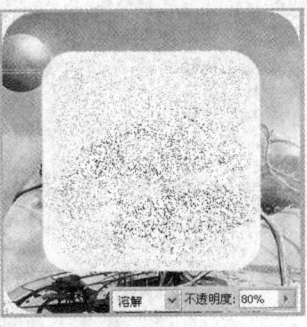

图 4-43　设置溶解模式与不同的不透明度的效果对比图

● **变暗模式**：选择基色或混合色中较暗的颜色作为结果色，也就是使图像的颜色变暗，原图像中较亮的区域将被替换成暗区。比混合色亮的像素被替换，比混合色暗的像素保持不变。图 4-44 所示的为正常模式与变暗模式的效果比较图。

  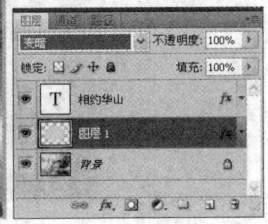

图 4-44　正常模式与变暗模式的效果比较图

● **正片叠底模式**：将基色与混合色相加。结果色总是较暗的颜色。任何颜色与黑色相加产生黑色。任何颜色与白色相加保持不变。当用黑色或白色以外的颜色绘画时，绘画工具绘制的连续描边产生逐渐变暗的颜色。图 4-45 所示的为正常模式与正片叠底模式的效果比较图。

  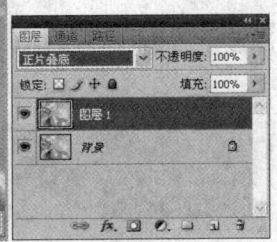

图 4-45　正常模式与正片叠底模式的效果比较图

● **颜色加深模式**：通过增加对比度使基色变暗以反映混合色。与白色混合后不产生变化。图 4-46 所示的为图层 2 分别设置正常模式与颜色加深模式的效果比较图。

图 4-46　正常模式与颜色加深模式的效果比较图

- **线性加深模式**：通过减小亮度使基色变暗以反映混合色。与白色混合后不产生变化。图 4-47 所示的为图层 1 分别设置正常模式与线性加深模式的效果比较图。

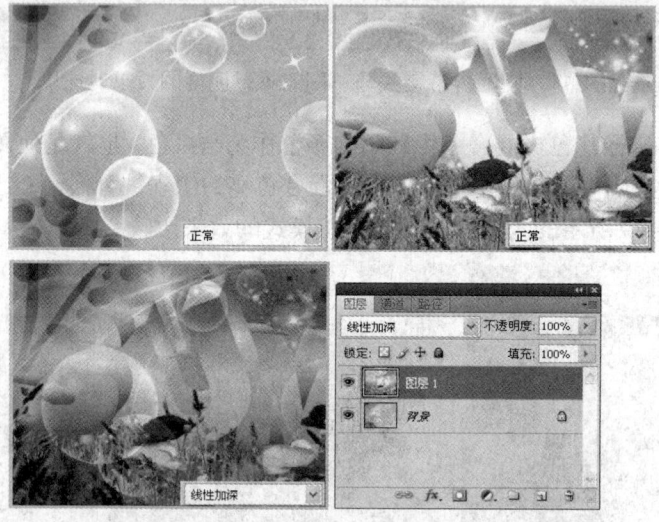

图 4-47　正常模式与线性加深模式的效果比较图

- **深色模式**：比较混合色和基色的所有通道值的总和并显示值较小的颜色。"深色"不会生成第三种颜色（可以通过"变暗"混合获得），因为它将从基色和混合色中选择最小的通道值来创建结果颜色。
- **变亮模式**：选择基色或混合色中较亮的颜色作为结果色。比混合色暗的像素被替换，比混合色亮的像素保持不变，如图 4-48 所示为设置不同混合模式的效果对比图。

图 4-48　不同混合模式的效果对比图

- **滤色模式**：将混合色的互补色与基色复合。结果色总是较亮的颜色。用黑色过滤时颜色保持不变。用白色过滤将产生白色。此效果类似于多个摄影幻灯片在彼此之上投影。

- **颜色减淡模式**：通过减小对比度使基色变亮以反映混合色。与黑色混合则不发生变化。
- **线性减淡（添加）模式**：通过增加亮度使基色变亮以反映混合色。与黑色混合则不发生变化。
- **浅色模式**：比较混合色和基色的所有通道值的总和并显示值较大的颜色。"浅色"不会生成第三种颜色（可以通过"变亮"混合获得），因为它将从基色和混合色中选择最大的通道值来创建结果颜色。如图 4-49 所示为设置不同混合模式的效果对比图。

  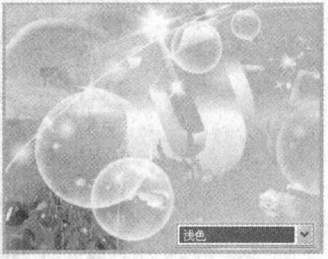

图 4-49　不同混合模式的效果对比图

- **叠加模式**：叠加复合或过滤颜色取决于基色。图案或颜色在现有像素上叠加，同时保留基色的明暗对比。不替换基色，但基色与混合色相混以反映原色的亮度或暗度。如图 4-50 所示为设置不同混合模式的效果对比图。

 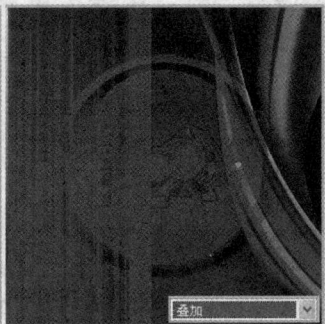 

图 4-50　不同混合模式的效果对比图

- **柔光模式**：使颜色变亮或变暗取决于混合色。此效果与发散的聚光灯照在图像上相似。
- **强光模式**：复合或过滤颜色取决于混合色。此效果与耀眼的聚光灯照在图像上相似。如图 4-51 所示为设置不同混合模式的效果对比图。
- **亮光模式**：通过增加或减小对比度来加深或减淡颜色，加深或减淡颜色的程度取决于混合色。如果混合色（光源）比 50%灰色亮，则通过减小对比度使图像变亮。如果混合色比 50%灰色暗，则通过增加对比度使图像变暗。
- **线性光模式**：通过减小或增加亮度来加深或减淡颜色，加深或减淡颜色的程度取决于混合色。
- **点光模式**：替换颜色，它取决于混合色。如果混合色（光源）比 50%灰色亮，则替换比混合色暗的像素，而不改变比混合色亮的像素。如果混合色比 50%灰色暗，则替换比混合色亮的像素，而不改变比混合色暗的像素。这对于向图像添加特殊效果非常有用。如图 4-52 所示为设置不同混合模式的效果对比图。

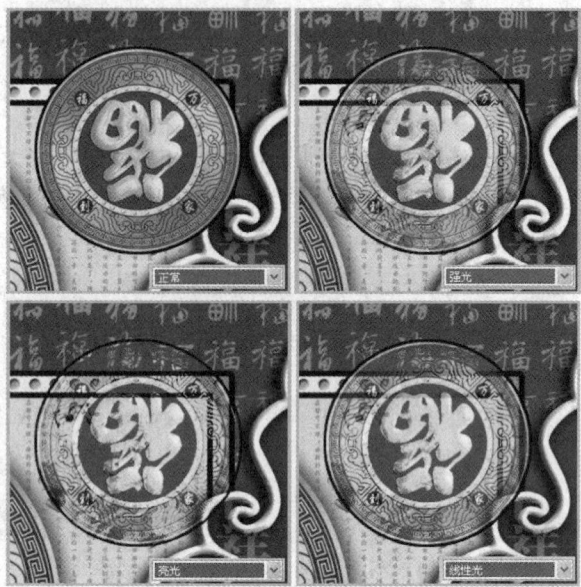

图 4-51　不同混合模式的效果对比图

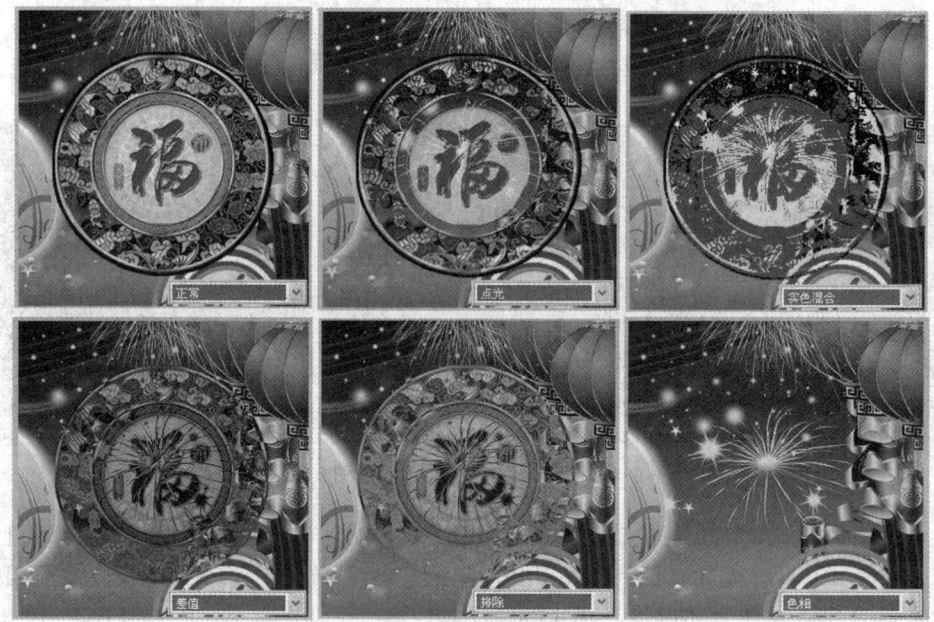

图 4-52　不同混合模式的效果对比图

- **实色混合模式**：该混合模式可以产生招贴画式的混合效果，混合结果由红、绿、蓝、青、品红、黄、黑和白八种颜色组成。混合的颜色由底层颜色与混合图层亮度决定。
- **差值模式**：查看每个通道中的颜色信息，并从基色中减去混合色，或从混合色中减去基色，它具体取决于哪一个颜色的亮度值更大。与白色混合将反转基色值；与黑色混合则不产生变化。
- **色相模式**：用基色的亮度和饱和度以及混合色的色相创建结果色。
- **排除模式**：创建一种与"差值"模式相似但对比度更低的效果。与白色混合将反转基色值。与黑色混合则不发生变化。如图 4-53 所示为设置不同混合模式的效果对比图。

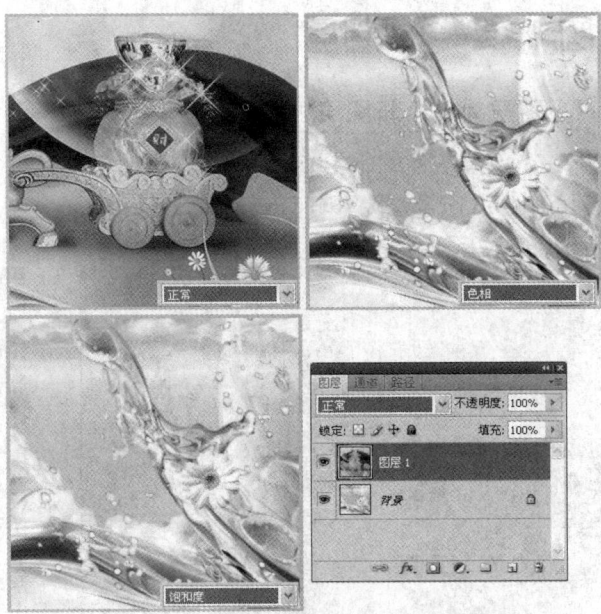

图 4-53　不同混合模式的效果对比图

- **饱和度模式**：用基色的亮度和色相以及混合色的饱和度创建结果色。在无（0）饱和度（灰色）的区域上用此模式绘画不会产生变化。
- **颜色模式**：用基色的亮度以及混合色的色相和饱和度创建结果色。这样可以保留图像中的灰阶，并且对于给单色图像上色和给彩色图像着色都会非常有用。如图 4-54 所示为设置不同混合模式的效果对比图。

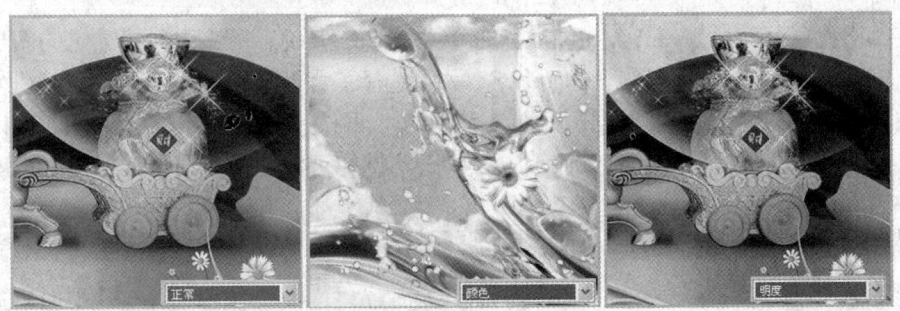

图 4-54　不同混合模式的效果对比图

- **明度模式**：用基色的色相和饱和度以及混合色的亮度创建结果色。此模式创建与"颜色"模式相反的效果。

4.5　图层合并

确定了图层的内容后，可以合并图层以创建复合图像的局部版本。在合并后的图层中，所有透明区域的交迭部分都会保持透明。合并图层有助于管理图像文件的大小。

 不能将调整图层或填充图层用作合并的目标图层。

4.5.1 合并所有可见图层为一个新图层

Howto 合并所有可见图层为一个新图层

1 从配套光盘打开"/范例源文件/CH04/05.psd"文件,如图 4-55 所示。

2 其【图层】调板如图 4-56 所示,按 Alt+Ctrl+Shift+E 键由所有可见图层的内容新建一个图层,结果如图 4-57 所示。

图 4-55 打开的图像文件

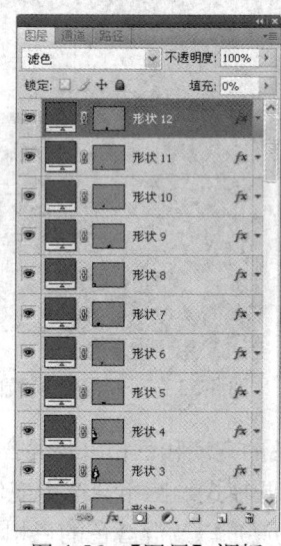
图 4-56 【图层】调板

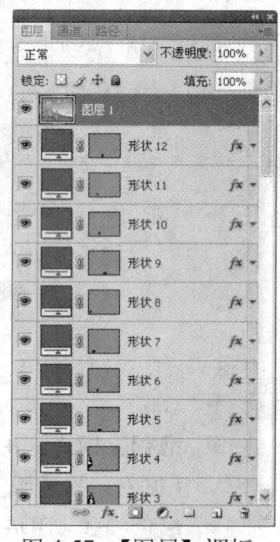
图 4-57 【图层】调板

4.5.2 合并图层

在菜单中执行【图层】→【合并图层】命令或按 Ctrl+E 键,可将图像中选定的图层合并为一个图层,图层名称以最上图层的名称而命名,如果选择了背景图层,则以该图层就替换背景层。

在图层调板中激活形状 12 图层,如图 4-58 所示,再按 Shift 键单击形状 4 图层,以同时选择形状 4 至形状 12 图层,如图 4-59 所示,按 Ctrl+E 键即可将选择的图层合并为一个图层,结果如图 4-60 所示。

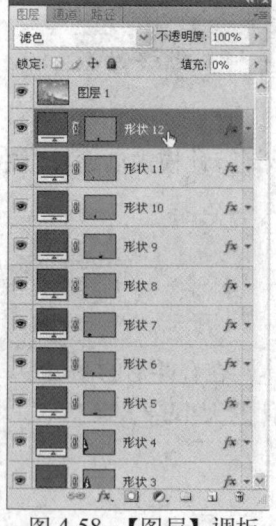
图 4-58 【图层】调板

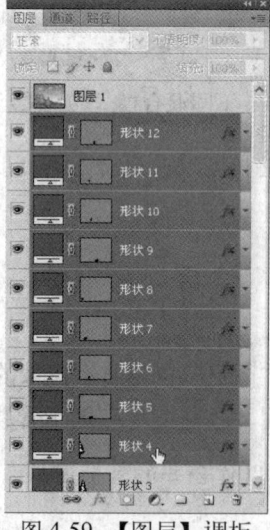
图 4-59 【图层】调板

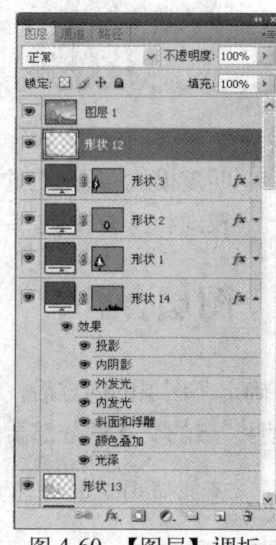
图 4-60 【图层】调板

4.5.3 合并可见图层

在菜单中执行【图层】→【合并可见图层】命令或按 Shift+Ctrl+E 键，可将图像中所有可见的图层合并为一个图层，图层名称以当前图层的名称而命名，如果背景图层是可见的，则会以合并图层替换背景层。

4.5.4 拼合图像

在菜单中执行【图层】→【拼合图像】命令，可将图像中所有图层合并为一个图层，并以合并图层作为背景层。

4.6 图层的应用练习——制作美丽的风景画

本例是先用【打开】命令打开所需的图像，再用移动工具、【混合模式】、【不透明度】等工具与命令将图像进行排放与组合，以组合出美丽的画面。

效果如图 4-61 所示：

图 4-61 效果图

Howto 制作美丽的风景画

1 按 Ctrl+O 键从配套光盘打开"范例源文件/CH04/001.psd"和"范例源文件/CH04/002.psd"文件，如图 4-62、图 4-63 所示。

2 将两个文件拖出文档标题栏，使它们成浮停状态，然后在工具箱中点选移动工具，将纹理图片拖动到风景背景图片中，并排放到适当位置，然后在【图层】调板中设置【混合模式】为"柔光"，【不透明度】为"50%"，如图 4-64 所示，以得到如图 4-65 所示的效果。

图 4-62 打开的图片

图 4-63 打开的图片

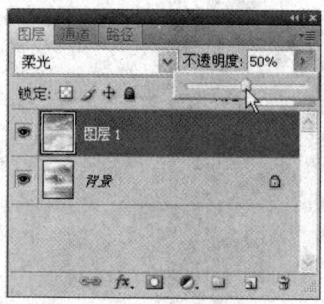

图 4-64 【图层】调板

图 4-65 设置【混合模式】后的效果

3 按 Ctrl+O 键从配套光盘中打开"范例源文件/CH04/003.psd",如图 4-66 所示,再用移动工具将其拖动到正在编辑的画面中,并排放到左上角,如图 4-67 所示。

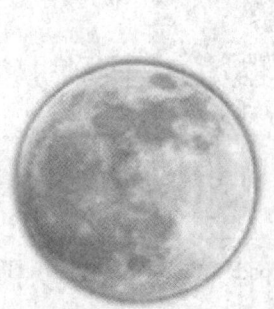

图 4-66 打开的球体

图 4-67 复制并排放到适当位置

4 在【图层】调板中设置它的【混合模式】为"滤色",如图 4-68 所示,以得到如图 4-69 所示的效果。

第 4 章 图层的应用

图 4-68 【图层】调板

图 4-69 设置【混合模式】后的效果

5 按 Ctrl+O 键从配套光盘打开"范例源文件/CH04/004.psd",如图 4-70 所示,再用移动工具将其拖动到正在编辑的画面中,并排放到画面的中央,如图 4-71 所示。

图 4-70 打开的图片

图 4-71 复制并排放到适当位置

6 打开配套光盘中的"范例源文件/CH04/005.psd",如图 4-72 所示,再用移动工具将其拖动到正在编辑的画面中,并排放到画面的适当位置,如图 4-73 所示。

图 4-72 打开的图片

图 4-73 复制并排放到适当位置

7 打开配套光盘中的"范例源文件/CH04/006.psd",如图 4-74 所示,再用移动工具将其拖动到正在编辑的画面中,并排放到画面的底部,如图 4-75 所示。

图 4-74　打开的图片　　　　　　　　图 4-75　复制并排放到适当位置

8 打开配套光盘中的"范例源文件/CH04/007.psd",如图 4-76 所示,再用移动工具将其拖动到正在编辑的画面中,并排放到画面的右上角,如图 4-77 所示。这样,一幅美丽的风景画就制作好了。

图 4-76　打开的图片　　　　　　　　图 4-77　复制并排放到适当位置

4.7　本章小结

　　本章主要介绍了 Photoshop CS4 程序中的图层功能。其中对【图层】调板、图层的混合模式、排列图层、合并图层等作了详细的介绍。再结合实例重点对图层功能进行了讲解与应用。通过本章的学习,希望在学习的过程中能够灵活运用图层及一些相关命令,为今后的学习与工作打下坚固的基础。

4.8 本章习题

一、填空题

1. Photoshop 中的新图像只有一个图层，该图层称为_____。用户既不能更改_____在堆叠顺序中的位置，也不能将混合模式或不透明度直接应用于_____。

2. 可以为图层添加各种各样的效果，如：_____、_____、_____、_____、_____、_____、颜色叠加、渐变叠加、_____和_____等效果。

二、选择题

1. 按以下哪个快捷键可以将选择的图层置为顶层？　　　　　　　　　　　　　　（　　）
   A. 按 Shift+Ctrl+[键　　　　　　　　B. 按 Ctrl+] 键
   C. 按 Ctrl+[键　　　　　　　　　　　D. 按 Shift+Ctrl+] 键

2. 按以下哪个快捷键可以将选择的图层前移一层？　　　　　　　　　　　　　　（　　）
   A. 按 Shift+Ctrl+] 键　　　　　　　　B. 按 Ctrl+[键
   C. 按 Ctrl+] 键　　　　　　　　　　　D. 按 Shift+Ctrl+[键

3. 以下哪种模式决定图层中的像素与其下面图层中的像素如何混合，以创建出各种特殊的效果？　　　　　　　　　　　　　　　　　　　　　　　　　　　　　　　　（　　）
   A. 图层的混合模式　　　　　　　　　　B. 颜色模式
   C. RGB 颜色模式　　　　　　　　　　　D. CMYK 颜色模式

4. 使用以下哪个功能可让某个图层的内容来遮盖其上方的图层？　　　　　　　　（　　）
   A. 矢量蒙版　　B. 图层蒙版　　C. 临时蒙版　　D. 剪贴蒙版

第 5 章　绘 画 工 具

教学目标

学习颜色与画笔笔尖的设置，学会使用画笔工具、铅笔工具、历史记录画笔工具、历史记录艺术画笔工具、渐变工具、油漆桶工具。能够自定义画笔与图案。

教学重点与难点

> 设置颜色
> 画笔工具与铅笔工具
> 使用画笔调板
> 自定义画笔与图案
> 历史记录画笔工具与历史记录艺术画笔
> 渐变工具与油漆桶工具

5.1　设置颜色

要绘制一幅好的作品，首先色彩要用得好。如何设置颜色，成为绘画的首要任务。利用工具箱中的 色彩控制图标可以设置前景色与背景色。单击"设置前景色"或"设置背景色"图标会弹出如图 5-1 所示的【拾色器】对话框，在其中可以设置所需的颜色。也可以用吸管工具在图像上或【色板】调板中直接吸取所需的颜色，如图 5-2、图 5-3 所示，也可以在【颜色】调板中设置或吸取所需的颜色，如图 5-4 所示。单击 （切换前景色与背景色）图标或按 X 键，可以转换前景色与背景色。单击 （默认前景色与背景色）图标或按 D 键，可以将前景色与背景色设置为默认值（简称复位色板）。

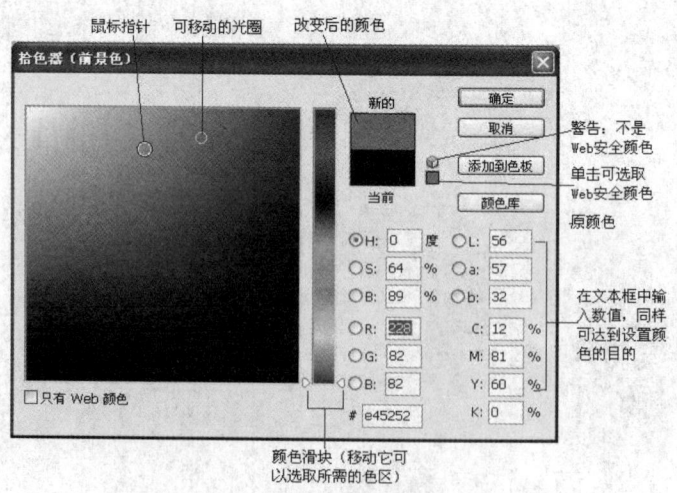

图 5-1　【拾色器】对话框

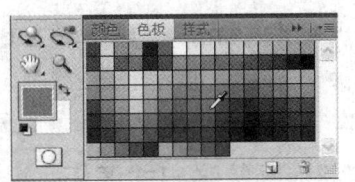

图 5-3 在【色板】调板上吸取颜色

图 5-2 用吸管工具在图像上吸取颜色

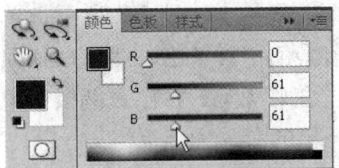

图 5-4 【颜色】调板

5.2 画笔与铅笔工具

使用画笔是使用绘画和编辑工具的重要部分。选择的画笔决定着描边效果的许多特性。在 Photoshop 中提供了各种预设画笔，以满足广泛的用途。也可以使用【画笔】调板来创建自定画笔。

画笔工具绘出彩色的柔边，勾选【喷枪工具】选项即可模拟传统的喷枪手法，将渐变色调（如彩色喷雾）应用于图像。用它绘出的描边比用画笔工具绘出的描边更发散。喷枪工具的压力设置可控制应用的油墨喷洒的速度，按下鼠标左键不动可加深颜色。

铅笔工具工作原理和生活中的铅笔绘画一样，绘出来的曲线是硬的、有棱角的。

5.2.1 画笔与铅笔工具的属性

画笔工具与铅笔工具的选项栏如图 5-5、图 5-6 所示。通过属性栏的比较，我们可以看出它们有很多相同的选项，在此一并进行介绍。

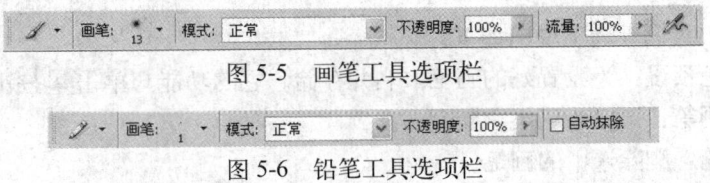

图 5-5 画笔工具选项栏

图 5-6 铅笔工具选项栏

画笔工具与铅笔工具选项栏说明如下：
- **画笔**：可以在其弹出式调板中选择所需的画笔笔尖与设置笔触大小、硬度等参数。
- **模式**：在该下拉列表中可以选择以哪种混合模式对图像中的像素产生影响。
- **不透明度**：指定画笔、铅笔、仿制图章、图案图章、历史记录画笔、历史记录艺术画笔、渐变和油漆桶工具应用的最大油彩覆盖量。
- **流量**：指定画笔工具应用油彩的速度，数值越小，绘制的颜色越浅。
- **喷枪工具**：点选它就可以应用喷枪的属性。

- **自动抹除**：它为铅笔工具的特别选项。如果勾选【自动抹除】选项，并在前景色上开始拖移，则用背景色绘画，在背景色上开始拖移，则用前景色绘画。如果不勾选【自动抹除】选项，则只用前景色绘画。

5.2.2 画笔弹出式调板

在 画笔工具的【画笔】选项后单击 按钮，会弹出如图 5-7 所示的调板，其中的【主直径】是用来设置画笔笔尖的大小，【硬度】是用来改变画笔笔尖的软硬度——也就是使画笔笔尖的边缘软化或硬化。如果设置好一个画笔笔尖，可以单击 按钮，并在弹出的【画笔名称】对话框中命名，如图 5-8 所示，单击【确定】按钮，可以将设置的画笔储存起来。可以设置所需的前景色和背景色，然后在画面中进行绘制。

在【画笔】弹出式调板中单击 按钮，可弹出如图 5-9 所示的下拉式菜单，可以在其中点选所需的命令和画笔组。

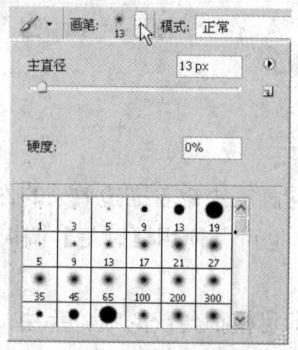

图 5-7 【画笔】弹出式调板

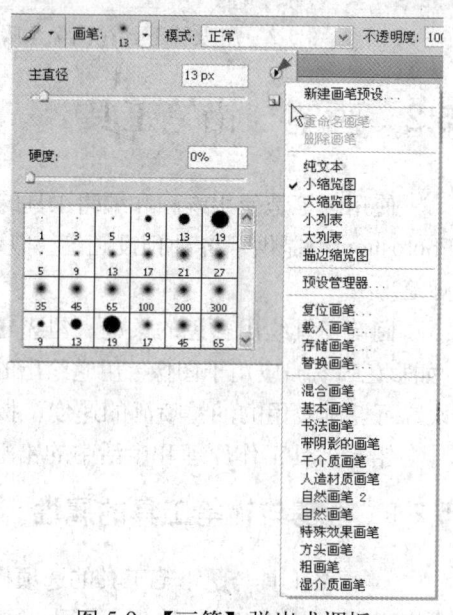

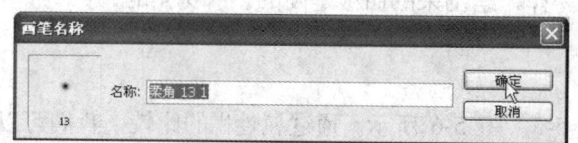

图 5-8 【画笔名称】对话框

图 5-9 【画笔】弹出式调板

【画笔】弹出式调板选项说明如下：

- **新建画笔预设**：为设置好的画笔取名并存储。它的功能与单击 按钮一样。
- **重命名画笔**：可以为画笔重新命名。
- **删除画笔**：删除选中的画笔。
- **纯文本、小缩览图、大缩览图、小列表、大列表和描边缩览图**：它们分别为调板中画笔样式的显示方式。默认情况下使用描边缩览图，也是我们经常使用的方式，因为它既能显示画笔的形状，又能显示在实际绘画时画笔的效果。
- **预设管理器**：可以使用"预设管理器"来更改当前的预设项目集和创建新库。
- **复位画笔**：可以将设置过的画笔还原到默认状态。
- **载入画笔**：可以从【载入】对话框中调入储存的画笔，其文件类型为*.ABR。
- **存储画笔**：可以将设置好的画笔存储起来。
- **替换画笔**：用调入的画笔替换当前【画笔】调板中的画笔。

- 书法画笔、人造材质画笔、基本画笔、带阴影的画笔、干介质画笔、方头画笔、混合画笔、湿介质画笔、特殊效果画笔、粗画笔、自然画笔2、自然画笔：它们分别为画笔组的名称。选择它们则可分别将它们添加或替换到【画笔】调板中。

 在使用画笔工具或铅笔工具绘画时，按键盘中的 [或] 键，可以改变画笔笔尖大小；按 Shift + [或 Shift +] 键，可以改变画笔笔尖的硬度。

5.2.3 【画笔】调板

在画笔工具、铅笔工具、仿制图章工具、图案图章工具、历史记录画笔工具、历史记录艺术画笔工具、橡皮擦工具、涂抹工具、减淡工具、加深工具、模糊工具、锐化工具或海绵工具的选项栏中单击按钮，或者在菜单中执行【窗口】→【画笔】命令或按 F5 键，都会显示【画笔】调板，使用【画笔】调板可以调整画笔笔尖的形状、分布、纹理等属性。这里以选择画笔工具为例来进行进解，在画笔工具的选项栏中单击按钮，弹出如图 5-10 所示的【画笔】调板。

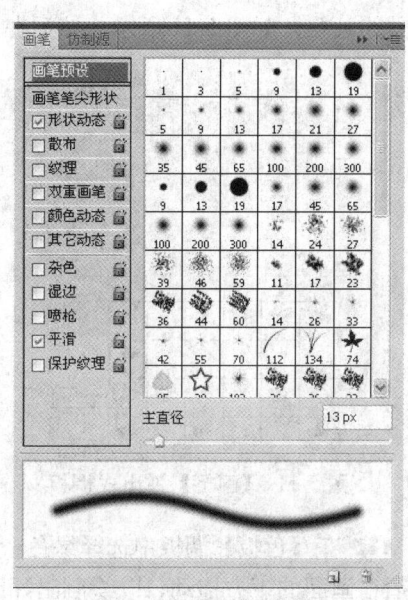

图 5-10 【画笔】调板

【画笔】调板中选项说明如下：

- **画笔预设**：可以在右边选择各种预设的画笔。每种预设对应于一系列的画笔参数。单击右下角的按钮，可以创建新的画笔预设；单击按钮，可以将不要的画笔预设删除。
- **画笔笔尖形状**：画笔描边由许多单独的画笔笔迹组成。所选的画笔笔尖决定了画笔笔迹的形状、直径和其他特性。可以通过编辑其选项来自定画笔笔尖，并通过采集图像中的像素样本来创建新的画笔笔尖形状。
- **形状动态**：决定描边中画笔笔迹的变化。在【画笔】调板的左边单击【形状动态】项目，它的右边就会显示相关的选项，以供进行属性设置。
- **散布**：选择该项目，可确定描边中笔迹的数目和位置。
- **纹理**：先在【画笔】调板的画笔预设中所需的画笔笔尖，再在左边单击【纹理】项目，其右边就会显示它的相关选项，纹理画笔利用图案使描边就像是在带纹理的画布上绘制的一样。
- **双重画笔**：使用两个笔尖创建画笔笔迹从而创造出两种画笔的混合效果。在【画笔】调板的【画笔笔尖形状】部分可以设置主要笔尖的选项。在【画笔】调板的【双重画笔】部分可以设置次要笔尖的选项。
- **颜色动态**：决定描边路线中油彩颜色的变化方式。
- **其它动态**：确定油彩在描边路线中的改变方式。
- **杂色**：可向个别的画笔笔尖添加额外的随机性。当应用于柔画笔笔尖（包含灰度值的画笔笔尖）时，此选项最有效。
- **湿边**：选项可沿画笔描边的边缘增大油彩量，从而创建水彩效果。

- **喷枪**：可用于对图像应用渐变色调，以模拟传统的喷枪手法
- **平滑**：可在画笔描边中产生较平滑的曲线。
- **保护纹理**：可对所有具有纹理的画笔预设应用相同的图案和比例。

5.2.4 使用画笔与铅笔工具

Howto 使用画笔与铅笔工具绘制图像

1 在工具箱中设置前景色为红色，再点选 画笔工具，并在【画笔】弹出式调板中选择所需的画笔，如图 5-11 所示，然后在图像窗口中拖动，即可绘制出如图 5-12 所示的效果。

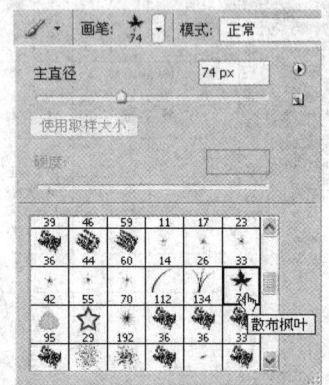

图 5-11 【画笔】弹出式调板　　　　图 5-12 用画笔工具绘制枫叶

2 在【色板】调板中选择绿色，如图 5-13 所示，再在【画笔】弹出式调板中选择 画笔，然后在画面的下方拖动，以绘制出如图 5-14 所示的效果。

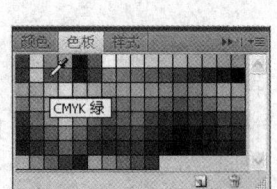

图 5-13 【色板】调板　　　　图 5-14 绘制小草

3 在【色板】调板中选择红色，如图 5-15 所示，再在工具箱中点选 铅笔工具，接着在【画笔】弹出式调板中选择 画笔，然后在画面的左下方拖动，以绘制出如图 5-16 所示的效果。

4 在【色板】调板中选择蓝色，如图 5-17 所示，再在【画笔】弹出式调板中选择 画笔，然后在画面的左上方拖动，以绘制出一只鸟的形状，如图 5-18 所示。接着再绘制出两只鸟，绘制好的效果如图 5-19 所示。

第 5 章 绘画工具 85

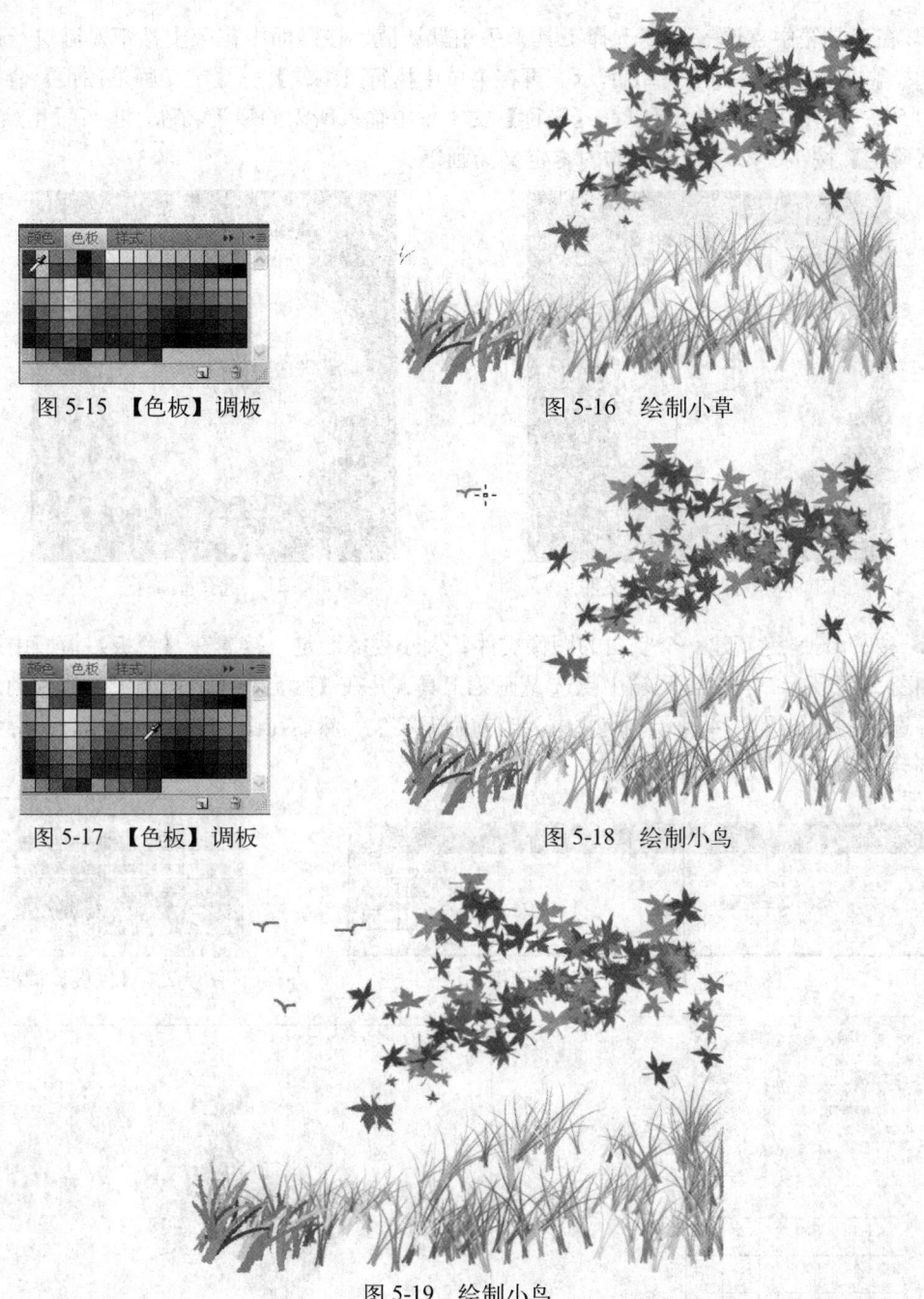

图 5-15 【色板】调板　　图 5-16 绘制小草

图 5-17 【色板】调板　　图 5-18 绘制小鸟

图 5-19 绘制小鸟

5.2.5 自定义画笔

在 Photoshop 中可定义整个图像或部分选区图像为画笔。如果要使画笔形状更明鲜,则应让它显示在纯白色的背景上;如果要想定义带柔边的画笔,则应选择包含灰度值的像素组成的画笔形状(彩色画笔的形状显示为灰度值)。

Howto 利用自定义画笔命令定义画笔

1 按 Ctrl+O 键从配套光盘中打开 "/范例源文件/CH05/02.jpg" 文件,如图 5-20 所示。

2 在工具箱中点选快速选择工具，采用默认值，在画面中花朵上按下左键进行拖移，直至选择整朵花为止，如图 5-21 所示，再在菜单中执行【编辑】→【定义画笔预设】命令，弹出如图 5-22 所示的对话框，可以在【名称】文本框中输入所需的画笔名称，也可采用默认值，单击【确定】按钮，即可将选区的内容定义为画笔。

图 5-20 打开的图像文件

图 5-21 选择整朵花

3 按 Ctrl+N 键新建一个空白的图像文件，大小视需而定，接着在【色板】调板中选择红色，如图 5-23 所示，再在工具箱中点选画笔工具，并在【画笔】弹出式调板中找到刚定义的画笔并选择它，如图 5-24 所示，使它成为当前画笔笔尖，然后在图像窗口中单击，以得到如图 5-25 所示的效果。

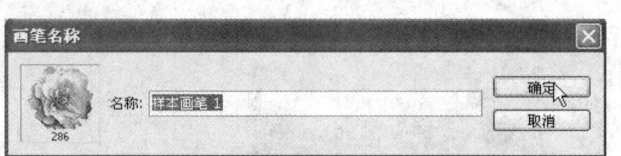
图 5-22 【画笔名称】对话框

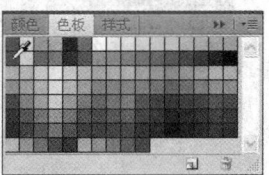
图 5-23 【色板】调板

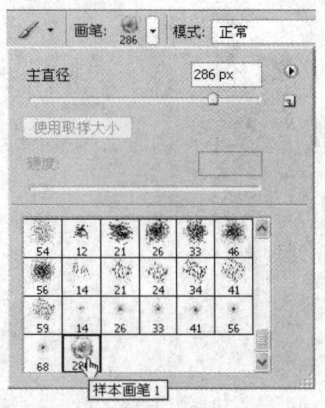
图 5-24 【画笔】弹出式调板

图 5-25 画笔效果

4 在【画笔】弹出式调板中设置【主直径】为"50px"，再显示【画笔】调板，在其中选择【形状动态】项目，接着单击【散布】项目，以显示其相关内容，并设置【散布】为"330%"，【数量】为"1"，【数量抖动】为"17%"，如图 5-26 所示，然后在图像窗口的空白处中拖动，以得到如图 5-27 所示的效果。

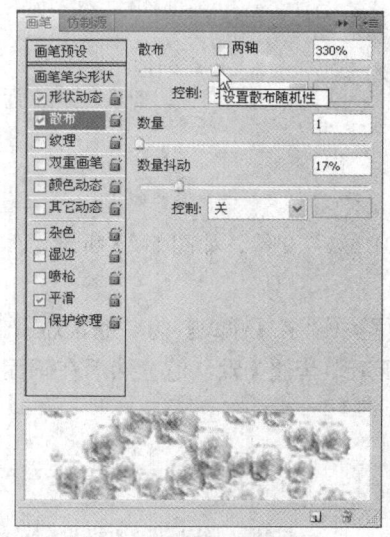 

图 5-26 【画笔】调板　　　　　　　　图 5-27　画笔效果

5.3　历史记录画笔工具和历史记录艺术画笔

历史记录画笔工具可以将图像的一个状态或快照的拷贝绘制到当前图像窗口中。该工具创建图像的拷贝或样本，然后用它来绘画。在 Photoshop 中，也可以用历史记录艺术画笔绘画，以创建特殊效果。

历史记录艺术画笔工具可以使用指定历史记录状态或快照中的源数据，以风格化描边进行绘画。通过尝试使用不同的绘画样式、大小和容差选项，可以用不同的色彩和艺术风格模拟绘画的纹理。

与历史记录画笔一样，历史记录艺术画笔也是用指定的历史记录状态或快照作为源数据。但是，历史记录画笔通过重新创建指定的源数据来绘画，而历史记录艺术画笔在使用这些数据的同时，还使用户为创建不同的色彩和艺术风格设置的选项。

5.3.1　历史记录艺术画笔工具的属性

在工具箱中点选  历史记录艺术画笔，选项栏中就会显示它的相关选项，如图 5-28 所示。

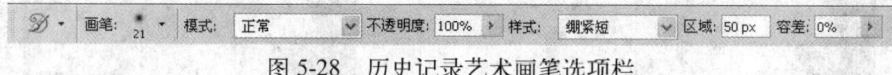

图 5-28　历史记录艺术画笔选项栏

历史记录艺术画笔选项栏说明如下：

- **样式**：在【样式】下拉列表中可以选择绘画描边的形状，如：绷紧短、绷紧中、绷紧长、松散中等、松散长、轻涂、绷紧卷曲、绷紧卷曲长、松散卷曲与松散卷曲长。
- **区域**：在其文本框中可以输入 0～500 像素之间数值，来设定绘画描边所覆盖的区域。输入值越大，覆盖的区域越大，描边的数量也越多。
- **容差**：在其文本框中输入数值或拖移滑块限定可以应用绘画描边的区域。低容差可用于在图像中的任何地方绘制无数条描边。高容差将绘画描边限定在与源状态或快照中的颜色明显不同的区域。

5.3.2 使用历史记录画笔绘制写意画

本例是先用【打开】命令打开一张要处理的图片，再历史记录艺术画笔工具、历史记录画笔工具、与【喷色描边】命令绘制写意画效果。

Howto 使用历史记录画笔绘制写意画

1 按 Ctrl+O 键从配套光盘中打开"范例源文件/CH05/001.psd"文件，如图 5-29 所示，再显示【历史记录】调板，以默认快照为源，如图 5-30 所示。

2 在工具箱中点选 历史记录艺术画笔工具，并在选项栏中设定【样式】为"绷紧短"，再在【画笔】弹出式调板中选择"柔角 9 像素"，如图 5-31 所示，其他为默认值，然后在画面中来回拖动一次，得到如图 5-32 所示的效果。

图 5-29　打开的文件

图 5-30　【历史记录】调板

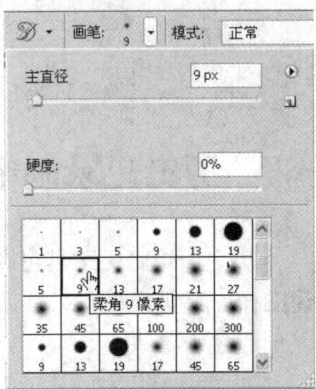
图 5-31　【画笔】弹出式调板

3 在选项栏中设定【样式】为"轻涂"，然后在画面中需要改变笔触的地方进行拖动，得到如图 5-33 所示的效果。

图 5-32　来回拖动后的效果

图 5-33　在需要改变笔触的地方进行拖动

4 在工具箱中点选 历史记录画笔工具，并在选项栏中设置【画笔】为"柔角 65 像素"，【模式】为"线性加深"，【不透明度】为"50%"，如图 5-34 所示，其他为默认值，然后在画面中需要加深颜色的区域进行拖动，得到如图 5-35 所示的效果。

5 在工具箱中点选 历史记录艺术画笔工具，并在选项栏中设定【样式】为"轻涂"，【不透明度】为"65%"，其他不变，然后在画面中来回拖动一次，得到如图 5-36 所示的效果。

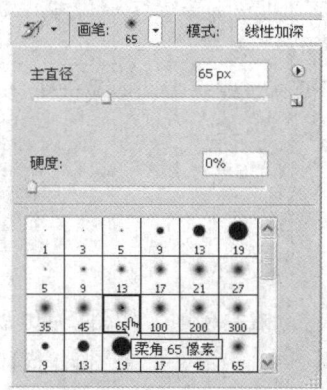

图 5-34 【画笔】弹出式调板

图 5-35 在需要加深颜色的区域进行拖动

6 在选项栏中设定【模式】为"变暗",【不透明度】为"65%",【样式】为"绷紧短",【区域】为"20px",其他不变,然后在画面中需要改变笔触的地方拖动,拖动后的效果如图 5-37 所示。

图 5-36 在画面中来回拖动一次

图 5-37 在需要改变笔触的地方拖动

7 在菜单中执行【滤镜】→【画笔描边】→【喷色描边】命令,弹出【喷色描边】对话框,并在其中设定【描边长度】为"1",【喷色半径】为"1",【描边方向】为"右对角线",如图 5-38 所示,单击【确定】按钮,得到如图 5-39 所示的效果。

图 5-38 【喷色描边】对话框

图 5-39 最终效果

5.4 渐变工具

渐变工具可以创建多种颜色间的逐渐混合。可以从预设渐变填充中选取或创建自己的渐变。

渐变工具不能用于位图、索引颜色的图像。

5.4.1 渐变工具的属性

在工具箱中点选 渐变工具，就会在选项栏中显示它的相关选项，如图 5-40 所示，在图像窗口中拖动鼠标，即可给图像窗口进行渐变填充，如图 5-41 所示，如果图像窗口中有选区，则只给选区进行渐变填充。

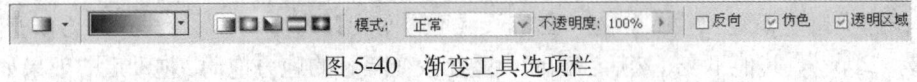

图 5-40　渐变工具选项栏

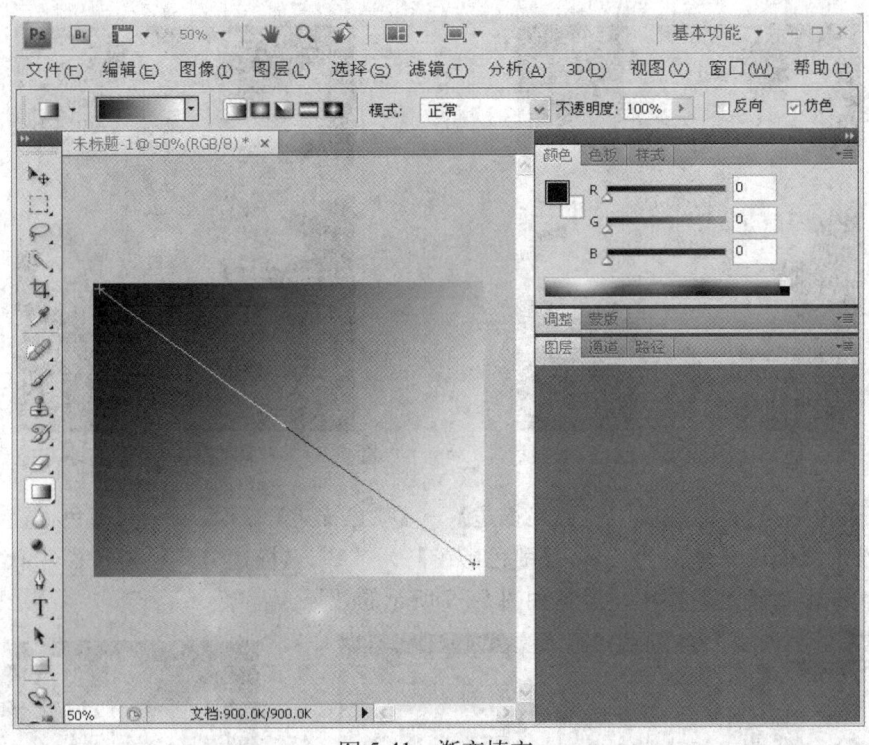

图 5-41　渐变填充

渐变工具选项栏说明如下：

● ■■■（可编辑渐变）按钮：单击该按钮可弹出如图 5-42 所示的【渐变编辑器】对话框，可在【预设】框中直接单击所需的渐变；也可在【渐变类型】栏中编辑自定的渐变；也可以将编辑好的渐变存储到【预设】框中，只需单击【新建】按钮即可；也可以将设置好的渐变组存储起来，以备后用只需单击【存储】按钮，即可弹出【存储】对话框并在其中给这组渐变命名；单击【载入】按钮，可以将已存储的渐变组调入到【预设】框中来以便直接调用。

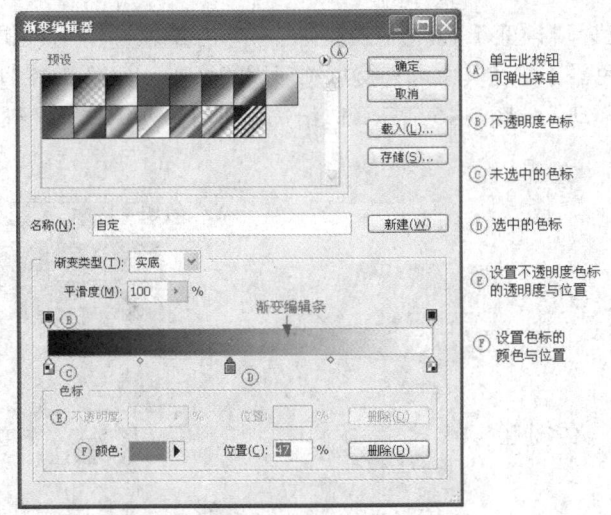

图 5-42 【渐变编辑器】对话框

- ▇ 线性渐变：从起点（按下左键处）到终点（松开鼠标左键处）做线性渐变。
- ▇ 径向渐变：从起点到终点做圆形图案渐变。
- ▇ 角度渐变：从起点到终点做逆时针环绕渐变。
- ▇ 对称渐变：从起点处向两侧逐渐展开。
- ▇ 菱形渐变：从起点处向外以菱形图案逐渐改变，终点定义菱形的一角。
- 反向：勾选它可反转渐变填充中颜色的顺序。
- 仿色：勾选它可用较小的带宽创建较平滑的混合。
- 透明区域：勾选它可对渐变填充使用透明蒙版。

5.4.2 应用预设渐变

在 Photoshop 中提供了许多预设的渐变，可以直接采用这些预设的渐变，也可以将自己编辑的渐变保存为预设的渐变。

Howto 应用预设渐变

1 从工具箱中选择 ▇ 横排文字蒙版工具，在图像窗口中适当位置单击并输入"和谐社会"文字，按 Ctrl+A 键全选刚输入的文字，如图 5-43 所示，再在【字符】调板中设置【字体】为"文鼎特圆简"，【字体大小】为"120 点"，【垂直缩放】为"180%"，【所选字距】为"50"，并选择 T 按钮，然后在选项栏中单击 ✓ 按钮，确认文字输入，得到如图 5-44 所示的文字选区。

图 5-43 输入文字

2 在工具箱中选择█渐变工具,并在选项栏中单击████(可编辑渐变)按钮后的█下拉按钮,弹出渐变拾色器,并在其中可直接点选所需的渐变,如图 5-45 所示,然后按 Shift 键从选区的左边向右边拖动,如图 5-46 所示,以给选区进行渐变填充,进行渐变填充后的效果如图 5-47 所示。

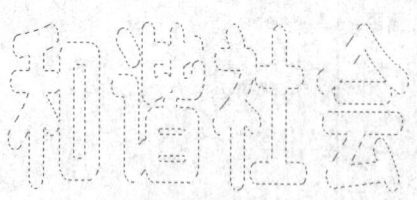

图 5-44 文字选区

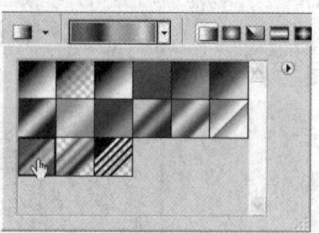

图 5-45 渐变拾色器

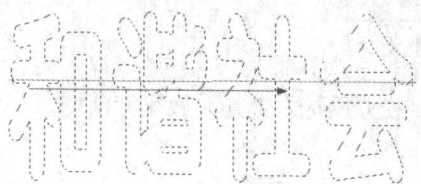

图 5-46 拖动时的状态

图 5-47 渐变填充后的效果

5.4.3 自定渐变

可在【渐变编辑器】对话框中创建所需的渐变色,如:添加、移动或删除色标,并根据需要对添加的色标进行颜色设置。

1. 添加色标

在工具箱中选择█渐变工具,并在选项栏中单击████(可编辑渐变)按钮,弹出【渐变编辑器】对话框,并移动指针到渐变条下方适当位置单击,即可添加一个的色标,其颜色为当前前景色。

2. 移动色标

如果所添加色标的位置不是所需的位置,可以将其移动到所需的位置。在要移动的色标上按下左键向所需的方向拖移或在位置文本框中输入所需的数字,即可将该色标移至所需的位置了。

3. 设置色标的颜色和不透明度

先选中要更改颜色的色标,再在【颜色】选项后单击色块按钮或双击该色标,弹出【选择色标颜色】对话框,用户可在其中选择所需的色标颜色,选择好单击【确定】按钮,即可将选择色标的颜色改为所选择的颜色。

在绘画时有时需要透明渐变,因此需要设置色标的不透明度。先在渐变条上方选择要更改不透明度的色标,再在下方色标栏中设置所需的不透明度与位置。用户可以直接拖动不透明度色标来改变其位置。

4. 删除色标

在我们编辑渐变时,通常会有一些色标需要删除。先在【渐变编辑器】对话框中选择要删除的色标,再在【色标】栏中单击【删除】按钮即可;也可将色标拖离渐变条外,直接将其删除。

5.4.4 应用渐变工具制作按钮

本例是先用椭圆选框工具、【自由变换】、渐变工具等工具与命令制作出按钮的形状,再用【打开】、【贴入】、【创建新图层】等命令贴入一张图片,然后用椭圆选框工具与渐变工具制作玻璃效果。

流程图:

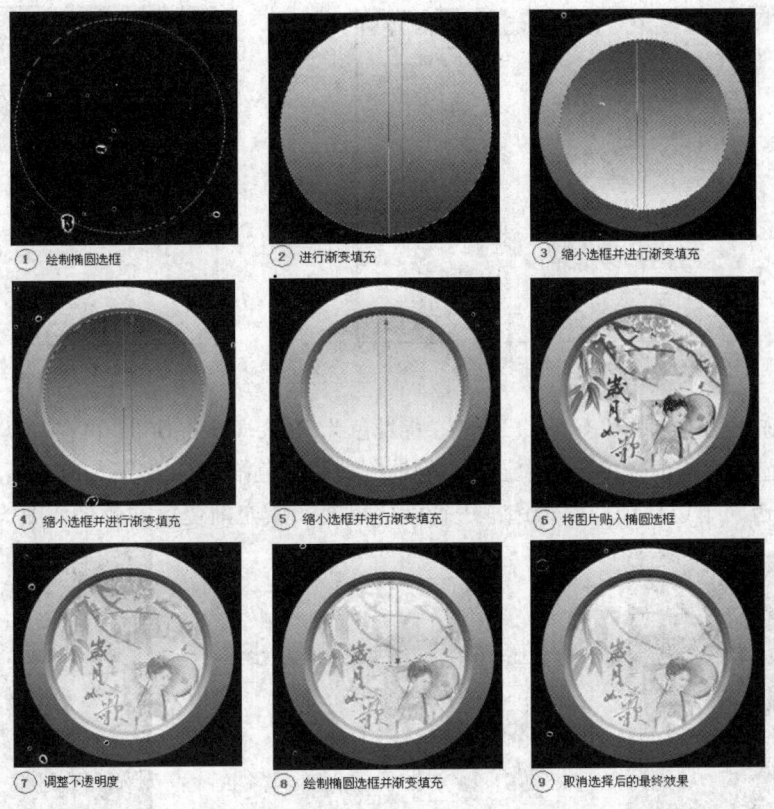

本例最终效果如图 5-48 所示:

图 5-48 实例效果图

Howto 使用渐变工具制作按钮

1 在工具箱中设置背景色为黑色，按 Ctrl+N 键，弹出【新建】对话框，并在其中设置所需的参数，如图 5-49 所示，设置好后单击【确定】按钮，即可新建一个背景为黑色的空白文件。

2 显示【图层】调板，并在其中单击 ■ （创建新图层）按钮，新建图层 1，如图 5-50 所示，再在工具箱中点选 ○ 椭圆选框工具，并在图像窗口中绘制一个椭圆选框，如图 5-51 所示。

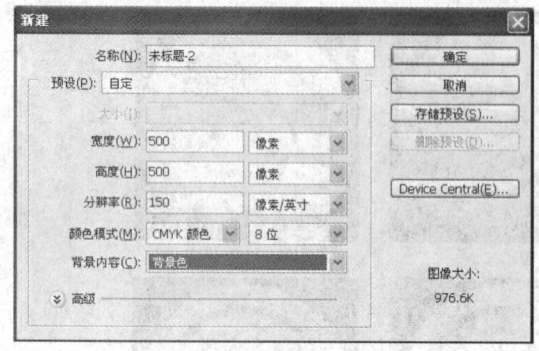

图 5-49 【新建】对话框

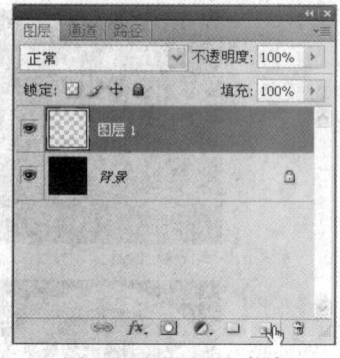

图 5-50 【图层】调板

3 设置前景色为 R250、G250、B250，背景色为 R65、G65、B65，再在工具箱中点选 ■ 渐变工具，并在选项栏的渐变拾色器中选择"前景色到背景色渐变"，如图 5-52 所示，然后按 Shift 键从选框的上边向下边拖动，以给选框进行渐变填充，填充渐变后的效果如图 5-53 所示。

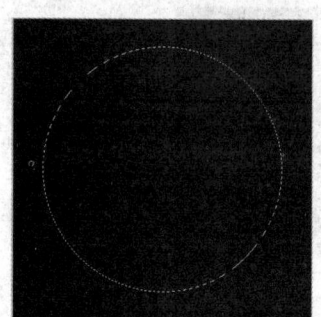

图 5-51 绘制椭圆选框

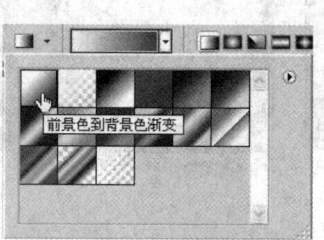

图 5-52 渐变拾色器

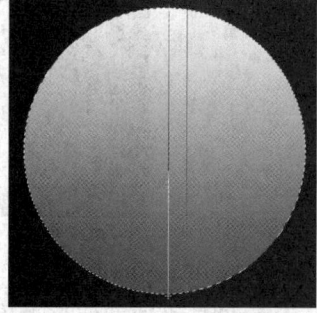

图 5-53 填充渐变后的效果

4 在菜单中执行【选择】→【变换选区】命令，显示变换框，再在选项栏的 W: 80.0% H: 80.0% 中输入 80%，以将选框缩小，如图 5-54 所示，然后在选项栏中单击 ✓ 按钮，确认变换，再用渐变工具从选框的下边向上边拖动，以给选框进行渐变填充，填充颜色后的效果如图 5-55 所示。

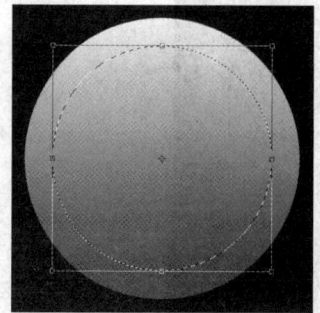

图 5-54 将选框缩小

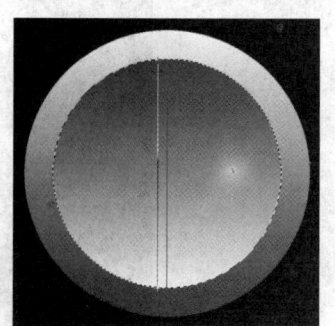

图 5-55 进行渐变填充

5 在菜单中执行【选择】→【变换选区】命令,显示变换框,再在选项栏的 中输入 95%,以将选框缩小,如图 5-56 所示,然后在选项栏中单击 ✓ 按钮,确认变换。

6 在【图层】调板中单击 (创建新图层)按钮,新建图层 2,如图 5-57 所示。

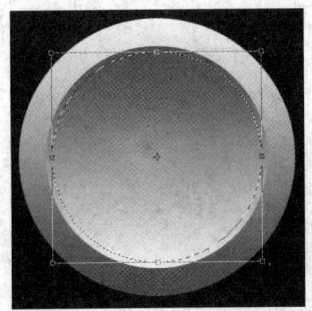

图 5-56 将选框缩小

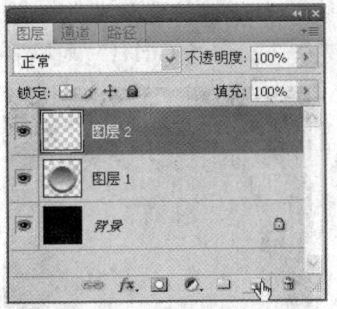

图 5-57 【图层】调板

7 在 渐变工具的选项栏中单击 按钮,显示【渐变编辑器】对话框,再在渐变条下方单击添加一个色标,并设置该色标的颜色为 R190、G122、B0,然后再设置左边色标颜色为 R196、G224、B172,右边色标颜色为 R130 、G0、B16,如图 5-58 所示,设置好后单击【确定】按钮,接着从选框的下边向上边拖动,以给选框进行渐变填充,填充颜色后的效果如图 5-59 所示。

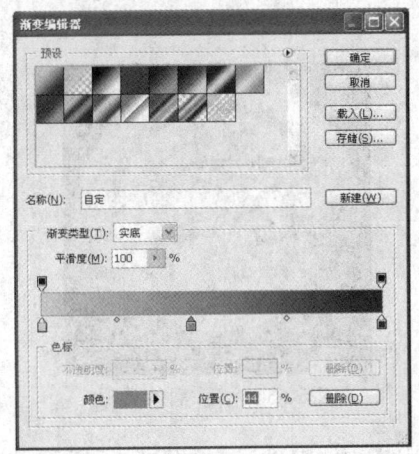

图 5-58 【渐变编辑器】对话框

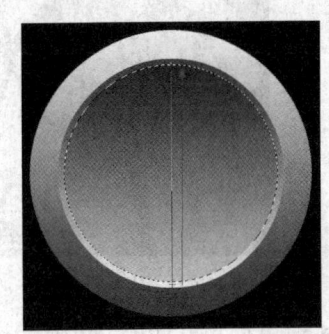

图 5-59 进行渐变填充

8 在【图层】调板中单击 (创建新图层)按钮,新建图层 3,如图 5-60 所示,在菜单中执行【选择】→【变换选区】命令,显示变换框,再在选项栏的 中输入 95%,以将选框缩小,如图 5-61 所示,然后在选项栏中单击 ✓ 按钮,确认变换。

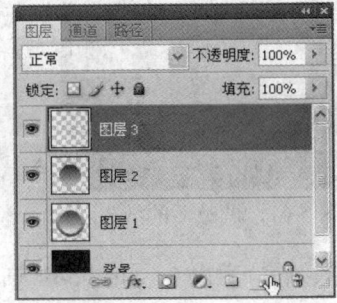

图 5-60 【图层】调板

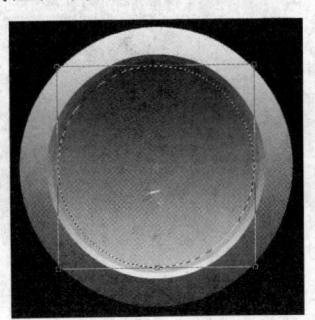

图 5-61 将选框缩小

9 设置前景色为 R250、G250、B250，背景色为 R246、G209、B0，并在渐变工具选项栏的渐变拾色器中选择"前景色到背景色渐变"，然后按 Shift 键从选框的下边向上边拖动，以给选框进行渐变填充，填充渐变后的效果如图 5-62 所示。

10 按 Ctrl+O 键从配套光盘中打开 "/范例源文件/CH05/05.psd" 文件，如图 5-63 所示，按 Ctrl+A 键全选，再按 Ctrl+C 键执行【拷贝】命令，将其拷贝到剪贴板中。

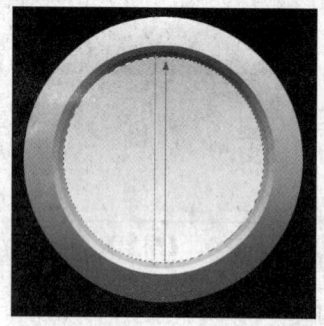
图 5-62 进行渐变填充

图 5-63 打开的图像文件

11 激活刚绘制的按钮文件，再在菜单中执行【编辑】→【贴入】命令，即可将拷贝的内容贴入椭圆选框中，同时取消了选择，结果如图 5-64 所示，然后用移动工具将贴入的图片移动到适当位置，如图 5-65 所示。

图 5-64 将拷贝的内容贴入椭圆选框

图 5-65 调整后的效果

12 在【图层】调板中设置图层 4 的【不透明度】为 "50%"，如图 5-66 所示，以得到如图 5-67 所示的效果。

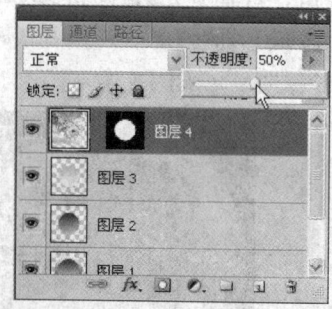
图 5-66 【图层】调板

图 5-67 调整后的效果

13 在【图层】调板中单击（创建新图层）按钮，新建图层 5，如图 5-68 所示，再在工具箱中点选椭圆选框工具，并在画面的按钮中绘制一个椭圆选框，如图 5-69 所示。

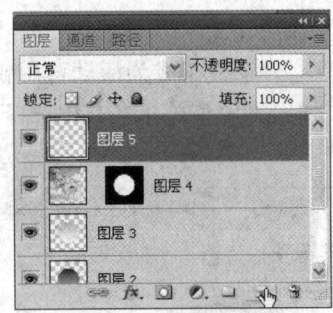
图 5-68 【图层】调板

图 5-69 绘制椭圆选框

14 设置前景色为白色,再在渐变工具选项栏的渐变拾色器中选择"前景到透明渐变",如图 5-70 所示,然后按 Shift 键从选框的上边向下边拖动,以给选框进行渐变填充,填充渐变后的效果如图 5-71 所示,接着按 Ctrl+D 键取消选择,得到如图 5-72 所示的效果。

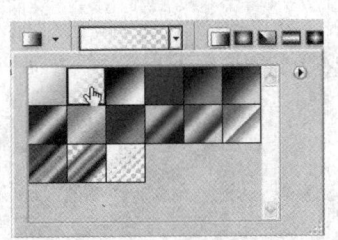
图 5-70 渐变拾色器

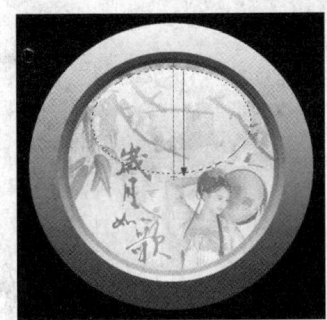
图 5-71 进行渐变填充

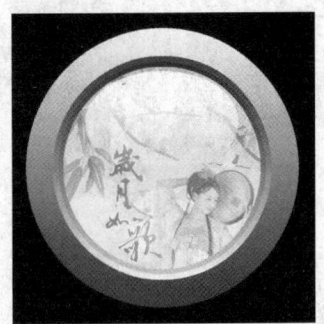
图 5-72 取消选择后的效果

5.5 油漆桶工具

使用 油漆桶工具可以为图像填充颜色值与点按像素相似的相邻像素,但是它不能用于位图模式的图像。

5.5.1 使用油漆桶工具

Howto 使用油漆桶工具为图像填充颜色

1 在工具箱中点选 椭圆选框工具,接着在选项栏中选择 按钮,在画面中先拖出一个椭圆选框,如图 5-73 所示,然后再绘制多个椭圆选框,以添加到选区中,绘制好的选区如图 5-74 所示。

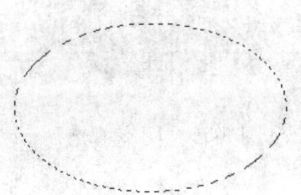
图 5-73 绘制椭圆选框

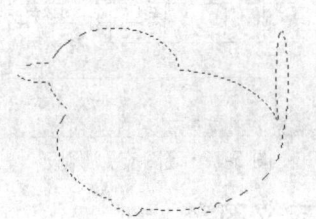
图 5-74 添加多个椭圆选框后的效果

2 在工具箱中点选 油漆桶工具，选项栏中就会显示它的相关选项，如图 5-75 所示，在【填充】下拉列表中选中"图案"选项，则图案后的 按钮成为活动可用状态，单击 下拉按钮，弹出【图案】调板，并在其中单击 按钮，弹出下拉菜单，在其中选择"岩石图案"命令，如图 5-76 所示。

图 5-75 油漆桶工具选项栏

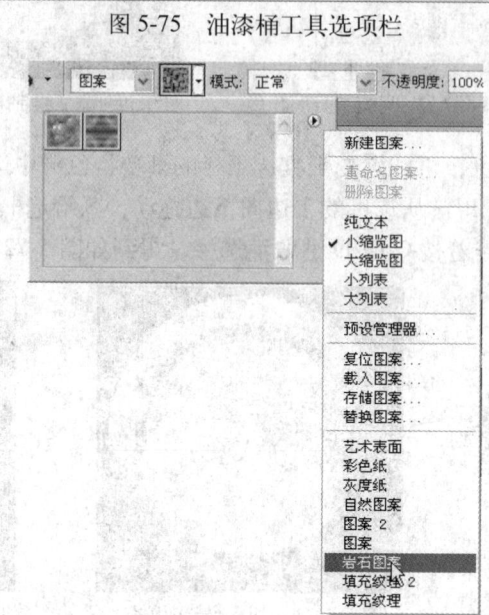

图 5-76 【图案】调板

油漆桶工具选项栏说明如下：

- 填充：在【填充】下拉列表中可以选择"前景"或"图案"来填充图像或选区。
- 所有图层：勾选该选项可以基于所有可见图层中的合并颜色数据填充像素。

3 弹出一个警告对话框，在其中直接单击【追加】按钮，即可将岩石图案添加到当前调板中，如图 5-77 所示，再在其中选择所需的图案，如图 5-78 所示，然后在创建的选区中单击，即可用所选图案填充选区，如图 5-79 所示。

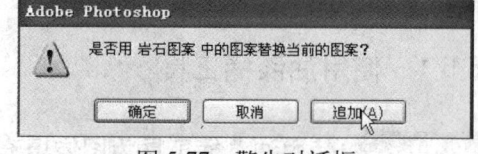

图 5-77 警告对话框

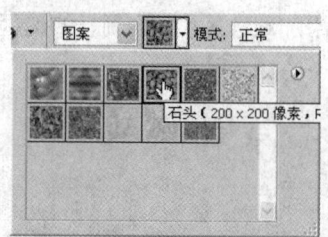

图 5-78 【图案】调板

图 5-79 图案填充

5.5.2 自定义图案

利用【定义图案】命令可以将图像中选中的一部分或全图像来创建新图案。

Howto 利用【定义图案】命令自定图案

1 从配套光盘中打开"/范例源文件/06.jpg"文件，如图 5-80 所示。

2 在工具箱中点选矩形选框工具，接着在画面中框选出所要定义为图案的部分，如图 5-81 所示。

图 5-80　打开的图像文件

图 5-81　框选出所要定义为图案的部分

3 在菜单中执行【编辑】→【定义图案】命令，弹出如图 5-82 所示的【图案名称】对话框，可在其中输入图案名称，也可使用默认名称，单击【确定】按钮，即可将选区内的内容定义为图案，并存入图案调板中。

图 5-82　【图案名称】对话框

4 按 Ctrl+O 键从配套光盘中打开"/范例源文件/CH05/07.psd"文件，如图 5-83 所示，接着在工具箱中点选油漆桶工具，并在选项栏的【图案】弹出式调板中选择刚定义的图案，如图 5-84 所示，再移动指针到画面中衣服内单击，用刚定义的图案填充画面，填充后的效果如图 5-85 所示。

图 5-83　打开的文件

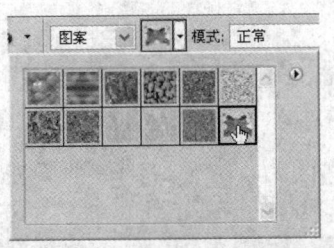
图 5-84　【图案】弹出式调板

图 5-85　图案填充后的效果

5.6　制作艺术字

本例是先用【打开】命令打开几个图像文件进行组合，再用【图层样式】等命令来突出艺术字，然后用画笔工具绘制一些图形与用移动工具拖动来复制蝴蝶来装饰画面。

流程图：

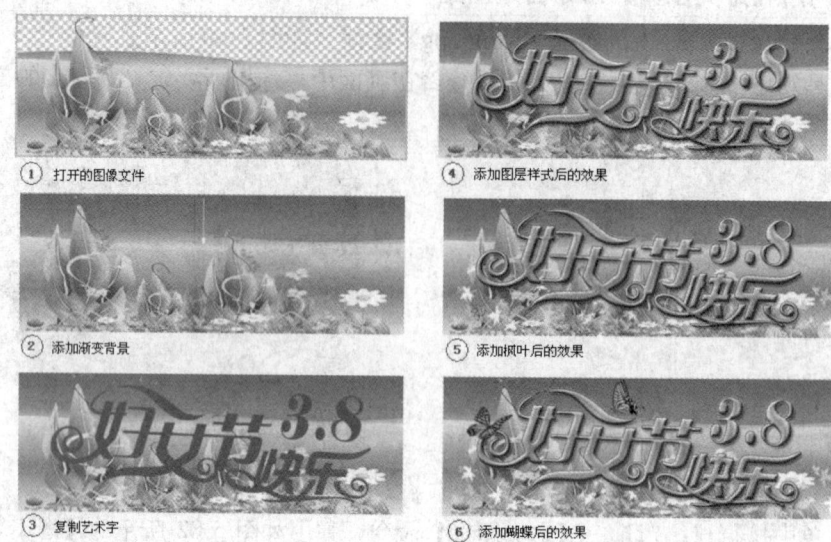

① 打开的图像文件
② 添加渐变背景
③ 复制艺术字
④ 添加图层样式后的效果
⑤ 添加枫叶后的效果
⑥ 添加蝴蝶后的效果

本例最终效果如图 5-86 所示：

图 5-86　效果图

Howto　制作艺术字

1 按 Ctrl+O 键从配套光盘中打开 "/范例源文件/CH05/08.psd" 文件，如图 5-87 所示，其【图层】调板如图 5-88 所示。

图 5-87　打开的图像文件

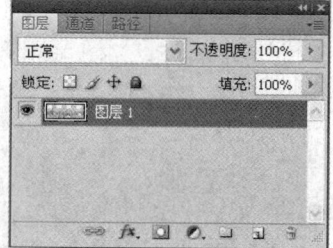

图 5-88　【图层】调板

2 在【图层】调板中单击 按钮，新建一个图层 2，如图 5-89 所示，再将图层 2 拖至图层 1 的下层，如图 5-90 所示。

3 设置前景色为 R0、G135、B207，背景色为 R54、G163、B220，再在工具箱中点选 渐变工具，并在选项栏中设置渐变为"前景色到背景色渐变"，其他为默认值，然后从画面的上方向下方拖动,以给背景进行渐变填充,填充渐变后的效果如图 5-91 所示。

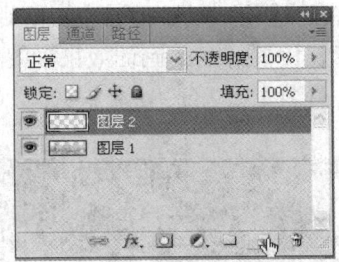

图 5-89　创建新图层

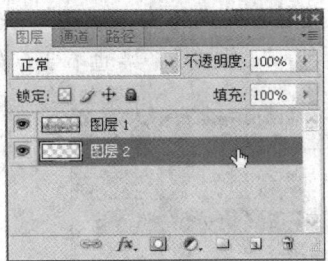

图 5-90　改变图层顺序

4 按 Ctrl+O 键从配套光盘中打开"/范例源文件/CH05/09.psd"文件,如图 5-92 所示,再在【图层】调板中右击艺术字所在的图层 1,弹出快捷菜单,并在其中选择【复制图层】命令,如图 5-93 所示,接着在弹出的【复制图层】对话框中设置【文档】为"花草地.psd",其他不变,如图 5-94 所示,单击【确定】按钮,即可将刚打开文件中的所选图层的内容复制到指定的文档中了。

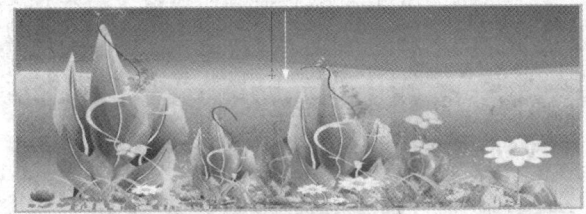

图 5-91　进行渐变填充

图 5-92　打开的图像文件

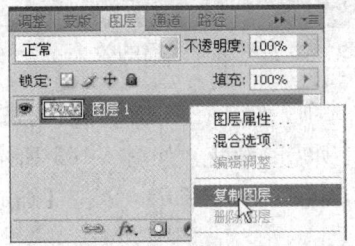

图 5-93　【图层】调板

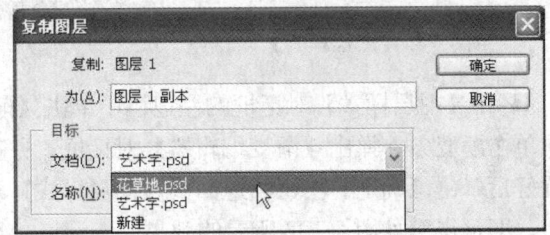

图 5-94　【复制图层】对话框

5 激活前面正在编辑的文件(花草地.psd),即可看到画面中已经添加一些内容,如图 5-95 所示。

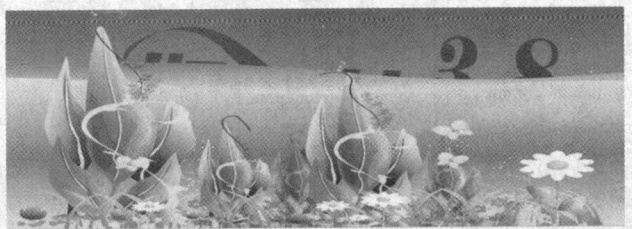

图 5-95　复制后的结果

6 在【图层】调板中将图层 3 拖至图层 1 的上层,如图 5-96 所示,以将图层 3 中的内容完全显示,如图 5-97 所示。

7 在【图层】调板中双击图层 3,弹出【图层样式】对话框,并在其中勾选【投影】、【外发光】、【内发光】、【斜面和浮雕】、【等高线】选项,再单击【光泽】选项,并在其中设置光泽颜色为红色,【混合模式】为"强光",然后单击【描边】选项,以显示描边的相关设置,然后设置【大小】为"1像素",其他不变,如图5-98所示,设置好后的画面效果如图5-99所示。

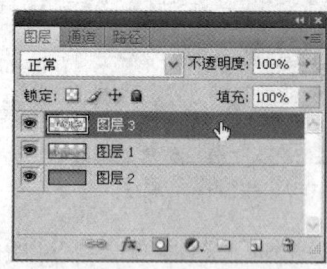

图 5-96 改变图层顺序

图 5-97 调整后的效果

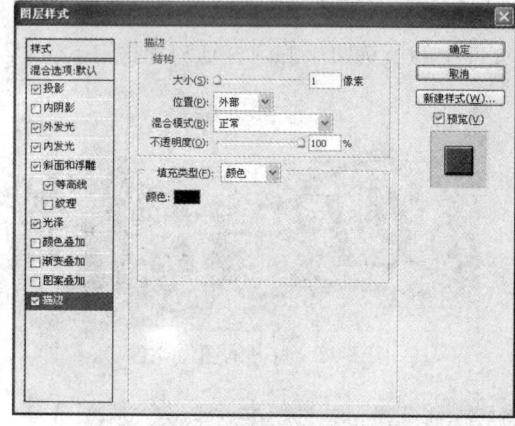

图 5-98 【图层样式】对话框

图 5-99 添加图层样式后的效果

8 在【图层样式】对话框的左边栏中单击【渐变叠加】选项,然后在右边的【渐变叠加】栏中单击渐变条,弹出【渐变编辑器】对话框,并在其中设置所需的渐变,如图 5-100 所示,设置好后单击【确定】按钮,返回到【图层样式】对话框中,如图 5-101 所示,单击【确定】按钮,即可得到如图 5-102 所示的效果。

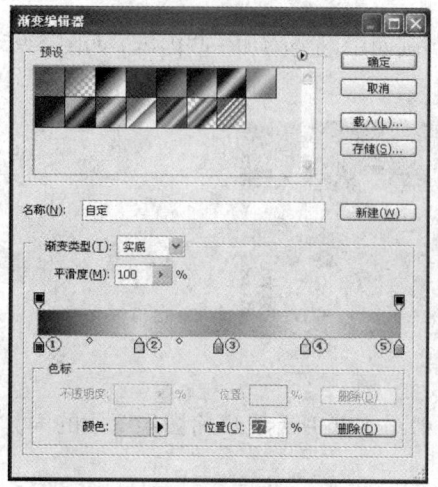

图 5-100 【渐变编辑器】对话框

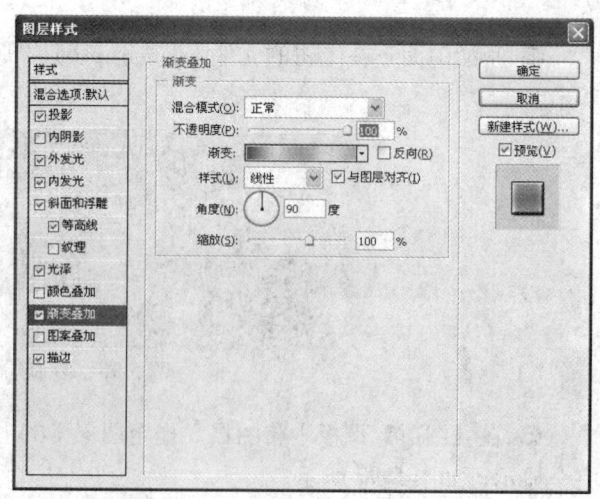

图 5-101 【图层样式】对话框

图 5-102 添加图层样式后的效果

 色标 1 的颜色为 R255、G0、B0，色标 2、4 的颜色为 R255、G255、B0，色标 3 的颜色为 R48、G255、B0，色标 5 的颜色为 R0、G255、B240。

9 在【图层】调板中先激活图层 1，再单击 按钮，新建图层 4，如图 5-103 所示。

10 设置前景色为 R252、G255、B0，在工具箱中点选 画笔工具，并在选项栏的【画笔】弹出式调板中选择 画笔与设置【主直径】为 "50px"，如图 5-104 所示，然后在画面中适当位置依次单击，以得到如图 5-105 所示的效果。

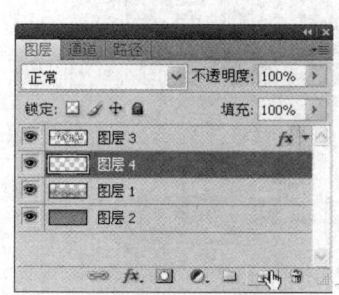

图 5-103 创建新图层

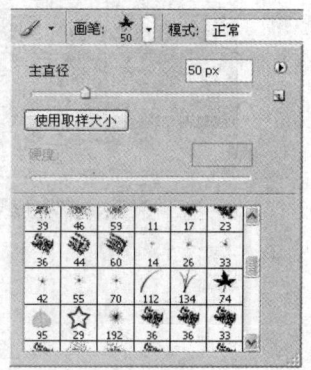

图 5-104 【画笔】弹出式调板

图 5-105 绘制枫叶

11 设置前景色为白色，然后在画面中依次单击，以得到如图 5-106 所示的效果。

图 5-106 绘制枫叶

12 按 Ctrl+O 键从配套光盘中打开 "/范例源文件/CH05/010.psd" 文件，如图 5-107 所示。

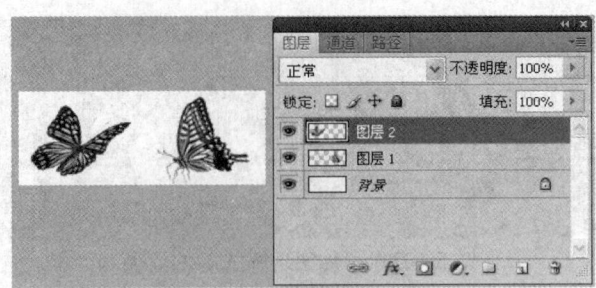

图 5-107　打开有蝴蝶的图像文件

13 先将打开的有蝴蝶的图像文件拖动到程序窗口中成浮停状态，再在【图层】调板的图层 2 上按下左键向正在编辑的文件拖移，如图 5-108 所示，到达适当位置时松开左键，即可将图层 2 中的内容复制到正在编辑的文件中，如图 5-109 所示。

图 5-108　拖移时的状态

图 5-109　复制后的结果

14 在【图层】调板中将刚复制的蝴蝶所在图层拖动到顶层，如图 5-110 所示，以得到如图 5-111 所示的效果。

图 5-110　【图层】调板

图 5-111　调整后的效果

15 用前面同样的方法将另一只蝴蝶复制到画面中来,并排放到所需的位置,排放好后的效果如图 5-112 所示。

图 5-112 调整后的最终效果

5.7 本章小结

本章主要学习了绘画工具的使用方法与应用。结合实例对画笔工具、铅笔工具、历史记录画笔工具、历史记录艺术画笔、渐变工具等工具的使用方法与应用进行了重点讲述。通过本章的学习,希望能够掌握各种绘画工具的使用方法与技巧,以便在日后的工作或设计中能够灵活熟练的应用。

5.8 本章习题

一、选择题

1. 使用以下哪个工具可以将图像的一个状态或快照的拷贝绘制到当前图像窗口中?
(　　)
   A. 画笔工具　　　　　　　　B. 历史记录艺术画笔
   C. 铅笔工具　　　　　　　　D. 历史记录画笔工具

2. 以下哪个工具可以创建多种颜色间的逐渐混合?　　　　　　　　(　　)
   A. 画笔工具　　B. 渐变工具　　C. 铅笔工具　　D. 油漆桶工具

3. 以下哪个工具可以绘出彩色的柔边,勾选【喷枪工具】选项即可模拟传统的喷枪手法,将渐变色调(如彩色喷雾)应用于图像?
(　　)
   A. 画笔工具　　B. 渐变工具　　C. 铅笔工具　　D. 油漆桶工具

二、简答题

1. 画笔工具的属性有哪些?
2. 历史记录艺术画笔的属性有哪些?

第 6 章 文 字 处 理

教学目标

学会使用文字工具输入和编辑各种各样的文字的方法。能够为文字添加各种效果,并将文字应用到我们的生活中。

教学重点与难点

- ➢ 创建文字
- ➢ 编辑文字及文字图层
- ➢ 创建变形文字
- ➢ 创建路径文字

一般为图像添加文字时,字符是由像素组成,并且与图像文件具有相同的分辨率,字符放大后会显示锯齿状边缘。但是,Photoshop CS4 保留基于矢量的文字轮廓,可在缩放文字、调整文字大小、或将图像打印到打印机时使用它们。因此,生成的文字可以带有清晰的、与分辨率无关的边缘。

6.1 文字工具

在图像中的任何位置可创建横排文字或竖排文字。根据使用文字工具的不同,可以输入点文字或段落文字。点文字用于输入一个字或一行字符,段落文字用于以一个或多个段落的形式输入文字。

当创建文字时,【图层】调板中会添加一个新的文字图层;还可以按文字的形状创建选框。文字工具包括 T横排文字工具、IT直排文字工具、T横排文字蒙版工具和 IT直排文字蒙版工具。

6.1.1 文字工具的属性

在工具箱中单击T横排文字工具,选项栏中就会显示它相应的选项如图 6-1 所示:

图 6-1 横排文字工具选项栏

横排文字工具选项栏说明如下:

- **更改文本方向**:单击该按钮可以将横排文字改为直排文字,也可将直排文字改为横排文字。

- **字体列表**:在该列表中可以选择所需的字体。

- **字体大小**:在该列表中可以选择所需的字体大小。

- aa 锐利：在该列表中可以选择消除锯齿的方法。
- Regular：如果在字体列表中选择一些字体，它为可用状态，在其列表中可以选择所需的字体样式。
- 左对齐文本、居中对齐文本与右对齐文本：分别单击这三个按钮，可以将选择的文字进行左对齐、居中对齐或右对齐。
- 文本颜色：单击该按钮可以在弹出的【选择文本颜色】对话框中设置文本的颜色。
- 创建变形文字：单击该按钮会弹出【变形文字】对话框，用户可以在其中根据需要选择所需的变形样式，如图6-2所示，再根据需要设置所需的弯曲或扭曲的程度。
- ：单击该按钮，可以显示/隐藏字符或段落调板。

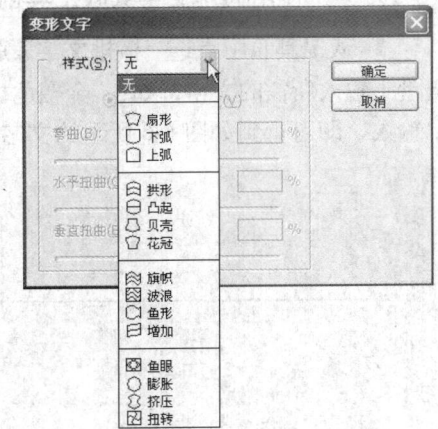

图6-2 【变形文字】对话框

6.1.2 创建点文字

输入点文字时，每行文字都是独立的，行的长度随编辑增加或缩短，但不能自动换行。不过也可以在键盘上按 Enter 键来另起一行。

Howto 使用横排文字工具创建点文字

1 从工具箱中点选文字工具（如：T横排文字工具），在画面中单击，显示一闪一闪的光标后，即可在键盘上输入所需的文字，如："和谐社会"，如图6-3所示。

2 在选项栏中单击 ✓（提交所有当前编辑）按钮，确认文字输入，如图6-4所示。这样，点文字就创建完成。

图6-3 输入文字　　　　　　　　　图6-4 输入文字

如果要取消文字的输入或更改可单击选项栏中的 ⊘（取消当前编辑）按钮。如果要对文字进行编辑，则需选择所要格式化的文字或段落，然后在选项栏中修改所选文字的字体、字体大小与文本颜色，以及文字对齐等。也可以在【字符】与【段落】控制调板中设置所需的字体、字体大小、字符缩放、字符间距、行距、文本对齐和缩进等。

 也可以工具箱中单击其他工具确认文字输入。使用 T 直排文字工具可以在画面中创建直排文字，其操作方法与 T 横排文字工具相同，只是所创建的文字为直排文字而已。
如果要在直排与横排文字之间切换可在选项栏中单击 按钮。
如果输入完一行后，需要输入第二行，可移动光标至刚输入完的一行最后按 Enter 键进行换行。对于输入的点文字（我们也称美术字）可以自由设置其格式，在设置间距与换行时不受文本框大小与形状的限制。

6.1.3 创建文字选区

Howto 使用横排文字蒙版工具创建文字选区

1 从工具箱中点选 横排文字蒙版工具，在画面中单击，显示一闪一闪的光标后，即可在键盘上输入所需的文字，如："金融危机"，如图 6-5 所示，再在选项栏中单击 按钮，确认文字输入，即可得到如图 6-6 所示的文字选区。

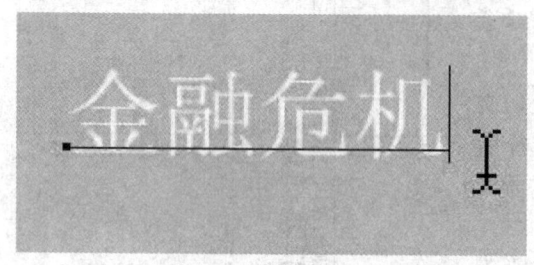

图 6-5 输入文字

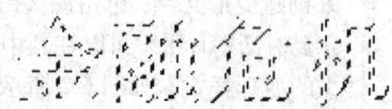

图 6-6 文字选区

 使用直排文字蒙版工具可以在画面中创建直排文字选区。其操作方法与 横排文字蒙版工具相同。

2 在菜单中执行【编辑】→【描边】命令，弹出【描边】对话框，并在其中设置【宽度】为"2px"，【颜色】为"红色"，【位置】为"居外"，其他不变，如图 6-7 所示，单击【确定】按钮，即可为选区描边，画面效果如图 6-8 所示；然后按 Ctrl+D 键取消选择，得到如图 6-9 所示的效果。

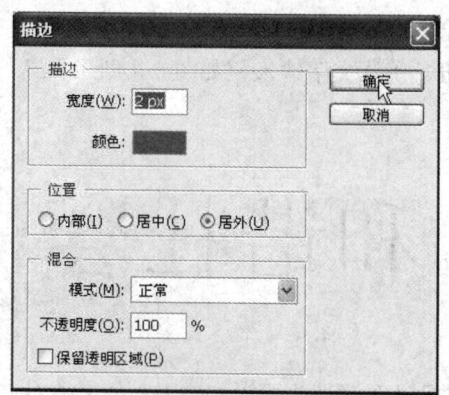

图 6-7 【描边】对话框

图 6-8 描边效果

图 6-9 取消选择后的效果

 如果当前图层为文字图层与形状图层，则无法直接进行颜色填充与描边；但可以新建一个图层或选择背景层来填充与描边。

6.1.4 创建段落文本

在创建段落文字时，文字基于定界框的尺寸换行；可以输入多个段落并对段落进行格式化。可以调整定界框（有时也称为"文本框"）的大小，这将使文字在调整后的矩形中重新排列；可以在输入文字时或创建文字图层后调整定界框，也可以使用定界框旋转、缩放和斜切文字。

第6章 文字处理

Howto 使用横排文字工具创建段落文本

1 按 Ctrl+N 键新建一个文件，从工具箱中选择 横排文字工具，在画面上适当的位置按下鼠标左键并沿着对角线方向下拖移出现一个框，到达所需的大小后松开左键，即可创建一个文本框，如图 6-10 所示，在选项栏设置 字体大小为 14 点，然后在文本框中输入所需的文字如图 6-11 所示。

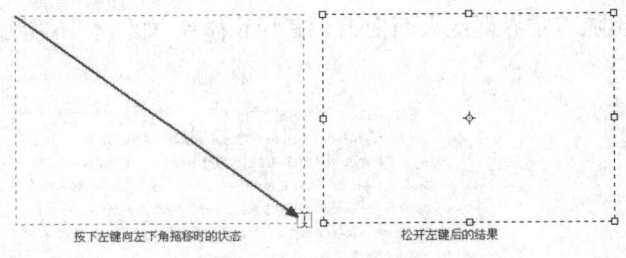

图 6-10 创建文本框 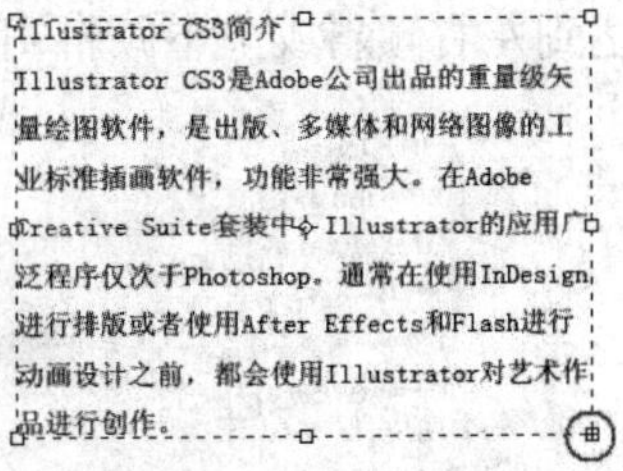　　　　图 6-11 输入文字

 如果输入完一段后，需要输入第二段，可移动光标至刚输入完的一段最后按 Enter 键进行换段。

2 显然刚输入完一段文字，文本框就无法显示下段要输入的内容，并且在右下角显示了 图标，表示已经有文字溢出了文本框。因此需要调整定界框的大小，将指针定位在定界框的控制点上，当指针变为 双向箭头（或 与 箭头）时如图 6-12 所示，向所需的方向拖移可更改定界框的大小，到达所需的大小后松开左键，以得到所需大小的文本框，如图 6-13 所示。如果按住 Shift 键并拖移可保持定界框的比例进行缩放。

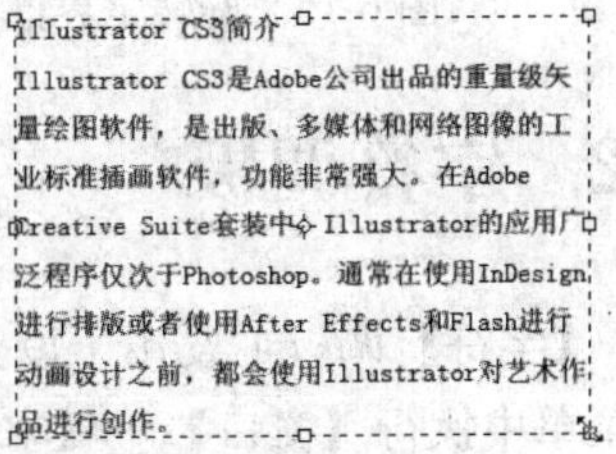

图 6-12 调整定界框大小

3 接着输入完所需的文字，再在选项栏中 按钮，确认段落文本输入，输入好文本后的画面效果如图 6-14 所示。这样，就创建了段落文本。

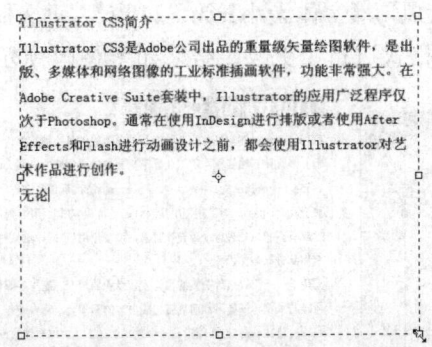

图 6-13 调整定界框大小 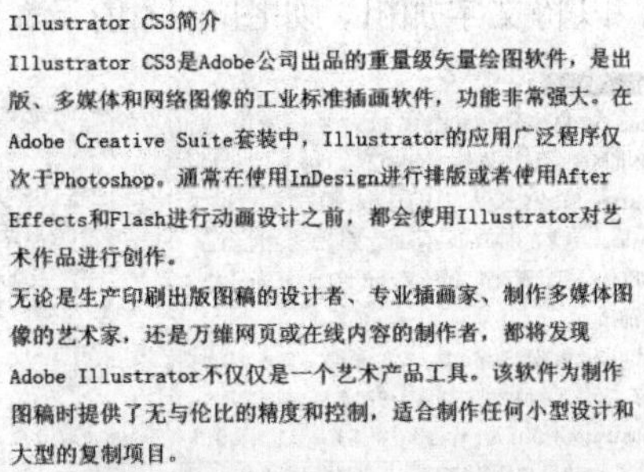　　　　图 6-14 确认段落文本输入

6.1.5 调整定界框

在 Photoshop CS4 中可以自由旋转与缩放定界框（即：文本框），也可以按 Ctrl 键与鼠标拖动来倾斜文字与定界框或调整文字的大小。

（1）如果要旋转定界框，先选择要旋转的定界框，再将指针定位在控制点下方或上方或旁边，当指针变为弯曲的双向箭头（如↻）时，按下鼠标左键移动即可将定界框进行旋转，旋转到所需的角度时松开左键即可，如图 6-15 所示。如果按住 Shift 键并拖动可将旋转角度限制为 15 度的增量。

（2）如果要围绕一条轴（即定界框的某一边）进行水平或垂直移动（也称为斜切）时，可按住 Ctrl 键，当指针指向定界框的控制点上指针呈为▶状时，可拖动控制点向所需的方向，以达到左右倾斜或上下倾斜，同时文字也随着定界框变大而变大，缩小而缩小，如图 6-16 所示。

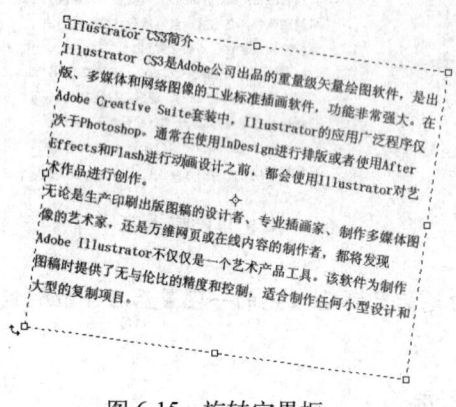
图 6-15　旋转定界框

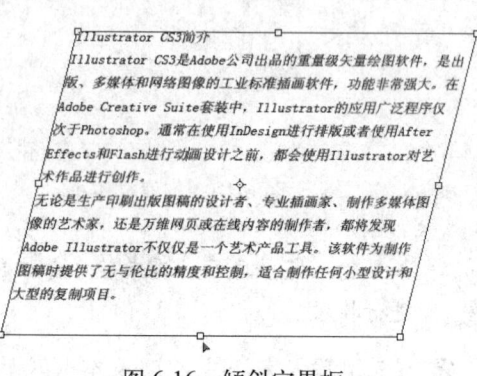
图 6-16　倾斜定界框

6.2　字符调板

【字符】调板主要用于设置文本的字体、字体大小、字间距、行距、缩放、颜色等属性。在菜单中执行【窗口】→【字符】命令或在选项栏中单击 按钮，来显示/隐藏【字符】调板。

Howto　使用【字符】调板设置字符格式

1 选择要设置格式的文字，如在段落文本框中"介"字后按下左键向前拖动，以将"Illustrator CS3 简介"选择，如图 6-17 所示。

2 在【字符】调板中设置【字体】为"文鼎 CS 大黑"，【字体大小】为"24 点"，再选择 按钮，以将文字加粗，如图 6-18 所示，即可将字符的格式进行了更改，结果如图 6-19 所示。

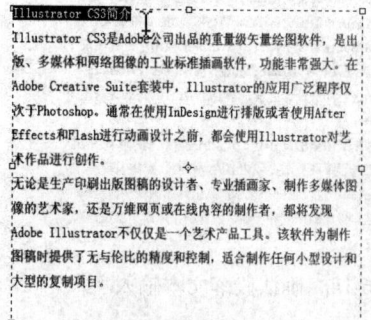
图 6-17　选择文字

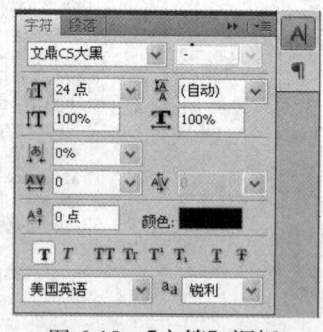
图 6-18　【字符】调板

图 6-19　更改字符格式

【字符】调板说明如下：

● ：在该下拉列表中可以为选择的文字设置行距，数值越大，行距越宽。

- IT 100% 与 T 100%：可以在文本框中输入百分比来调整选择文字的纵向与横向比例。
- 0%：在该下拉列表选择或直接输入所需的百分比来调整选择文字之间的比例间距。
- AV 0：在该下拉列表选择或直接输入所需的数值来调整选择文字之间的字距。
- 0：在该下拉列表选择或直接输入所需的数值来调整两个文字之间的间距。
- A 0点：在该文本框中可以输入−569.35 点至 569.35 点之间的数值来设置选择文字偏离基线的距离。数值为正时，选择的文字将向上偏移，数值为负时，选择的文字将向下偏移。
- T 仿粗体：选择该按钮可以将选择的文字加粗，取消选择该按钮，则将加粗的文字还原。
- T 仿斜体：选择该按钮可以将选择的文字倾斜，取消选择该按钮，则将倾斜的文字还原。
- TT 全部大写字母：选择该按钮可以将选择的小写字母改为大写字母，取消选择该按钮，则将大写字母还原。
- Tr 小型大写字母：选择该按钮可以将选择的小写字母改为小型大写字母，取消选择该按钮，则将小型大写字母还原。
- T' 上标：选择该按钮可以将选择的文字上标，取消选择该按钮，则将上标的文字还原。
- T, 下标：选择该按钮可以将选择的文字下标，取消选择该按钮，则将下标的文字还原。
- T 下划线：选择该按钮可以将选择的文字标上下划线，取消选择该按钮，则将下划线取消。
- F 删除线：选择该按钮可以将选择的文字标上删除线，取消选择该按钮，则将删除线取消。

6.3 段落调板

【段落】调板主要用于设置段落文本的对齐、缩进、段前/段后间距等属性。在菜单中执行【窗口】→【段落】命令或在右边的控制调板的按钮栏中单击 ¶ 按钮，来显示/隐藏【段落】调板。

Howto 使用【段落】调板设置段落格式

1 在【段落】调板中单击 ≡ 按钮，如图 6-20 所示，将选中的标题文字居中对齐，结果如图 6-21 所示。

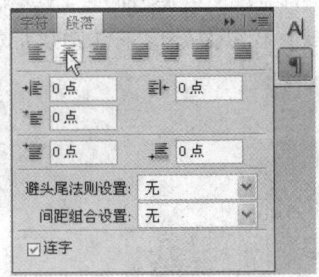

图 6-20 【段落】调板　　　　图 6-21 将文字居中对齐

2 在第 1 段文字前按下左键向第 2 段末尾拖动,以选择这两段文字,如图 6-22 所示,再在【段落】调板中设置【首行缩进】为"28 点",【段前添加空格】为"8 点",如图 6-23 所示,以得到如图 6-24 所示的效果。

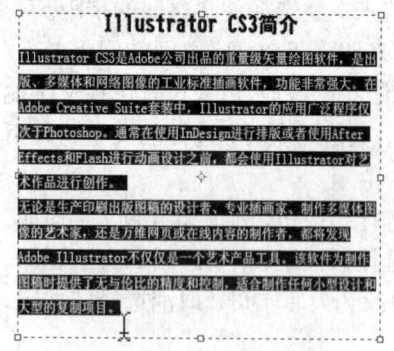 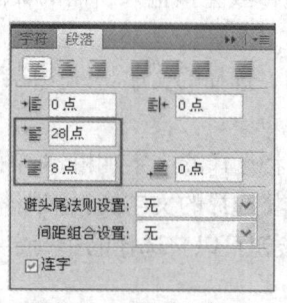 

图 6-22　选择文字　　　　　图 6-23　【段落】调板　　　　图 6-24　更改段落格式

【段落】调板说明如下:

- ▅(最后一行左对齐)、▅(最后一行居中对齐)、▅(最后一行右对齐)与▅(全部对齐):主要用于设置段落文本对齐对方式。
- ▅ 0点 (左缩进):在该文本框中输入−1296~1296 点之间的数值,来设置当前选择段落左边缩进的距离。输入负值文本向左移动,输入正值文本向右移动。
- ▅ 0点 (右缩进):在该文本框中输入−1296~1296 点之间的数值,来设置当前选择段落右边缩进的距离。输入负值文本向右移动,输入正值文本向左移动。
- ▅ 0点 (首行缩进):在该文本框中输入−1296~1296 点之间的数值,来设置当前选择段落首行缩进的距离。输入负值首行文本向左移动,输入正值首行文本向右移动。
- ▅ 0点 (段前添加空格):在该文本框中输入−1296~1296 点之间的数值,来设置所选段落向下移动的距离。输入负值所选段落及其下方的段落文本向上移动,输入正值所选段落及其下方的段落文本向下移动。
- ▅ 0点 (段后添加空格):在该文本框中输入−1296~1296 点之间的数值,来设置所选段落向下移动的距离。输入负值所选段落下方的段落文本向上移动,输入正值所选段落下方的段落文本向下移动。

6.4　编辑文字及文字图层

创建文字图层后,可以编辑文字并对其应用图层命令。可以更改文字方向、在点文字与段落文字之间转换、基于文字创建工作路径或将文字转换为形状。可以像处理正常图层那样移动、重新叠放、拷贝和更改文字图层的图层选项等。

6.4.1　编辑文本

可以在文字图层中插入新文本、更改现有文本和删除文本。

Howto　编辑文本

1 在工具箱中点选 T 横排文字工具,移动指针到要编辑的文字中指针呈 I 状态时(如图

6-25 所示）单击，显示一闪一闪的光标，如图 6-26 所示，使文字再次处于编辑状态。

图 6-25　移动指针时的状态

图 6-26　文字处于编辑状态

2 在键盘上输入所需的文字（如：送花），如图 6-27 所示，再按 Shift+←向左箭头将"送花"两个文字选择，如图 6-28 所示，然后在选项栏中设置文本颜色为 R36、G255、B0，单击 ✓ 按钮完成文字编辑，结果如图 6-29 所示。

图 6-27　输入文字

图 6-28　选择文字

图 6-29　编辑文字

如果光标不在要插入文字的地方，可在键盘上击←向左箭头和→向右箭头来移动光标到所需的位置后，再输入文字。如果要删除文字中的某个文字或几个文字可将光标移到该文字的前面按 Delete 键（或将光标移到该文字的后面并按键盘上的 ← 取消键）。

6.4.2　给文字添加图层样式

Howto　给文字添加图层样式

1 以"经典送花排行榜"文字图层为当前图层，在菜单中执行【图层】→【图层样式】→【描边】命令，弹出【图层样式】对话框，并在其中设定【大小】为"1 像素"。

2 勾选【投影】、【外发光】与【斜面和浮雕】选项，其他为默认值，如图 6-30 所示，设置好后单击【确定】按钮，得到如图 6-31 所示的效果。

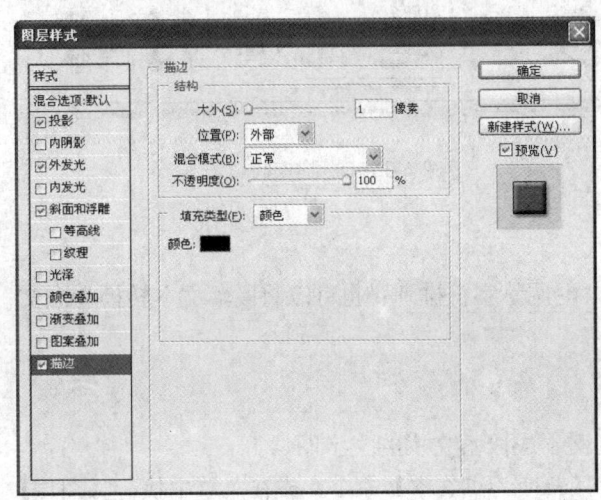

图 6-30　【图层样式】对话框

图 6-31　添加图层样式后的效果

6.4.3 栅格化文字图层

在 Photoshop CS4 中某些命令和工具不适用于文字图层，例如滤镜效果和绘画工具；如果要使用这些命令或工具，必须先将文字图层栅格化；栅格化文字是将文字图层转换为普通图层，并使其内容成为不可编辑的文本。

Howto　栅格化文字图层

1 在【图层】调板中可看到刚输入文字的图层的图层缩略图为 ▢，表示现在的图层是文字图层，如图 6-32 所示。接着在菜单中执行【图层】→【栅格化】→【文字】命令，即可将文字图层转换为普通图层，同时图层缩览图已为 ▢，结果如图 6-33 所示。

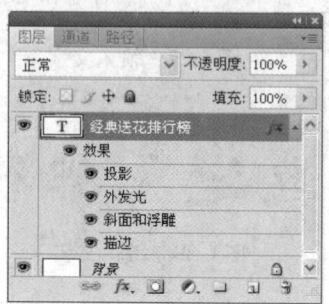
图 6-32 【图层】调板

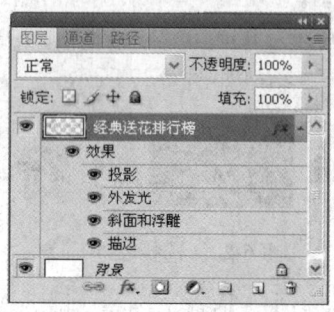
图 6-33 【图层】调板

2 设置前景色为 R 252、G 255、B 0，在工具箱中点选 画笔工具，接着在选项栏中设置【画笔】为"尖角 9 像素"，如图 6-34 所示，然后按 Shift 键在画面中依次绘制两条直线，即可直接应用该图层中的样式，结果如图 6-35 所示。

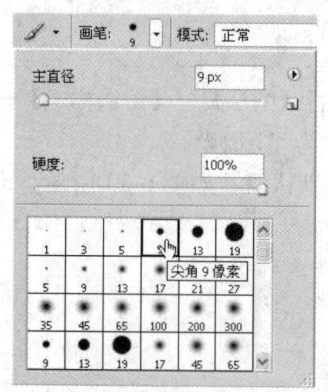
图 6-34 画笔工具选项栏

图 6-35 绘制直线

6.4.4 点文本与段落文本转换

可以将点文本转换为段落文本，在定界框中调整字符排列；也可以将段落文本转换为点文本，使各文本行彼此独立排列。

Howto　实现点文本与段落文本转换

1 先在【图层】调板中选择要转换为点文本或段落文本的文字图层。

2 在菜单中执行【图层】→【文字】→【转换为点文本】命令，或在菜单中执行【图层】→【文字】→【转换为段落文本】命令就可以了。

6.4.5 将文字转换为形状

将文字转换为形状时，文字图层由包含基于矢量的图层剪贴路径的图层所替换；可以编辑图层剪贴路径并将样式应用于图层，但是，无法在图层中将字符作为文本进行编辑。

Howto 将文字转换为形状

1 在【图层】调板中选择要转换为形状的文字图层。

2 在菜单中执行【图层】→【文字】→【转换为形状】命令，即可将文字转换为形状，从而可以对文字进行编辑，这样我们就可以象编辑路径一样来编辑文字了。

6.5　创建变形文字

使用文字变形功能可以制作出各种形状的文字，如：扇形、波浪形、凸形、贝壳等。在图像中输入文字后，在文字工具的选项栏中单击 按钮，并在弹出的对话框中设置所需的参数，即可得到所需的形状。

Howto 创建变形文字

1 按 Ctrl+O 键从配套光盘中打开"/范例源文件/CH06/01.psd"文件，如图 6-36 所示。

图 6-36　打开的图片

2 在工具箱中点选 横排文字工具，并在【字符】调板中设置【字体】为"文鼎CS行楷"，【字体大小】为"60 点"，【字距调整】为"500"，【颜色】为"红色"，其他不变，如图 6-37 所示，然后在画面上单击并输入如图 6-38 所示的文字，在选项栏上单击 按钮确认文字输入。

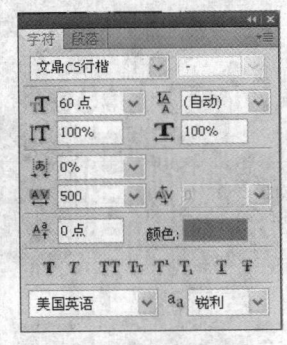

图 6-37　【字符】调板

图 6-38　输入文字

3 在菜单中执行【图层】→【图层样式】→【描边】命令,弹出【图层样式】对话框,并在其中设置【颜色】为"白色",其他不变,如图 6-39 所示,设置好后的画面效果如图 6-40 所示。

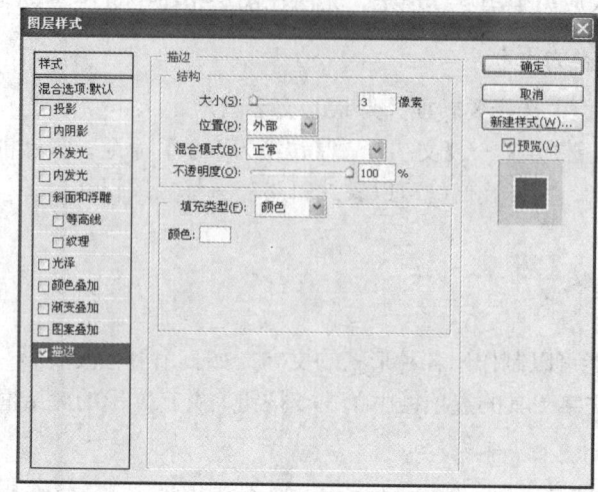

图 6-39 【图层样式】对话框

图 6-40 添加图层样式后的效果

4 在【图层样式】对话框的左边栏中选择【投影】选项,再在右边栏中设置【不透明度】为"100%",【距离】为"10 像素",【大小】为"10 像素",其他不变,如图 6-41 所示,设置好后单击【确定】按钮,给文字进行白色描边与添加了投影效果,画面效果如图 6-42 所示。

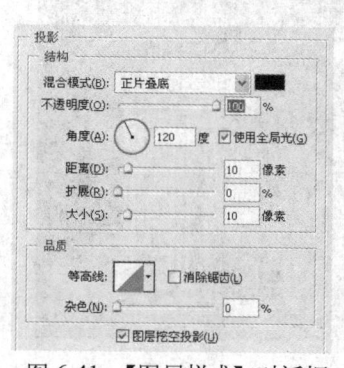

图 6-41 【图层样式】对话框

图 6-42 添加图层样式后的效果

5 在文字工具的选项栏中单击 (创建文字变形) 按钮，并在弹出的【变形文字】对话框中设定【样式】为"扇形"，其他不变，如图 6-43 所示，单击【确定】按钮，得到如图 6-44 所示的效果。

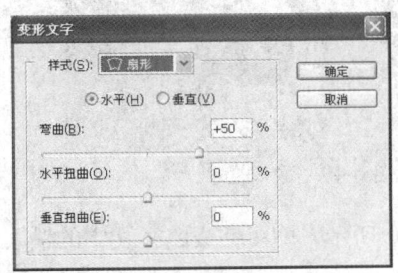

图 6-43 【变形文字】对话框　　　　　　图 6-44 变形文字后的效果

6.6 路径文字

6.6.1 沿路径创建文字

使用文字沿路径进行排列功能可以为我们创建出一些特殊形状的文字效果。

Howto 沿路径创建文字

1 按 Ctrl+O 键从配套光盘中打开 "/范例源文件/CH06/02.psd" 文件，如图 6-45 所示。

2 显示【路径】调板，并在其中单击 (创建新路径) 按钮，新建路径 1，如图 6-46 所示，接着在工具箱中点选 钢笔工具，并在选项栏中选择 (路径) 按钮，再在画面中绘制出一条路径，如图 6-47 所示。

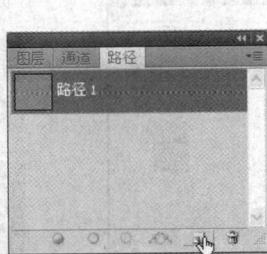

图 6-45 打开的图像文件　　　图 6-46 【路径】调板　　　图 6-47 绘制路径

3 在工具箱中点选 直排文字工具，接着移动指针到路径上指针呈 状时单击，显示一闪一闪的光标，如图 6-48 所示，再在选项栏中设置参数为 ，然后在键盘上输入所需的文字"开花的季节"，如图 6-49 所示。

图 6-48 移动指针到路径上时的状态

图 6-49 输入文字

4 在【路径】调板的灰色区域单击隐藏路径,如图 6-50 所示,即可完成路径文字的输入与编辑,得到如图 6-51 所示的路径文字。

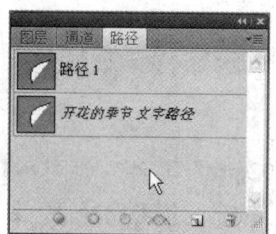
图 6-50 输入所需的文字

图 6-51 隐藏路径后的效果

5 在菜单中执行【图层】→【图层样式】→【描边】命令,弹出【图层样式】对话框,并在其中设置【颜色】为 "R12、G15、B123",再勾选【投影】选项,如图 6-52 所示,其他不变,单击【确定】按钮,即可得到如图 6-53 所示的效果。

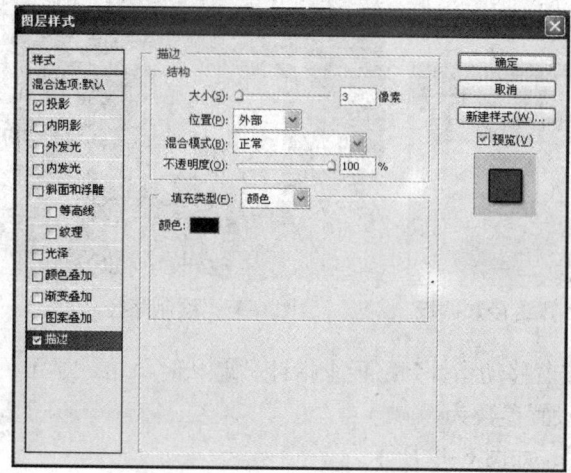
图 6-52 【图层样式】对话框

图 6-53 添加图层样式后的效果

6.6.2 用文字创建工作路径

用文字创建工作路径可以实现将字符作为矢量形状处理；而工作路径是出现在【路径】调板中的临时路径；文字图层创建了工作路径后，就可以像对待其他路径那样存储和处理该路径。

只需在【图层】调板中选择要转换为工作路径的文字图层，再在菜单中执行【图层】→【文字】→【创建工作路径】命令，即可以文字的边缘创建了工作路径。

下例是先用横排文字工具在画面中依次输入单个的文字，并进行排放，再用创建工作路径命令将文字转换为工作路径，然后直接选择工具、钢笔工具、将路径载入选区等工具与命令对文字进行编辑，最后打开一些图案并复制到文字的适当位置进行艺术组合。

实例效果图如图 6-54 所示：

图 6-54　实例效果图

Howto　编辑艺术字

1 按 Ctrl+N 键，弹出【新建】对话框，并在其中设置所需的参数，设置好后单击【确定】按钮，即可新建一个空白的图像文件，如图 6-55 所示。

2 在工具箱中点选 T 横排文字工具，并在选项栏中设置【字体】为"文鼎 CS 大宋"，【字体大小】为"95" pt，【颜色】为"R0、G137、B225"，然后在画面的适当位置单击并输入"梦"文字，输入好后在选项栏中单击 ✓（提交）按钮确认文字输入，如图 6-56 所示。

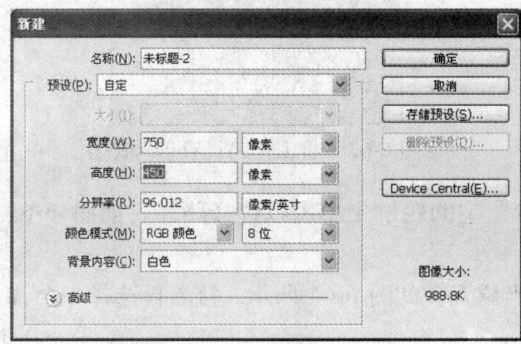

图 6-55　【新建】对话框

图 6-56　输入文字

3 在画面的空白处单击并输入"幻"字,然后再将其拖至"梦"字的右上角,如图 6-57 所示,再单击【提交】按钮确认文字输入。

4 用上步同样的方法在画面中分别输入如图 6-58 所示的文字,并且使文字与文字之间相连接起来。

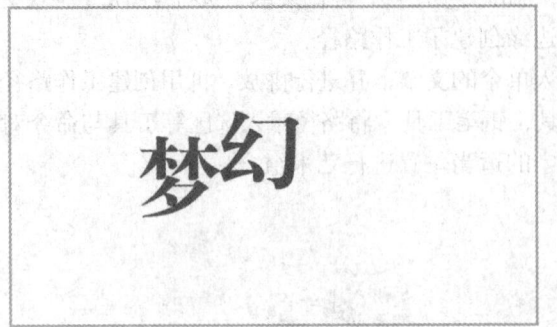

图 6-57 输入文字　　　　　　　　　　　　　图 6-58 输入文字

5 在【图层】调板中选择"梦"文字图层,如图 6-59 所示,再在菜单中执行【图层】→【文字】→【创建工作路径】命令,将文字轮廓转换为路径,如图 6-60 所示。

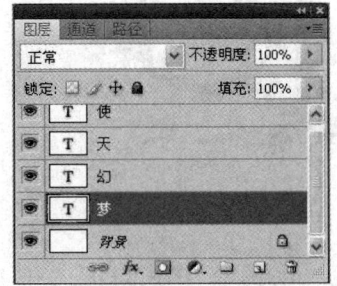

图 6-59 【图层】调板　　　　　　　　　　　图 6-60 创建工作路径

6 显示【路径】调板,并在其中双击工作路径,弹出如图 6-61 所示的【存储路径】对话框,直接单击【确定】按钮,将工作路径存储为路径 1,如图 6-62 所示。

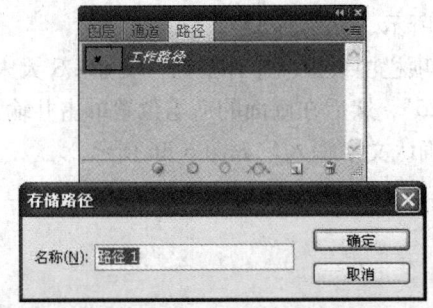

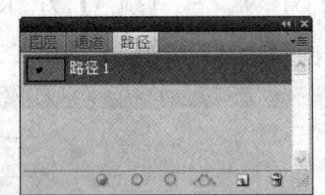

图 6-61 【存储路径】对话框　　　　　　　　图 6-62 将工作路径存储为路径

7 在工具箱中点选 直接选择工具,在"梦"字的轮廓上单击以选择路径,如图 6-63 所示。

8 在路径上选择一个锚点,再将其拖动到适当位置,如图 6-64 所示。接着再选择一个锚点,并将其拖动到适当位置,如图 6-65 所示。

图 6-63　选择路径　　　　　图 6-64　编辑路径　　　　　图 6-65　编辑路径

9 选择一个控制点，并将其拖动到适当位置，如图 6-66 所示，以调整路径的形状。用同样的方法对其他锚点与控制点进行调整，调整过后的形状如图 6-67 所示。

图 6-66　编辑路径　　　　　　　　　　　图 6-67　编辑路径

10 在工具箱中点选 钢笔工具，接着移动指针到路径上需要添加锚点的地方单击，添加一个锚点，并按 Ctrl 键将该锚点拖至适当位置，如图 6-68 所示。然后用同样的方法在路径上添加相应的锚点并进行适当调整，调整好后的效果如图 6-69 所示。

图 6-68　编辑路径　　　　　　　　　　　图 6-69　编辑路径

11 显示【图层】调板，并在其中选择"幻"文字图层，如图 6-70 所示；同样在菜单中执行【图层】→【文字】→【创建工作路径】命令，将文字的轮廓转换为路径，如图 6-71 所示。

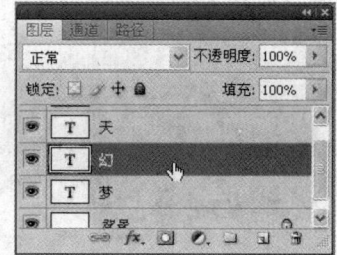

图 6-70　【图层】调板　　　　　　　　　图 6-71　创建工作路径

12 显示【路径】调板,用前面同样的方法将工作路径存储为路径2,如图6-72所示。

13 在工具箱中点选 钢笔工具,按Ctrl键单击文字的路径轮廓,以选择路径,如图6-73所示。

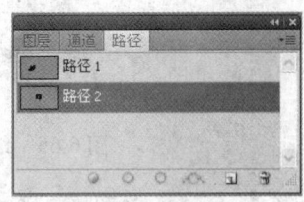

图6-72 【路径】调板　　　　　　　　图6-73 选择路径

14 移动指针到要删除锚点上指针呈 状时单击,如图6-74所示,以将所单击的锚点删除,结果如图6-75所示。

15 用上步同样的方法将其他不需要的锚点删除,删除锚点后的结果如图6-76所示。

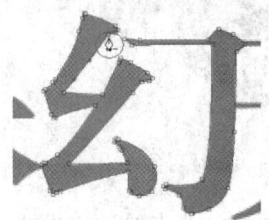

图6-74 编辑路径　　　　图6-75 编辑路径　　　　图6-76 编辑路径

16 按Ctrl键拖动要移动的控制点到适当位置,以调整路径的形状,如图6-77所示。接着用同样的方法将另一个控制点移动到所需的位置,如图6-78所示。

图6-77 编辑路径　　　　　　　　图6-78 编辑路径

17 按Ctrl键在【路径】调板中单击路径2的缩览图,如图6-79所示,使路径2载入选区,如图6-80所示。

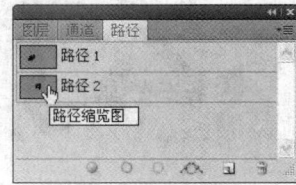

图6-79 【路径】调板　　　　　　　　图6-80 使路径载入选区

第6章 文字处理 **123**

18 设置前景色为 R0、G137、B225，显示【图层】调板，并在其中单击 ◻ （创建新图层）按钮，新建图层 1，再单击"幻"文字图层前面的眼睛图标，如图 6-81 所示，隐藏"幻"字，按 Alt+Del 键填充前景色，以得到如图 6-82 所示的效果。

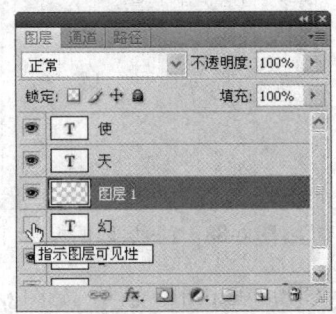

图 6-81 【图层】调板　　　　　　　　图 6-82 填充颜色

19 按 Ctrl 键在【路径】调板中单击路径 1 的缩览图，如图 6-83 所示，使路径 1 载入选区，如图 6-84 所示。

图 6-83 【路径】调板　　　　　　　　图 6-84 使路径载入选区

20 显示【图层】调板，先激活"梦"文字图层，再单击前面的眼睛图标，隐藏"梦"字，接着单击【创建新图层】按钮，新建图层 2，如图 6-85 所示，然后按 Alt+Delete 键填充前景色，得到如图 6-86 所示的效果，按 Ctrl+D 键取消选择。

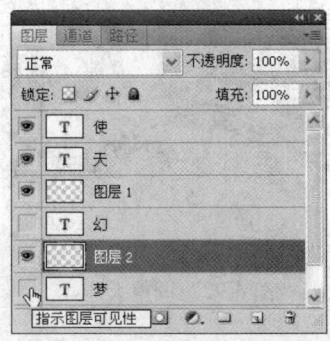

图 6-85【图层】调板　　　　　　　　图 6-86 填充颜色

21 再按 Ctrl 键用鼠标在【图层】调板中选择除背景外的所有图层，如图 6-87 所示，然后按 Ctrl+E 键将选择的图层合并，结果如图 6-88 所示。

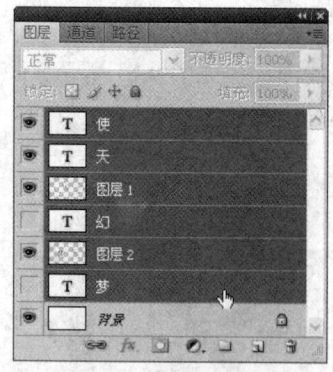
图6-87 【图层】调板

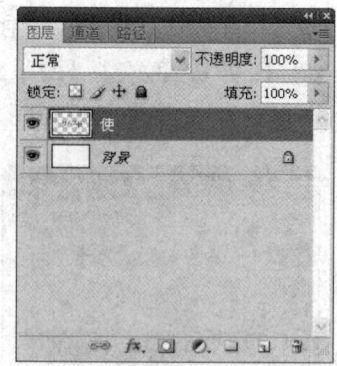
图6-88 【图层】调板

22 按Ctrl+O键打开配套光盘中的"/范例源文件/CH06/03.psd"文件，如图6-89所示，再用套索工具将需要的图形选框，如图6-90所示，然后按Ctrl+C键进行拷贝。

图6-89 打开的图像文件

图6-90 选框图案

23 在文档标题栏中激活正在编辑的文件，然后按Ctrl+V键将拷贝的内容粘贴至画面中来，再按Ctrl键将其排放到适当位置，结果如图6-91所示。

24 按Ctrl+T键执行【自由变换】命令，将图形缩小，如图6-92所示，调整到所需的大小后在变换框中双击确认变换，然后将其移动到适当位置，排好后的结果如图6-93所示。

图6-91 复制图案

图6-92 调整大小

25 在文档标题栏中激活刚打开的文件，并用套索工具将所需的图形选框，如图6-94所示，然后按Ctrl+C键进行拷贝。

26 在文档标题栏中激活正在编辑的文件，按Ctrl+V键将拷贝的内容粘贴至画面中来，再按Ctrl键将其排放到适当位置，然后按Ctrl+T键执行【自由变换】命令，将图形缩小，如图

6-95 所示，调整到所需的大小后在变换框中双击确认变换，接着将其移动到适当位置，排好后的结果如图 6-96 所示。

图 6-93　调整位置

图 6-94　选框图案

图 6-95　调整大小

图 6-96　调整位置

27 按 Ctrl+J 键复制一个图形，再在菜单中执行【编辑】→【变换】→【水平翻转】命令，然后按 Ctrl 键将其排放到适当位置，排放好后的效果如图 6-97 所示。

图 6-97　调整位置

28 按 Ctrl+T 键执行【自由变换】命令，将图形缩小，如图 6-98 所示，调整到所需的大小后在变换框中双击确认变换。

29 用前面同样的方法将另一个文件中的图形复制到画面中来并排放到所需的位置，排放好后的效果如图 6-99 所示。

图 6-98 调整大小

图 6-99 将图案组合后的效果

30 按 Shift 键在【图层】调板中单击"使"图层,以同时选择除背景层外的所有图层,如图 6-100 所示,再按 Ctrl+E 键将所有图层合并为一个图层,结果如图 6-101 所示。

图 6-100 【图层】调板

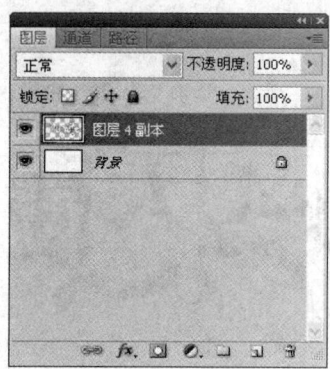

图 6-101 【图层】调板

31 在【图层】调板中单击 (锁定透明像素)按钮,将透明像素锁定,如图 6-102 所示,再按 Alt+Del 键填充前景色,以得到如图 6-103 所示的效果。

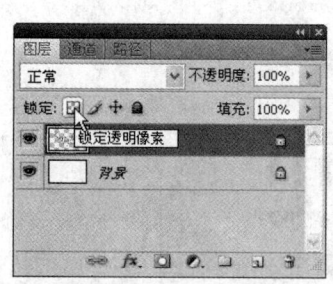

图 6-102 【图层】调板

图 6-103 最终效果

6.7 标志设计

本例是先用椭圆工具、椭圆选框工具、参考线等工具与命令绘制出一个圆环,接着用横排文字工具、椭圆工具创建路径文字,再用自定形状工具绘制三个星形与打开、移动工具复制两个图案,然后用横排文字工具与【扩展】、【描边】、【取消选择】等命令绘制出主题内容。

流程图:

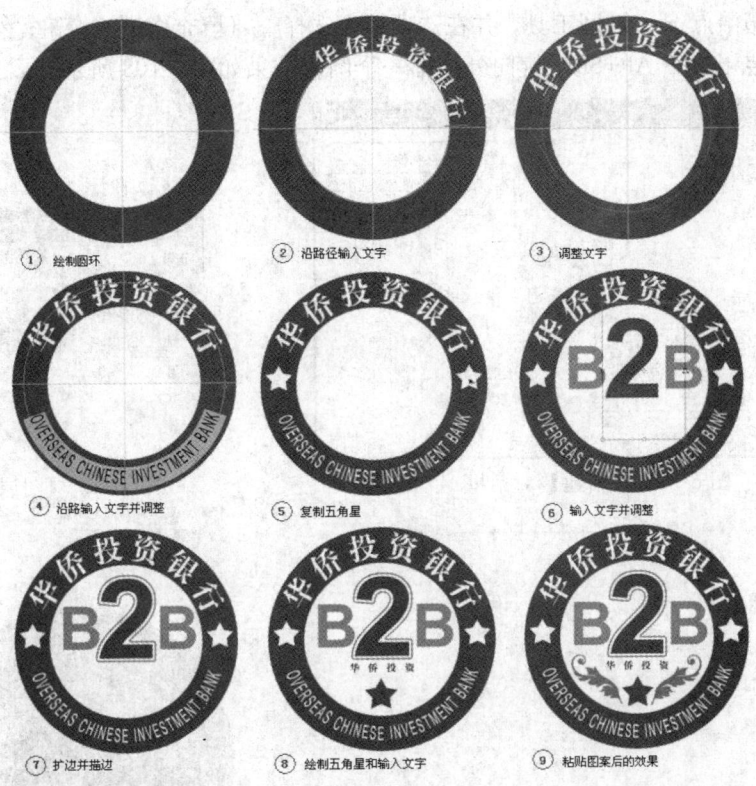

① 绘制圆环　　② 沿路径输入文字　　③ 调整文字
④ 沿路径输入文字并调整　　⑤ 复制五角星　　⑥ 输入文字并调整
⑦ 扩边并描边　　⑧ 绘制五角星和输入文字　　⑨ 粘贴图案后的效果

本例最终效果如图 6-104 所示:

图 6-104　效果图

Howto 设计标志

1 按 Ctrl+N 键,弹出【新建】对话框,并在其中设置所需的参数,如图 6-105 所示,设置好后单击【确定】按钮,即可新建一个空白的图像文件。

2 设定前景色为 R165、G35、B49,在【图层】调板中单击 （创建新图层）按钮,新建图层1,如图6-106所示,接着从标尺栏中分别拖动两条参考线来确定中心点,如图6-107所示,再在工具箱中点选◯椭圆工具,并在选项栏中选择◻(填充像素)按钮,然后移动指针到参考线的交叉点上按下Alt+Shift键向外拖出一个圆,结果如图6-108所示。

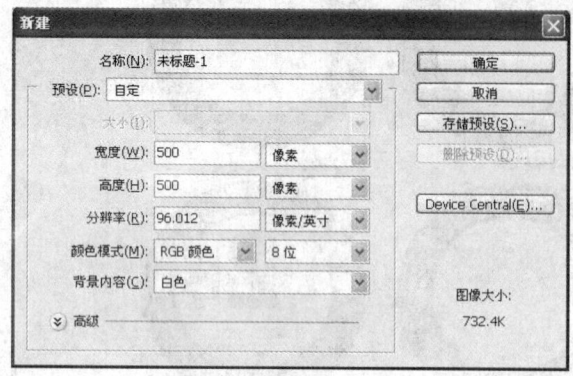

图6-105 【新建】对话框

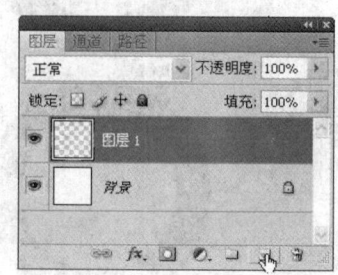

图6-106 【图层】调板

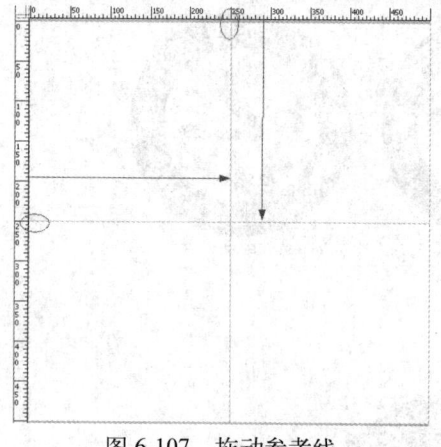

图6-107 拖动参考线

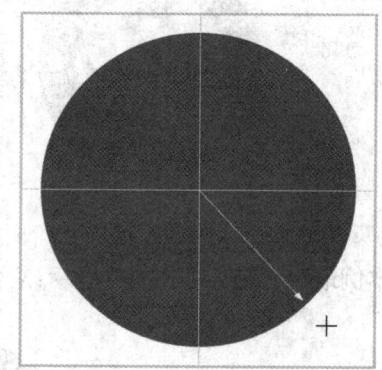

图6-108 制绘圆

3 在工具箱中点选◯椭圆选框工具,移动指针到参考线的交叉点上按下Alt+Shift键向外拖出一个圆选区,如图6-109所示,再按Del键将选区内容删除,删除后按Ctrl+D键取消选择,结果如图6-110所示。

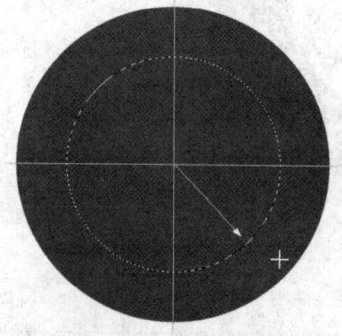

图6-109 绘制圆选区

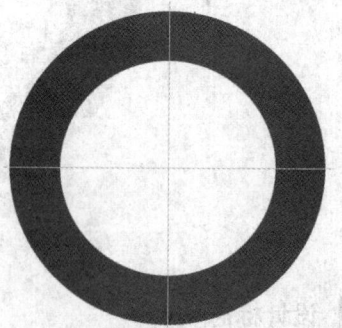

图6-110 删除选区内容

4 显示【路径】调板,并在其中单击◻(创建新路径)按钮,新建路径1,如图6-111所示,再在工具箱中点选◯椭圆工具,并在选项栏中选择◻(路径)按钮,然后按Alt+Shift

键从参考线的交叉点处拖出一个圆路径，结果如图 6-112 所示。

5 在工具箱中点选 T 横排文字工具，移动指针到路径上指针呈 状时单击并输入所需的文字，如图 6-113 所示。

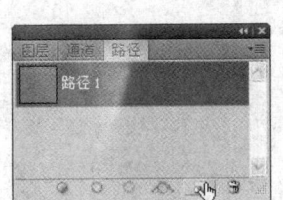
图 6-111 【路径】调板

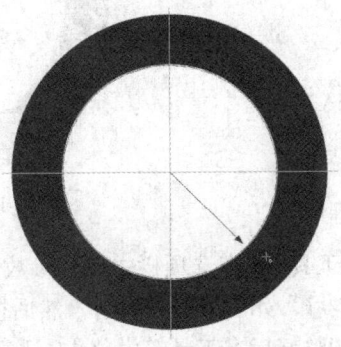
图 6-112 制绘圆路径

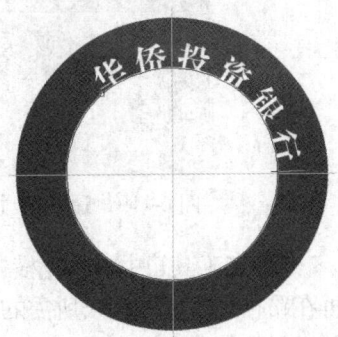
图 6-113 输入文字

6 按 Ctrl+A 键选择文字，再在【字符】调板中设定【字体】为"文鼎 CS 大宋"，【字体大小】为"45 点"，【所选字符的字距】为"200"，其他不变，如图 6-114 所示，画面效果如图 6-115 所示，再在选项栏中单击 ✓ 按钮，确认文字更改，以得到如图 6-116 所示的效果。

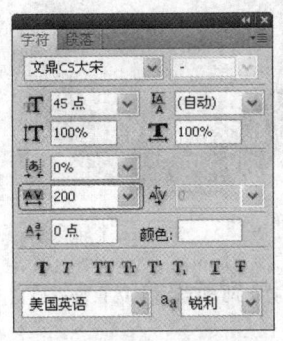
图 6-114 【字符】调板

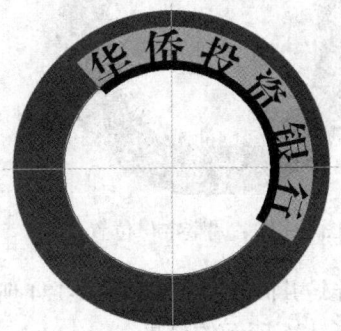
图 6-115 输入文字

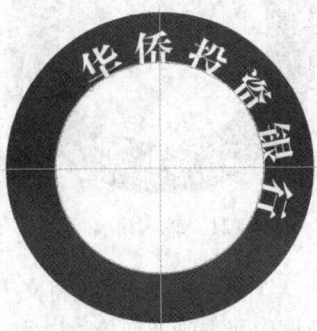
图 6-116 确认文字更改

7 按 Ctrl+T 键将文字路径旋转并同比放大，如图 6-117 所示，调整到所需的位置后在变换框中双击确认变换，以得到如图 6-118 所示的效果。

图 6-117 调整文字

图 6-118 调整文字后的效果

8 在【路径】调板中激活路径 1，如图 6-119 所示，以显示路径，如图 6-120 所示。

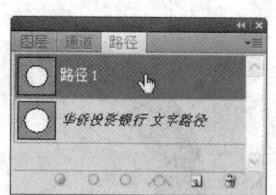
图6-119 【路径】调板

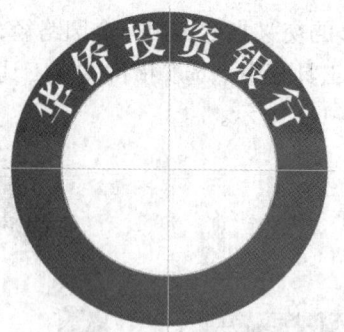
图6-120 显示路径

9 在工具箱中点选 T 横排文字工具,并在选项栏中设置参数为 Arial Regular 14点,再在路径上单击并输入所需的拼音字母,如图6-121所示,然后按 Ctrl 键向右下方拖动,以调整字母的位置,如图6-122所示,调整好后在工具箱中单击 移动工具确认文字输入,结果如图6-123所示。

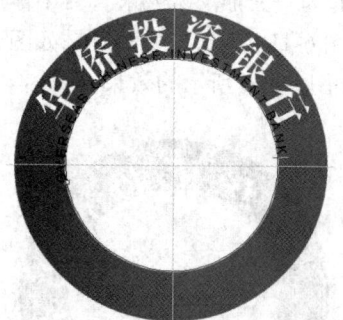
图6-121 输入拼音字母

图6-122 调整字母位置

图6-123 确认文字输入

10 按 Ctrl+T 键将文字路径旋转并同比放大,如图6-124所示,调整到所需的位置后在变换框中双击确认变换,以得到如图6-125所示的效果。

图6-124 调整文字

图6-125 调整文字

11 用横排文字工具在画面中单击文字,再按 Ctrl 向右下方拖动,将文字移动到适当位置,如图6-126所示,按 Ctrl+A 键全选文字,再在【字符】调板中设置【垂直缩放】为"200%",【颜色】为"白色",如图6-127所示,以得到如图6-128所示的效果。

12 在选项栏中单击 ✓(提交)按钮,确认文字输入,再按 Ctrl+;键隐藏参考线,得到如图6-129所示的效果。

图 6-126 调整文字

图 6-127 【字符】调板

图 6-128 调整文字

图 6-129 确认文字输入

13 设置前景色为白色,在【图层】调板中单击 按钮,新建图层 2,如图 6-130 所示,再在工具箱中点选 自定形状工具,并在选项栏中选择★按钮,如图 6-131 所示,按 Alt 键在画面中文字与字母之间绘制一个五角星,如图 6-132 所示。

图 6-130 【图层】调板

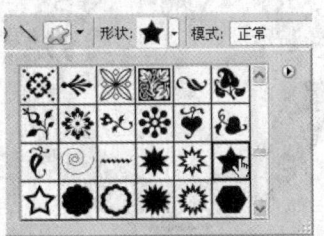
图 6-131 自定形状工具选项栏

14 在工具箱中点选 移动工具,按 Alt 键将白色的五角星向右拖动并复制到所需位置,如图 6-133 所示。

图 6-132 绘制五角星

图 6-133 复制五角星

15 在工具箱中点选 T 横排文字工具，移动指针到画面中圆环内单击，显示光标，再在选项栏中设置参数为 [Arial] [Bold] [44点]，文本颜色为 R131、G130、B129，然后再输入"B"字，结果如图 6-134 所示。

16 按 Ctrl+T 键执行【自由变换】命令，显示变换框，再调整变换框以调整字母的大小，如图 6-135 所示，调整好后在变换框中双击确认变换，然后点选移动工具，并按 Alt+Shift 键将其向右拖动到适当位置，以复制一个副本，结果如图 6-136 所示。

图 6-134　输入字母　　　　图 6-135　调整字母大小　　　　图 6-136　复制字母

17 在工具箱中点选 T 横排文字工具，移动指针到画面中两个"B"字之间单击，显示光标，再在选项栏中设置参数为 [Arial] [Bold] [84点]，文本颜色为 R165、G35、B49，然后再输入"2"字，结果如图 6-137 所示。按 Ctrl+T 键执行【自由变换】命令，将"2"字放大，调整后的效果如图 6-138 所示。

图 6-137　输入数字　　　　　　　　图 6-138　调整数字大小

18 按 Ctrl 键在【图层】调板中单击"2"文字图层的缩览图，如图 6-139 所示，使该文字图层载入选区，如图 6-140 所示。

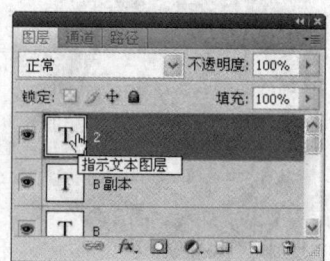 

图 6-139　【图层】调板　　　　　　图 6-140　使文字载入选区

19 在菜单中执行【选择】→【修改】→【扩展】命令,弹出【扩展选区】对话框,并在其中设置【扩展量】为"7像素",如图6-141所示,设置好后单击【确定】按钮,即可将选区扩大了,如图6-142所示。

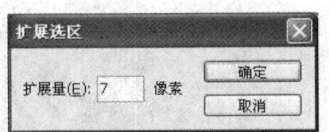

图6-141 【扩展选区】对话框

图6-142 扩大选区

20 在【图层】调板中单击 按钮,新建图层3,在菜单中执行【编辑】→【描边】命令,弹出【描边】对话框,并在其中设置【宽度】为"3px",【颜色】为"R131、G130、B129",【位置】为"内部",其他不变,如图6-143所示,设置好后单击【确定】按钮,再按Ctrl+D键取消选择,以得到如图6-144所示的效果。

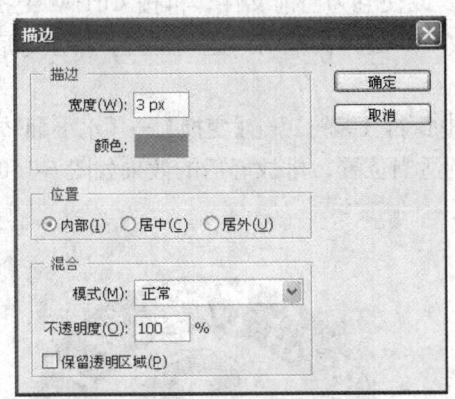

图6-143 【描边】对话框

图6-144 描边后的效果

21 在工具箱中点选T横排文字工具,移动指针到画面中"2"字的下方单击并输入"华侨投资"文字,再按Ctrl+A键全选刚输入的文字,然后在【字符】调板中设置所需的参数,如图6-145所示,设置好参数后的效果如图6-146所示。

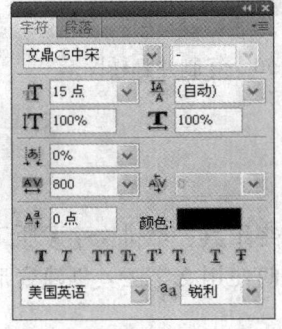

图6-145 【字符】调板

图6-146 输入文字

22 在工具箱中点选 自定形状工具，确认文字的输入，在【图层】调板中单击 按钮，新建图层4，再设置前景色为 R165、G35、B49，同样在画面中"华侨投资"文字的下方绘制一个五角星，绘制好后的效果如图 6-147 所示。

23 按 Ctrl+O 键打开配套光盘中的"/范例源文件/CH06/04.psd"，如图 6-148 所示，再按 Ctrl 键用鼠标单击该图形所在的图层，以将图形载入选区，然后按 Ctrl+C 键进行拷贝。

图 6-147　绘制五角星

图 6-148　打开的图形

24 在文档标题栏中单击正在编辑的文件，以使它为当前文件，再按 Ctrl+V 键执行【粘贴】命令，将拷贝的图形粘贴到画面中，然后按 Ctrl 键将其拖动到适当位置，排放好后的效果如图 6-149 所示。

25 按 Ctrl+J 键复制一个副本，再在菜单中执行【编辑】→【变换】→【水平翻转】命令，将副本进行水平翻转，然后按 Ctrl 键将其拖动到适当位置，排放好后的效果如图 6-150 所示。这样，我们的标志就制作完成了。

图 6-149　复制图形

图 6-150　复制并翻转图形

6.8　本章小结

本章主要讲解了文字工具（包括：横排文字工具、直排文字工具、横排文字蒙版工具与直排文字蒙版工具）的使用方法与技巧。结合实例重点讲述了如何使用文字工具创建变形文字与路径文字。

6.9 本章习题

一、填空题

1. 在 Photoshop 中提供了 4 种文字工具,包括:＿＿＿＿、＿＿＿＿、＿＿＿＿和直排文字蒙版工具。

2. 在创建段落文字时,文字基于＿＿＿＿的尺寸换行;可以输入多个段落并对段落进行＿＿＿＿。可以调整＿＿＿＿的大小,这将使文字在调整后的矩形中＿＿＿＿;可以在输入文字时或创建文字图层后调整＿＿＿＿,也可以使用＿＿＿＿旋转、缩放和斜切文字。

3. 根据使用文字工具的不同,可以输入＿＿＿＿或＿＿＿＿。

4. 【字符】调板主要用于设置文本的＿＿＿＿、＿＿＿＿、＿＿＿＿、＿＿＿＿、＿＿＿＿颜色等属性。

5. 用文字创建＿＿＿＿使用户得以将字符作为矢量形状处理;而＿＿＿＿是出现在【路径】调板中的临时路径;文字图层创建了＿＿＿＿后,就可以像对待其他路径那样存储和处理该路径。

二、选择题

1. 在创建以下哪种文字时,文字基于定界框的尺寸换行;可以输入多个段落并对段落进行格式化? （   ）
   A. 点文字　　　　B. 段落文字　　　　C. 路径文字　　　　D. 变形文字

2. 以下哪种调板主要用于设置段落文本的对齐、缩进、段前/段后间距等属性? （   ）
   A.【段落】调板　　B.【图层】调板　　C.【字符】调板　　D.【路径】调板

第 7 章 修复图像

教学目标

学会使用修复工具修复图像中的瑕疵,以及用颜色替换工具替换图像中的颜色。掌握图章工具、修复工具、颜色替换工具、聚焦工具、色调工具、海绵工具、涂抹工具、擦除工具的使用方法与技巧。

教学重点与难点

- ➢ 图章工具的使用方法与应用
- ➢ 修复工具的使用方法与应用
- ➢ 颜色替换工具的使用方法与应用
- ➢ 聚焦工具、色调工具与海绵工具的使用
- ➢ 涂抹工具与擦除工具的使用

7.1 图章工具

7.1.1 仿制图章工具

使用 仿制图章工具可以从图像中取样,然后将样本应用到其他图像或同一图像的其他部分。也可以将一个图层的一部分仿制到另一个图层。仿制图章工具对要复制对象或移去图像中的缺陷十分有用。

在使用仿制图章工具时,需要在该区域上设置要应用到另一个区域上的取样点。

可以对仿制区域的大小进行多种控制,还可以使用选项栏中的【不透明度】和【流量】设置来微调应用仿制区域的方式。值得注意的是当从一个图像取样并在另一个图像中应用仿制时,需要这两个图像的颜色模式相同。

Howto 使用仿制图章工具仿制图像

1 按 Ctrl+O 键打开配套光盘中的 "/范例源文件/CH07/01.jpg" 和 "/范例源文件/CH07/02.jpg" 文件,如图 7-1 所示,依次在两个文件的标题标签上按下左键向下拖移,拖离文档标题栏时松开左键,即可分别将两个文件浮停在屏幕中,如图 7-2 所示。

仿制图章工具选项栏说明如下:

- 对齐:在选项栏中选择【对齐】选项时,无论用户对绘画停止和继续过多少次,都可以对像素连续取样。如果不勾选【对齐】选项时,则会在每次停止并重新开始绘画时使用初始取样点中的样本像素。
- 样本:在【样本】下拉列表中可以选择要取样的图层,如:"当前图层"、"当前和下方图层"与"所有图层"。

图 7-1 打开的图像文件

图 7-2 将文件拖离文档标题栏

- **打开以在仿制时忽略调整图层**：如果图像中使用了调整图层，并且在【样本】下拉列表中选择了"当前和下方图层"或"所有图层时"，它才可用。选择该按钮时可以在仿制时忽略调整图层，而直接仿制其内容。

2 从工具箱中点选 仿制图章工具，在选项栏中设置【模式】为"正片叠底"，其他为默认值，激活 02.jpg 文件，以它为当前窗口，再按 Alt 键在画面中要取样的地方单击，以吸取初始样本，如图 7-3 所示，然后激活 01.jpg 文件，以它为当前窗口，在当前图像窗口中按下左键进行拖移，如图 7-4 所示。

图 7-3　吸取初始样本

图 7-4　仿制图像

3 将所仿制的内容仿制完后松开左键，得到如图 7-5 所示的效果。

4 在选项栏中设置【模式】为"正常"，再在"01.jpg"文件中进行拖动，直至将要清楚显示的内容显示为止，如图 7-6 所示。这样，就将"02.jpg"文件中的内容仿制到"01.jpg"文件中了。

图 7-5　仿制图像

图 7-6　仿制图像

7.1.2　图案图章工具

图案图章工具可以用图案绘画。可以从图案库中选择图案或者创建自己的图案。

Howto　使用图案图章工具绘制图案

1 按 Ctrl+O 键从配套光盘中打开"/范例源文件/CH07/03.jpg"文件，如图 7-7 所示，从工具箱中点选图案图章工具，在选项栏中设置【模式】为"叠加"，【图案】为，其他为默认值，如图 7-9 所示，然后在画面中需要调整的地方进行拖动，拖动后的结果如图 7-8 所示。

图7-7 打开的图像文件

图7-8 用图案图章工具绘制后的效果

图7-9 图案图章工具选项栏

图案图章工具选项栏说明如下：

- **印象派效果**：勾选【印象派效果】选项，则可以对图案应用印象派效果。

2 在选项栏中设置【模式】为"正常"，图案为当前自定的图案，然后在画面中拖动，以得到如图7-10所示的效果。

图7-10 用图案图章工具绘制后的效果

7.2 修复工具

7.2.1 污点修复画笔工具

污点修复画笔工具可以快速移去照片中的污点和其他不理想部分。污点修复画笔的工作方式与修复画笔类似，它使用图像或图案中的样本像素进行绘画，并将样本像素的纹理、光照、透明度和阴影与所修复的像素相匹配。与修复画笔不同的是：污点修复画笔不需要用户指定样本点，并且它将自动从所修饰区域的周围取样。

Howto 使用污点修复画笔工具修复图像

1 按 Ctrl+O 键从配套光盘中打开"/范例源文件/CH07/04.jpg"文件，如图7-11所示。

2 在工具箱中点选 污点修复画笔工具，选项栏中就会显示它的相关选项如图7-13所示，指向要修复的地方单击，即可将图像中的污点修复，如图7-12所示。

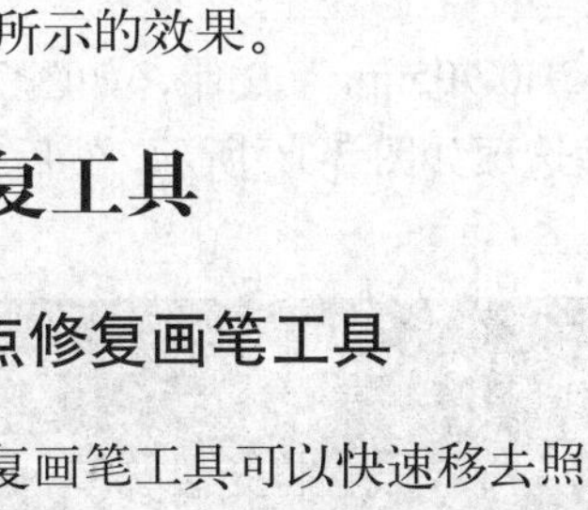

图7-11 打开的图像文件

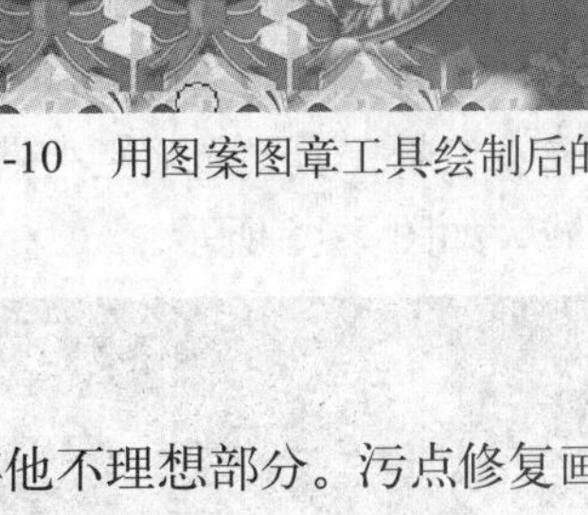

图7-12 修复后的效果

图 7-13 污点修复画笔工具选项栏

污点修复画笔工具选项栏说明如下：

- **画笔**：单击【画笔】后的下拉按钮，弹出【画笔】弹出式调板，在其中可设置【直径】、【硬度】、【间距】、【角度】和【圆度】选项等，选项说明请查看前面【画笔】调板中的画笔笔尖形状。
- **近似匹配**：使用选区边缘周围的像素来查找要用作选定区域修补的图像区域。
- **创建纹理**：使用选区中的所有像素创建一个用于修复该区域的纹理。
- **对所有图层取样**：如果选择该选项，可从所有可见图层中对数据进行取样。如果取消该选项的选择，则只从现用图层中取样。

7.2.2 修补工具

修补工具可将选区的像素用其他区域的像素或图案来修补。而实际上修补工具和修复画笔工具的功能差不多，只是修补工具的效率高一些。

Howto 使用修补工具修补图像

1 按 Ctrl+O 键从配套光盘中打开"/范例源文件/CH07/05.jpg"文件，如图 7-14 所示，在工具箱中点选 修补工具，选项栏中就会显示它的相关选项如图 7-16 所示，然后在画面中框选要修复的区域，如图 7-15 所示。

图 7-14 打开的图像文件

图 7-15 选要修复的区域

图 7-16 修补工具选项栏

修补工具选项栏说明如下：

- **修补**：在其中可以点选【源】和【目标】选项。
  - **源**：可以将选中的区域拖动到用来修复的目的地，即可将选中的区域修复好，而且与周围环境非常融合。
  - **目标**：先用修补工具框选出用于修复的区域，然后将其拖动到要修复的区域。
- **透明**：选择该选项可以使修复的区域应用透明度。
- **使用图案**：当用修补工具（或选框工具或魔棒工具）在图像中选取出选区后，它成为活动可用状态，也就是可以使用图案来填充所选区域，只需单击 使用图案 按钮，即可将所选的区域填充为所选的图案。

按住 Shift 键并在图像中拖动，可将选区添加到现有选区。按住 Alt 键并在图像中拖动，可从现有选区中减去一部分。按住 Alt+Shift 组合键并在图像中拖动，可选择与现有选区交叉的区域。

2 在选区内按下左键向左边要取样的位置拖移，如图 7-17 所示，松开左键后即可用取样位置的像素修复选区中的像素，并且与周围像素融合，按 Ctrl+D 键取消选择，得到如图 7-18 所示的效果。

图 7-17　拖移时的状态　　　　　　　　图 7-18　修补后的效果

7.2.3　修复画笔工具

修复画笔工具可用于修复图像中的瑕疵，使它们消失在周围的图像中。它也可以利用图像或图案中的样本像素来绘画。并且在修复的同时将样本像素的纹理、光照和阴影与源像素进行匹配，从而使修复后的像素不留痕迹地融入图像的其余部分。

在工具箱中点选 修复画笔工具，选项栏中就会显示它的相关选项如图 7-19 所示，它的操作方法与仿制图章工具一样。

图 7-19　修复画笔工具选项栏

修复画笔工具选项栏说明如下：

- **模式**：在【模式】下拉列表中可以选择所需的修复模式，如："正常"、"正片叠底"、"变亮"和"替换"。选择"替换"模式可以保留画笔描边的边缘处的杂色、胶片颗粒和纹理，也就说将原图像中的部分替换掉。
- **源**：用于修复像素的源有两种方式：【取样】和【图案】。【取样】可以使用当前图像的像素，而【图案】可以使用某个图案的像素。如果点选了【图案】选项，则可从【图案】弹出式调板中选择所需的图案。
- **对齐**：如果勾选【对齐】选项，则可以松开鼠标左键，当前取样点不会丢失。这样，无论多少次停止和继续绘画，都可以连续应用样本像素。如果不勾选【对齐】选项，则每次停止和继续绘画时，都将从初始取样点开始应用样本像素。

7.2.4　红眼工具

红眼工具可移去用闪光灯拍摄的人物照片中的红眼，也可以移去用闪光灯拍摄的动物照片中的白色或绿色反光。

Howto 使用红眼工具移去照片中的红眼

1 按 Ctrl+O 键从配套光盘中打开 "/范例源文件/CH07/06.jpg" 文件，如图 7-20 所示。

2 在工具箱中点选 红眼工具，选项栏中就会显示它相关的选项，如图 7-21 所示，再在红眼上单击，即可将红眼去除，如图 7-22 所示。

图 7-20　打开的图像文件

图 7-21　红眼工具选项栏

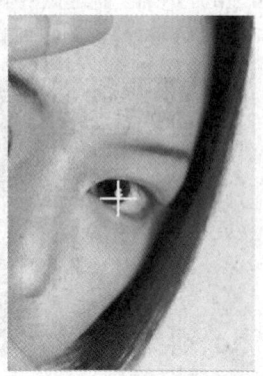
图 7-22　去除红眼后的效果

红眼工具选项栏说明如下：
- **瞳孔大小**：可拖动滑块或在文本框中输入 1%～100%之间的数值，来设置瞳孔（眼睛暗色的中心）的大小。
- **变暗量**：可拖动滑块或在文本框中输入 1%～100%之间的数值，来设置瞳孔的暗度。

 红眼是由于相机闪光灯在主体视网膜上反光引起的。在光线暗淡的房间里照相时，由于主体的虹膜张开得很宽，将会更加频繁地看到红眼。为了避免红眼，可使用相机的红眼消除功能。或者，最好使用可安装在相机上远离相机镜头位置的独立闪光装置。

7.3　颜色替换工具

7.3.1　颜色替换工具的属性

颜色替换工具能够简化图像中特定颜色的替换。可以使用校正颜色在目标颜色上绘画。颜色替换工具不适用于"位图"、"索引"或"多通道"颜色模式的图像。

在工具箱中点选 颜色替换工具，选项栏中就会显示它的相关选项，如图 7-23 所示。

图 7-23　颜色替换工具选项栏

在【模式】下拉列表中可选择更改图像的模式，如："色相"、"饱和度"、"颜色"和"亮度"。

7.3.2　用颜色替换工具为图像上色

图像处理前后效果对比如图 7-24、图 7-25 所示。

图 7-24 处理前的效果

图 7-25 处理后的效果

Howto 使用颜色替换工具为图像上色

1 按 Ctrl+O 键从配套光盘中打开 "/范例源文件/CH07/001.psd" 文件，这是一张要上色的黑白照片，如图 7-26 所示。

2 显示【色板】调板，并在其中选择所需的颜色，如图 7-27 所示，再在工具箱中点选颜色替换工具，并在选项栏的弹出式调板中设定画笔的【直径】为 "30px"，【硬度】为 "71%"，其他参数为默认值，如图 7-28 所示。再在人物的衣服上进行涂抹，以给它上色，涂抹后的效果如图 7-29 所示。

图 7-26 打开的黑白照片

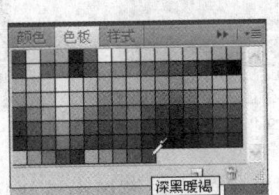
图 7-27 【色板】调板

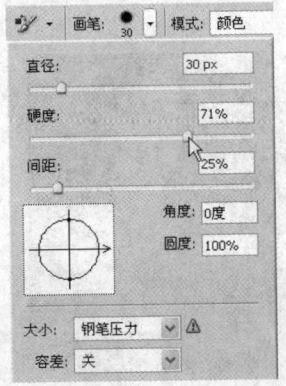
图 7-28 颜色替换工具的弹出式调板

图 7-29 上色后的效果

3 设定前景色为 R254、G229、B214，再用颜色替换工具在人物的皮肤上进行涂抹，以给它上色，涂抹后的效果如图 7-30 所示。

4 在【色板】调板中选择所需的颜色，如图 7-31 所示，再用颜色替换工具在右边的背景上进行涂抹，以给它上色，涂抹后的效果如图 7-32 所示。

图 7-30　上色后的效果

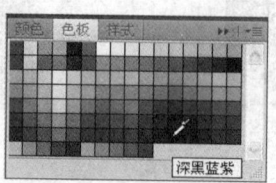
图 7-31　【色板】调板

图 7-32　上色后的效果

5 在【色板】调板中选择所需的颜色，如图 7-33 所示，再用颜色替换工具在左边与右下方的背景上进行涂抹，以给它上色，涂抹后的效果如图 7-34 所示。

6 设定前景色为 R255、G218、B206，再在画面中人物的脸上进行涂抹，以给它上色，涂抹后的效果如图 7-35 所示。

图 7-33　【色板】调板

图 7-34　上色后的效果

图 7-35　上色后的效果

7 在【色板】调板中选择所需的颜色，如图 7-36 所示，再在选项栏的【画笔】弹出式调板中设定【直径】为"8px"，然后在画面中项链的珠子上依次单击，分别给它们上色，单击后的效果如图 7-37 所示。

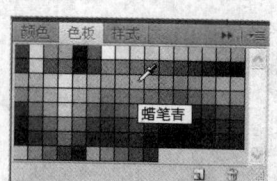
图 7-36　【色板】调板

图 7-37　上色后的效果

8 在【色板】调板中选择所需的颜色，如图 7-38 所示，再在画面中项链的珠子上进行依次单击，分别给它们上色，单击后的效果如图 7-39 所示。

9 在【色板】调板中选择 RGB 红色,再在画面中项链的珠子与耳环上进行依次单击,分别给它们上色,涂抹后的效果如图 7-40 所示。

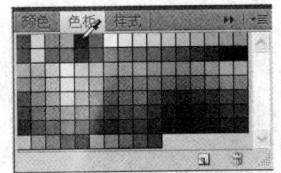

图 7-38 【色板】调板

图 7-39 上色后的效果

图 7-40 上色后的效果

10 在【色板】调板中选择所需的颜色,如图 7-41 所示,再在选项栏的【画笔】弹出式调板中设定【直径】为"6px",然后在画面中人物的嘴唇上进行涂抹,以给它上色,上色后的效果如图 7-42 所示。

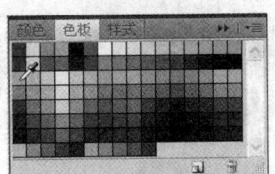

图 7-41 【色板】调板

图 7-42 上色后的效果

11 在工具箱中点选 减淡工具,并在选项栏中设置画笔的【主直径】为"23px",【硬度】为"0%",如图 7-43 所示,然后在画面中人物的脸部、颈部等需要加亮的部位进行单击或拖动,以绘制出所需的效果,绘制好后的效果如图 7-44 所示。

12 在【色板】调板中选择 RGB 洋红色,再用颜色替换工具在画面中人物的衣服别花上进行涂抹,以给它上色,涂抹后的效果如图 7-45 所示。这样,黑白像就变为彩色像了。

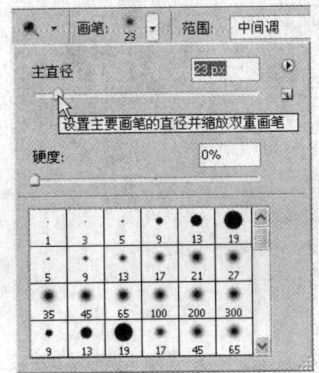

图 7-43 减淡工具选项栏

图 7-44 上色后的效果

图 7-45 上色后的效果

7.4 聚焦工具

聚焦工具由 ○模糊工具和 △锐化工具组成。

模糊工具和锐化工具的选项栏完全相同，如图 7-46 所示。

图 7-46 模糊工具和锐化工具的选项栏

其中强度可指定涂抹、模糊、锐化和海绵工具应用的描边强度。

7.4.1 模糊工具

模糊工具可柔化图像中的硬边缘或区域，以减少细节。使用此工具在某个区域上方绘制的次数越多，该区域就越模糊。

Howto 使用模糊工具柔化图像边缘

1 按 Ctrl+O 键从配套光盘中打开 "/范例源文件/CH07/002.psd" 文件，如图 7-47 所示。

图 7-47 打开的图像

2 在工具箱中点选○模糊工具，并在选项栏中设置画笔的【主直径】为 "52%"，【强度】为 "73%"，如图 7-48 所示，然后在画面中文字外进行涂抹，以将其模糊，模糊后的效果如图 7-49 所示。

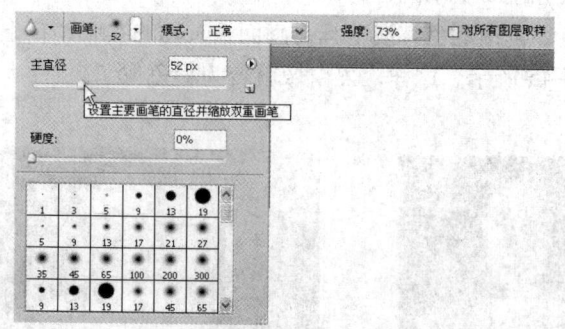

图 7-48 模糊工具选项栏

图 7-49 模糊后的效果

7.4.2 锐化工具

锐化工具可聚焦软边缘，以提高清晰度或聚焦程度。用此工具在某个区域上方绘制的次数越多，增强的锐化效果就越明显。

Howto 使用锐化工具提高图像清晰度

1 按 Ctrl+O 键从配套光盘中打开"/范例源文件/CH07/003.psd"文件,如图 7-50 所示。

2 在工具箱中点选 △ 锐化工具,并在选项栏中设置【模式】为"变暗",其他为默认值,然后在画面中进行涂抹,以将其锐化,锐化后的效果如图 7-51 所示。

图 7-50　打开的图像

图 7-51　锐化后的效果

7.5　色调工具

色调工具由 ● 减淡工具和 ● 加深工具组成。减淡工具和加深工具的选项栏完全一样,如图 7-52 所示。减淡或加深工具采用了用于调节照片特定区域的曝光度的传统摄影技术,可使图像区域变亮或变暗。减淡工具可使图像变亮,加深工具可使图像变暗。

图 7-52　减淡工具和加深工具的选项栏

减淡工具和加深工具选项栏说明如下:

- **范围**:在其下拉列表中选择图像中要更改的色调。
  - **中间调**:可更改灰色的中间范围。
  - **阴影**:可更改暗区。
  - **高光**:可更改亮区。
- **曝光度**:拖动滑块或输入数值指定减淡和加深工具使用的曝光量。

7.5.1　减淡工具

Howto 使用减淡工具处理图像

1 按 Ctrl+O 键从配套光盘中打开"/范例源文件/CH07/004.psd"文件,如图 7-53 所示。

2 在工具箱中点选 ● 减淡工具,采用默认值,然后在画面中进行涂抹,以将其变亮,变亮后的效果如图 7-54 所示。

图 7-53　打开的图像

图 7-54　变亮后的效果

7.5.2 加深工具

Howto 使用加深工具处理图像

1 按 Ctrl+O 键从配套光盘中打开 "/范例源文件/CH07/005.psd" 文件，如图 7-55 所示。

2 在工具箱中点选 加深工具，采用默认值，然后在画面中进行涂抹，以将其变暗，变暗后的效果如图 7-56 所示。

图 7-55　打开的图像

图 7-56　变暗后的效果

7.6　海绵工具

使用 海绵工具可精确地更改区域的色彩饱和度。在灰度模式下，该工具通过使灰阶远离或靠近中间灰色来增加或降低对比度。

在工具箱中点选 海绵工具，选项栏中就会显示它的相关选项，如图 7-57 所示。

图 7-57　海绵工具选项栏

海绵工具选项栏说明如下：

- **模式**：在【模式】下拉列表中可以选择所需更改颜色的方式，如图 7-58 所示。

图 7-58　更改【模式】后的对比效果

- 饱和：可以增强颜色的饱和度。
- 降低饱和度：可以减弱颜色的饱和度。

7.7 涂抹工具

涂抹工具可模拟在湿颜料中拖移手指的绘画效果，如图 7-59 所示。也就是说它可拾取描边开始位置的颜色，并沿拖移的方向展开这种颜色。

图 7-59　用手指绘画的对比效果

在工具箱中点选 涂抹工具，选项栏中就会显示它的相关选项，如图 7-60 所示。

图 7-60　涂抹工具选项栏

选择【手指绘画】选项可在起点描边处使用前景色进行涂抹。如果不勾选【手指绘画】选项，涂抹工具会在起点描边处使用指针所指的颜色进行涂抹。

7.8 擦除图像

在 Photoshop CS4 中提供了三种擦除图像的工具，它们为 橡皮擦工具、 背景橡皮擦工具和 魔术橡皮擦工具。橡皮擦和魔术橡皮擦工具可将图像区域抹成透明或背景色。背景橡皮擦工具可将图层抹成透明。

7.8.1 橡皮擦工具

使用橡皮擦工具，在背景层或在透明被锁定的图层中工作时，相当于用背景色进行绘画，如果在图层上进行操作时，则擦除过的地方为透明或半透明。还可以使用橡皮擦工具使受影响的区域返回到【历史记录】调板中选中的状态。

Howto 使用橡皮擦工具处理图像

1 先打开一个要处理的图像，并且只有一个背景层，再在工具箱中点选 橡皮擦工具，选项栏中就会显示它的相关选项，并在其中根据需要设置所需的参数，如图 7-61 所示。

图 7-61 橡皮擦工具选项栏

2 在画面中需要擦除的地方进行涂抹，即可将涂抹过的地方设为背景色，如图 7-62 所示。

 如果有多个图层，并且在背景层外的图层上进行擦除时，则会将其涂抹过的像素擦除。

图 7-62 用橡皮擦工具涂抹的对比效果

橡皮擦工具选项栏说明如下：

- **模式**：在【模式】下拉列表中可以选择橡皮擦工具的擦除方式，如：画笔、铅笔与块。
  - **画笔**：在【模式】下拉列表中选择它时，可以在图像中擦出柔边效果。
  - **铅笔**：在【模式】下拉列表中选择它时，可以在图像中擦出硬边效果。
  - **块**：在【模式】下拉列表中选择它时，可以使用方块画笔笔尖对图像进行擦除。
- **抹到历史记录**：要抹除到图像的已存储状态或快照，可在【历史记录】调板中点按所需的状态或快照的前面的列，然后在选项栏中勾选【抹到历史记录】选项。

7.8.2 背景色橡皮擦工具

背景橡皮擦工具采集画笔中心（也称为热点）的色样，并删除在画笔内的任何位置出现的该颜色。也就是说，使用它可以进行选择性的擦除。它还在任何前景对象的边缘采集颜色。

 背景橡皮擦覆盖图层的锁定透明设置。

Howto 使用背景色橡皮擦工具处理图像

1 从配套光盘中打开"/范例源文件/CH07/006.psd"文件，如图 7-63 所示。

2 在工具箱中点选 背景橡皮擦工具，选项栏中就会显示它的相关选项，并在其中根据需要设置所需的参数，如图 7-64 所示，然后在画面中需要擦除的地方进行涂抹，即可将涂抹过的像素擦除，如图 7-65 所示。

背景橡皮擦工具选项栏说明如下：

- （取样：**连续**）：选择它时可随着拖移连续采取色样。
- （取样：**一次**）：选择它时只抹除包含第一次点按的颜色的区域。
- （取样：**背景色板**）：选择它时只抹除包含当前背景色的区域。

图 7-63 打开的图像

图 7-65 用背景橡皮擦工具涂抹后的效果

图 7-64 背景橡皮擦工具选项栏

- 限制：在【限制】下拉列表中可选取抹除的限制模式。
  - 不连续：抹除出现在画笔下任何位置的样本颜色。
  - 连续：抹除包含样本颜色并且相互连接的区域。
  - 查找边缘：抹除包含样本颜色的连接区域，同时更好地保留形状边缘的锐化程度。
- 容差：低容差仅限于抹除与样本颜色非常相似的区域。高容差抹除范围更广的颜色。
- 保护前景色：勾选它可防止抹除与工具箱中的前景色匹配的区域。

7.8.3 魔术橡皮擦工具

用魔术橡皮擦工具在图层中需要擦除（或更改）的颜色范围内单击，它会自动擦除（或更改）所有相似的像素。如果是在背景中或是在锁定了透明的图层中工作，像素会更改为背景色，否则像素会抹为透明。可以通过勾选与不勾选【连续】复选框，以决定在当前图层上，是只抹除邻近的像素，还是要抹除所有相似的像素。

Howto 使用魔术橡皮擦工具处理图像

1 从配套光盘中打开"/范例源文件/CH07/007.psd"文件，如图 7-66 所示。

2 在工具箱中点选 魔术橡皮擦工具，选项栏中就会显示它的相关选项，并在其中根据需要设置所需的参数，如图 7-67 所示，然后在画面中需要擦除的地方单击，即可将与单击处颜色相近或相同的像素擦除，如图 7-68 所示。

图 7-66 打开的图像

图 7-68 用魔术橡皮擦工具单击后的效果

图 7-67 魔术橡皮擦工具选项栏

魔术橡皮擦工具选项栏说明如下：
- **连续**：勾选该选项时只抹除与点按像素邻近的像素，取消选择则抹除图像中的所有相似像素。
- **对所有图层取样**：勾选该选项以便利用所有可见图层中的组合数据来采集抹除色样。

7.9　修饰图像

本例是先用【打开】命令打开一张要处理的图像，再用【曲线】命令将其调亮，然后用修补工具、修复画笔工具、污点修复画笔工具、红眼工具等工具来修复图像中的斑点。

实例效果对比如图 7-69、图 7-70 所示。

图 7-69　处理前的效果

图 7-70　处理后的效果

Howto　修饰图像

1 按 Ctrl+O 键从配套光盘中打开 "/范例源文件/CH07/008.psd" 文件，如图 7-71 所示。

2 按 Ctrl+M 键执行【曲线】命令，弹出【曲线】对话框，并在其中将网格中的直线调整为如图 7-72 所示的曲线，以将图像调亮，画面效果达到所需的目的后单击【确定】按钮，结果如图 7-73 所示。

图 7-71　打开的图像文件

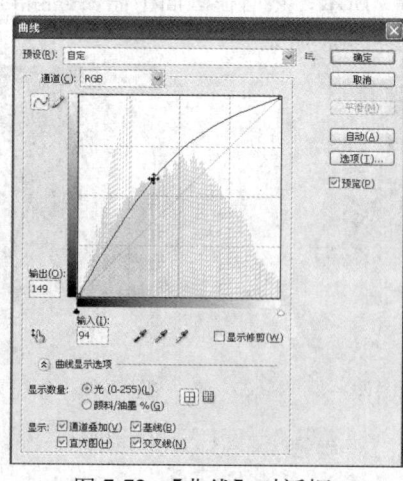

图 7-72　【曲线】对话框

图 7-73　调整后的效果

3 在工具箱中点选 修补工具,在画面中框选出要修复的区域,如图 7-74 所示,然后将其向上拖至适当位置,如图 7-75 所示,以将选区中的斑点修复,如图 7-76 所示,再按 Ctrl+D 键取消选择。

图 7-74　框选要修复的区域

图 7-75　拖动时的状态

图 7-76　修复后的效果

4 在工具箱中点选 修复画笔工具,按 Alt 键在画面中单击以吸取所需的样本,如图 7-77 所示,再在画面中要修复的斑点上单击,如图 7-78 所示,即可用吸取的样本修复斑点并与周围颜色进行融合,结果如图 7-79 所示。

图 7-77　吸取的样本

图 7-78　单击时的状态

图 7-79　修复后的效果

5 在工具箱中点选 污点修复画笔工具,并在选项栏中设置所需的参数,如图 7-80 所示,然后直接在斑点上单击,如图 7-81 所示,即可将斑点清除,同时与周围颜色融合,结果如图 7-82 所示。

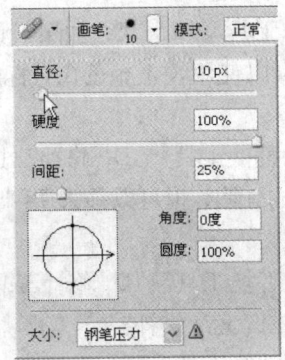
图 7-80　污点修复画笔工具选项栏

图 7-81　单击时的状态

6 在工具箱中点选 红眼工具,直接在眼睛上单击,即可将红眼变成黑眼,转换后的结果如图 7-83 所示。这样，图像就修复好了。

图 7-82 修复后的效果

图 7-83 修复后的效果

7.10 本章小结

本章主要学习了图章工具、修复工具、颜色替换工具、聚焦工具、色调工具、海绵工具、涂抹工具、擦除工具的使用方法与技巧。其中结合实例重点讲解了用修复工具修复图像，用颜色替换工具替换图像中的颜色。

7.11 本章习题

一、填空题

1. 在修复画笔工具中用于修复像素的源有两种方式：_____和_____。
2. 在颜色替换工具选项栏的【模式】下拉列表中可选择更改图像的模式，如：_____、_____、_____和_____。

二、选择题

1. 使用以下哪种工具可以从图像中取样，然后将样本应用到其他图像或同一图像的其它部分？ （　　）
   A. 仿制图章工具　　B. 修复画笔工具　　C. 图案图章工具　　D. 修补工具
2. 以下哪个工具可柔化图像中的硬边缘或区域，以减少细节。 （　　）
   A. 模糊工具　　　　B. 锐化工具　　　　C. 涂抹工具　　　　D. 加深工具
3. 以下哪种工具能够简化图像中特定颜色的替换。可以使用校正颜色在目标颜色上绘画？
   （　　）
   A. 红眼工具　　　　B. 修复画笔工具　　C. 颜色替换工具　　D. 修补工具
4. 以下哪种工具可移去用闪光灯拍摄的人物照片中的红眼，也可以移去用闪光灯拍摄的动物照片中的白色或绿色反光？ （　　）
   A. 红眼工具　　　　B. 修复画笔工具　　C. 颜色替换工具　　D. 修补工具
5. 以下哪种工具可将选区的像素用其他区域的像素或图案来修补？ （　　）
   A. 污点修复画笔工具　　　　　　　　　B. 修复画笔工具
   C. 仿制图章工具　　　　　　　　　　　D. 修补工具

第 8 章　绘图与路径

教学目标

学会用路径类工具绘制路径并对路径进行编辑与应用，用形状工具绘制栅格化形状与形状图层。了解路径的含义。能够通过路径调板对路径进行操作。

教学重点与难点

- 路径类工具与路径
- 路径的创建、存储与应用
- 路径的复制与删除
- 路径的调整
- 路径与选区之间的转换
- 形状工具与创建形状图层
- 创建栅格化形状

在计算机上创建图形时，绘图和绘画是不同的，绘画是用绘画工具更改像素的颜色。绘图是创建定义为几何对象的形状（也称为矢量对象）。

1. 绘制形状和路径

钢笔工具和形状工具提供了下列多个创建形状和路径的选项：

（1）可以在新图层中创建形状。形状由当前的前景色自动填充，但是用户也可以轻松地将填充更改为其他颜色、渐变或图案。形状的轮廓存储在【路径】调板的图层剪贴路径中。

（2）在 Photoshop 中，可以创建新的工作路径。工作路径是一个临时路径，不是图像的一部分，直到用户以某种方式应用它。用户可以将工作路径存储在【路径】调板中以备将来使用。

（3）当使用形状工具时，可以在现有的图层中创建栅格化形状。形状由当前的前景色自动填充。创建了栅格化形状后，将无法作为矢量对象进行编辑。

2. 使用形状工具的优点

（1）形状是面向对象的，可以快速选择形状、调整大小并移动，并且可以编辑形状的轮廓（称为路径）和属性（如线条粗细、填充色和填充样式）。可以使用形状建立选区，并使用"预设管理器"创建自定形状库。

（2）形状与分辨率无关，当调整形状的大小，或将其打印到 PostScript 打印机、存储到 PDF 文件，或导入基于矢量的图形应用程序时，形状保持清晰的边缘。

8.1　路径类工具与路径

8.1.1　路径的概述

Photoshop 中路径是指用工具箱中的钢笔工具和形状工具画出来的形状的轮廓、直线或曲线，用这些工具画出来的曲线也称为"贝塞尔曲线"，曲线上有称为"锚点"的结点，通过"锚点"可以调整曲线的形状。这些曲线可以是开放的，即具有明确的起点和终点；也可以是闭合的，即起点和终点重叠在一起，闭合的曲线则可以构成各种几何图形。

Photoshop 中的路径主要用在图形创作和某些复杂区域的选取。使用路径主要是用到路径类工具（钢笔工具、形状工具、路径调整工具和路径选择工具），另外还会经常用到【路径】调板，单击【窗口】菜单中的【路径】命令，则会弹出【路径】调板如图 8-1 所示，其中的工作路径是用钢笔工具绘制的路径。如果没有在当前图像窗口中绘制路径，则【路径】调板中不会显示工作路径或路径。

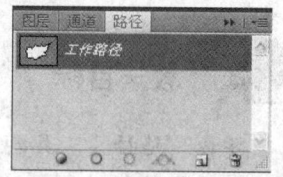

图 8-1 【路径】调板

其中的工作路径是出现在【路径】调板中的临时路径，用于定义形状的轮廓。可以用以下几种方式使用路径：

（1）可以将某路径用作图层剪贴路径以隐藏图层区域。
（2）可以将路径转换为选区，从而依据形状选择图像中的像素。
（3）可以编辑路径以更改其形状。

路径可被指定为整个图像的剪贴路径，这种处理对于将图像导出到页面排版或矢量编辑应用程序非常有用。

8.1.2 路径类工具

路径类工具包括钢笔工具和形状工具，只要在它们的选项栏上点选 (路径) 按钮，那么它们绘制出来的对象就为路径了。

使用钢笔工具创建或编辑直线、曲线或自由的线条、路径及形状。钢笔工具与形状工具组合使用可以创建复杂的形状和路径。钢笔工具可以创建比自由钢笔工具更为精细的直线和平滑流畅的曲线。对于大多数用户，钢笔工具为绘图提供了最佳控制和最高的准确度。利用它可以创建形状图层和路径。

使用形状工具在图像内能绘制直线、矩形、圆角矩形和椭圆路径。在 Photoshop 中，也可以绘制多边形和创建可重新使用的自定形状库和共享自定形状。

在工具箱中点选 钢笔工具，并在选项栏上点选 （路径）按钮就会显示它的相关选项，如图 8-2 所示，其中各选项说明如下：

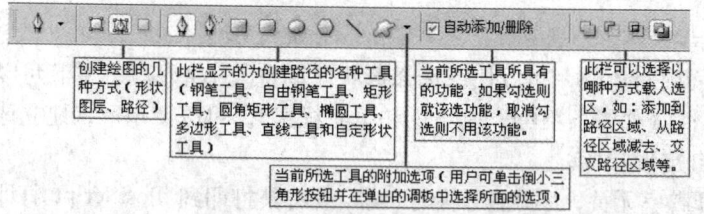

图 8-2 钢笔工具选项栏

（1）可以直接在选项栏中点选所需工具：（如 钢笔工具可以绘制各种形状的路径； 自由钢笔工具可以随意绘图，就像用铅笔在纸上绘图一样。在用户绘图时，将自动添加锚点。无需确定锚点的位置，完成路径后可进一步对其进行调整； 矩形工具可以绘制矩形路径； 圆角矩形工具可以绘制圆角矩形路径； 椭圆工具可以绘制椭圆（圆）路径； 多边形工具可以绘制星形或多边形路径； 直线工具可以绘制直线路径或 自定形状工具可以绘制各种复杂路径。）点选任一种工具后选项栏上就显示该工具的相关功能及选项。

（2）单击 ▼（几何选项）按钮以显示所选绘图工具的附加选项。图 8-3 为各工具的附加选项：

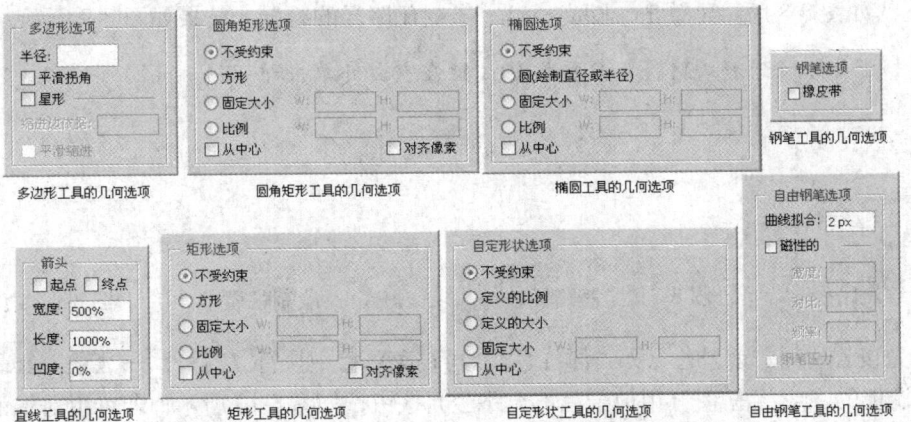

图 8-3　绘图工具的附加选项

（3）勾选【自动添加/删除】复选框，在绘图时自动添加或删除锚点；它是钢笔工具所具有的功能。其中：【磁性的】选项为自由钢笔工具的选项，勾选它可以使自由钢笔带上磁性，从而框选出色素相近的区域；【半径】选项为圆角矩形工具的选项，它可以设置圆角的半径值；【边】选项为多边形工具的选项，它可以设置多边形的边数；【粗细】选项为直线工具的选项，它可以设置直线的线宽；【形状】选项为自定形状工具的选项，可从弹出式调板中选择所需的形状。

（4）每种路径类工具都有下面的几项：

- ▫（添加到路径区域）按钮：选择该按钮可向现有路径添加新区域。
- ▫（从路径区域减去）按钮：选择该按钮可从现有路径中删除重叠区域。
- ▫（交叉路径区域）按钮：选择该按钮可将区域限制为新区域与现有路径的交叉区域。
- ▫（重叠路径区域除外）按钮：选择该按钮可从新区域和现有区域的合并区域中排除重叠区域。

8.1.3　路径的创建、存储与应用

1．用钢笔工具创建路径

Howto　使用钢笔工具创建路径

1 新建一个 RGB 颜色的图像文件、大小自定；再在 ▫ 钢笔工具的选项栏上单击 ▫（路径）选项，然后在画面中确定起点，并在起点外按下左键向右上方拖移，如图 8-4 所示，再移动指针到所需的位置单击确定第 2 点，如图 8-5 所示。

 如果在第 2 点处按下的同时是拖动鼠标，则可在绘制路径时调整该段路径弯曲程度。

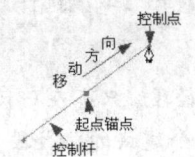
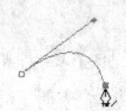

图 8-4　绘制路径　　　　　　　　图 8-5　绘制路径

2 移动指针到所需的位置处单击,得到一条直线段,如图 8-6 所示,然后再在第 4 点处按下左键进行拖移,以绘制出一条曲线段,如图 8-7 所示。这样,一直绘制,直至返回到起点处指针呈 状如图 8-8 所示时单击,即完成这一条封闭路径的绘制,结果如图 8-9 所示。

> 如果要绘制开放式路径,只需按 Ctrl 键在空白处单击即可。

图 8-6 绘制路径　　图 8-7 绘制路径　　图 8-8 绘制路径　　图 8-9 绘制路径

3 先设置所需的前景色(如:洋红色),再在菜单栏中执行【窗口】→【路径】命令,在【路径】调板的底部单击 (用前景色填充路径)按钮,如图 8-10 所示,即可用前景色填充路径,填充后的效果如图 8-11 所示。

图 8-10 【路径】调板　　　　图 8-11 填充颜色

4 先设置所需的前景色(如:蓝色),在工具箱中点选 画笔工具,并在选项栏的【画笔】弹出式调板中选择"尖角 9 像素"画笔笔尖,如图 8-12 所示,再在【路径】调板中单击 按钮,即可用前景色描边路径,描边后的效果如图 8-13 所示。

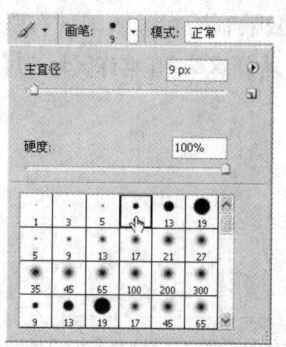　　　　

图 8-12 选择画笔笔尖　　　　图 8-13 描边后的效果

5 先设置所需的前景色(如:绿色),在【路径】调板中单击 按钮,将路径载入选区,如图 8-14 所示,再在菜单中执行【编辑】→【描边】命令,弹出【描边】对话框,并在【宽度】文本框中输入"3px",【位置】为"内部",其他为默认值,如图 8-15 所示,确认后单击【确定】按钮,然后按 Ctrl+D 键取消选择或在菜单中执行【选择】→【取消选择】命令,得到的就为图 8-16 所示的效果。

 如果勾选【橡皮带】选项则在绘图时可以预览路径段。只有在路径定义了一个锚点后,并在图像中移动指针时,Photoshop 会显示下一个建议的路径段。该路径段直到点按时才变成永久性的。

第 8 章 绘图与路径 **159**

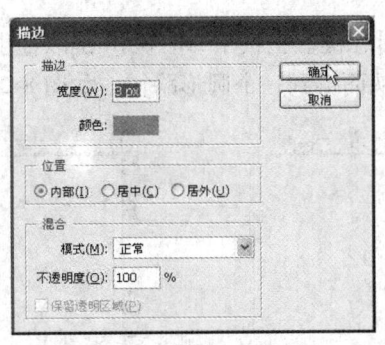

图 8-14　将路径载入选区　　　　图 8-15　【描边】对话框　　　　图 8-16　描边后的效果

2. 用自由钢笔工具创建工作路径

Howto 使用自由钢笔工具创建工作路径

1 在钢笔工具的选项栏上单击 自由钢笔工具，选项栏中各选项就变为它的相应选项如图 8-17 所示：

图 8-17　自由钢笔工具选项栏

2 在画面上按下左键并拖移，此时会有一条路径尾随着指针移动如图 8-18 所示，松开左键后即可完成这条工作路径的绘制，如图 8-19 所示；在菜单栏中执行【窗口】→【路径】命令，即可在【路径】调板看到原来的路径已经被替换了，如图 8-20 所示：

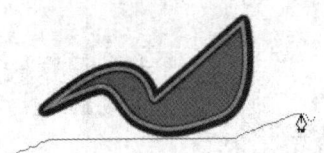

图 8-18　绘制工作路径　　　　图 8-19　绘制工作路径　　　　图 8-20　【路径】调板

3. 用形状工具创建路径

利用形状工具可以创建出矩形、正方形、椭圆、圆、圆角矩形、多边形和复杂的形状等路径。

Howto 使用形状工具创建路径

1 按 Ctrl+N 键新建一个大小为 400×400 像素，【颜色模式】为"RGB 颜色"的图像文件，接着在垂直标尺栏上按下左键向画面中拖出一条辅助线至 200px 处，到达所需的位置时松开左键，即可得到一条垂直辅助线（也称：参考线），如图 8-21 所示；然后用同样的方法再拖出一条水平辅助线，如图 8-22 所示。

 如果要改变标尺单位，可在标尺栏中双击，弹出【首选项】对话框，并在其中将标尺的单位改为像素即可。

2 在工具箱中点选 椭圆工具，并在选项栏中单击 （从路径区域减去）按钮，再移动指针到辅助线的交叉点上，并使指针的十字线与两条辅助线重合，如图 8-23 所示，然后按下左键向右下角拖移,在拖移的同时在键盘上按下 Alt+Shift 键以拖出一个圆形路径,得到所需的大小后松开左键与键盘组合键,从而得到一个圆形路径,如图 8-24 所示。

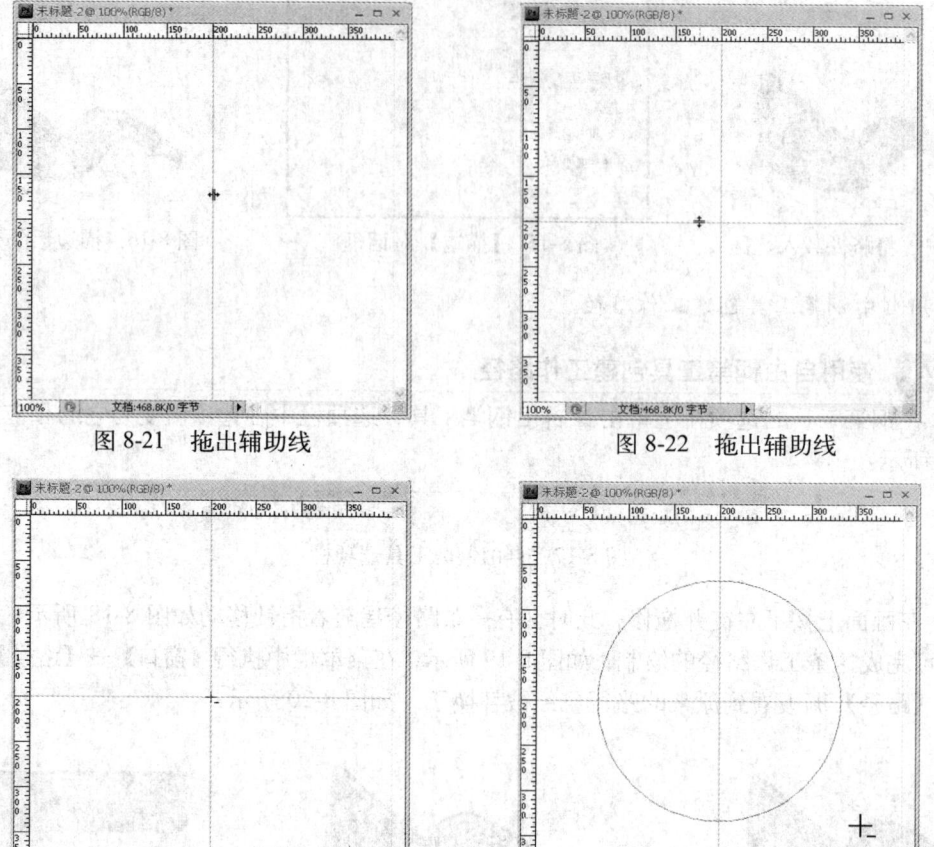

图 8-21 拖出辅助线　　　　　　　图 8-22 拖出辅助线

图 8-23 移动指针到交叉点上　　　图 8-24 绘制圆形路径

3 在椭圆工具的选项栏中直接单击 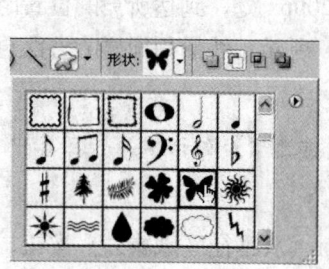 自定形状工具,并在【形状】弹出式调板中选择所需的形状,如图 8-25 所示,用上步同样的方法再从辅助线的交叉点绘制出该路径,绘制好后的结果如图 8-26 所示。

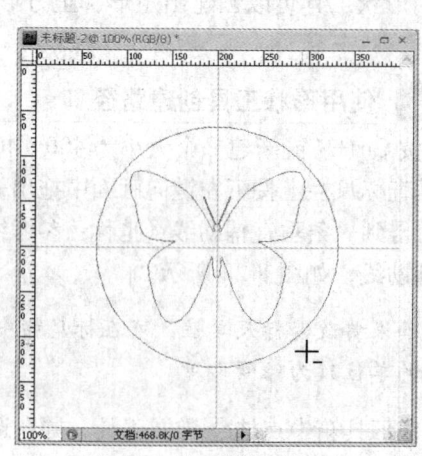

图 8-25 选择形状　　　　　　　　图 8-26 绘制选择的形状

4 设定前景色为R223、G241、B15，在【路径】调板的底部单击 ◯ （用前景色填充路径）按钮，如图8-27所示，用前景色填充路径，填充路径后的效果如图8-28所示。

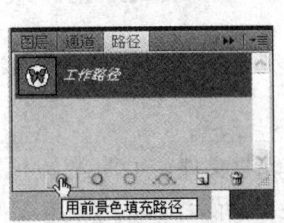

图8-27　【路径】调板

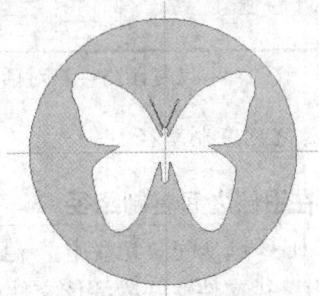

图8-28　填充路径后的效果

5 为了这些路径再次利用可以把它存储起来，在【路径】调板右上角单击 ≡ 按钮弹出如图8-29所示的弹出式菜单，从中点选【存储路径】命令，弹出【存储路径】对话框，并在其中给路径命名，也可采用默认值，如图8-30所示，设置好后单击【确定】按钮，即可将临时的工作路径存储起来了，如图8-31所示。

图8-29　【路径】调板

图8-30　【存储路径】对话框

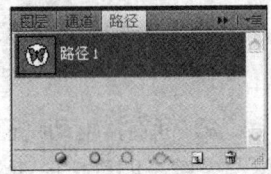

图8-31　【路径】调板

8.1.4　路径的复制与删除

在选择一个路径（工作路径除外）使之成为当前路径之后，可以将它复制或者删除。

1. 在一个图像中复制路径

Howto　在一个图像中复制路径

1 这里以上面创建的路径1为例，拖动路径1到 ◰ （创建新路径）按钮上成凹下状态时，如图8-32所示，松开鼠标左键即可复制路径1为路径1副本，如图8-33所示。

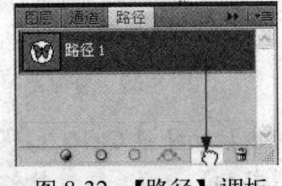

图8-32　【路径】调板

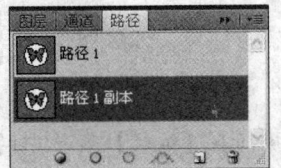

图8-33　【路径】调板

2 也可以在【路径】调板的弹出式菜单中选择【复制路径】命令，将弹出如图8-34所示的对话框，可在【名称】文本框中输入所需的路径名称（也直接应用默认名称），确定新的路径名称后单击【确定】按钮，就已复制了一个路径（如：路径1 副本2），如图8-35所示。

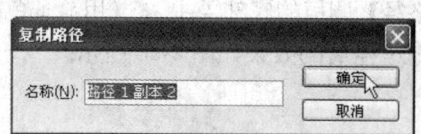
图 8-34 【复制路径】对话框

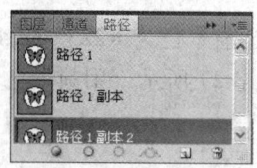
图 8-35 【路径】调板

2. 在图像之间复制路径

Howto 在图像之间复制路径

1 按 Ctrl+O 键从配套光盘中 "/范例源文件/CH08/03.jpg" 文件，如图 8-36 所示，再激活前一个绘制有路径文件，并激活该文件中的路径 1，如图 8-37 所示。

图 8-36 打开的图像文件

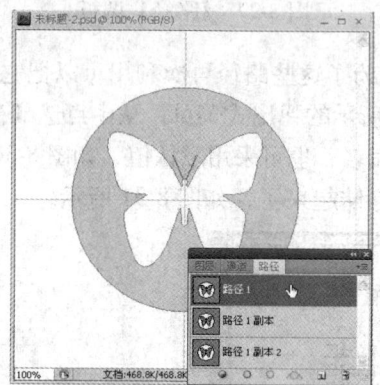
图 8-37 激活路径

2 可直接拖动路径 1 到刚打开的文件（如：03.jpg）中，如图 8-38 所示，成抓手状时松开鼠标左键，即已把前面文件中的路径 1 复制到刚建的文件中啦，而且在它【路径】调板中同样显示了该路径，如图 8-39 所示。

图 8-38 拖动路径时的状态

图 8-39 复制路径

也可以执行在【编辑】菜单中的【拷贝】命令，或按快捷键 Ctrl+C；然后选择另一幅图像成为当前图像，再选取【编辑】菜单中的【粘贴】命令，或快捷键 Ctrl+V，则在当前图像中就生成一个同名的路径。

3. 删除路径

路径是可以删除的，删除路径是针对当前路径操作的，首先选择一个路径并单击它使之成为当前路径，然后按下键盘上的 Delete 键或单击【路径】调板底部的 ▨（删除当前路径）按钮或选取【路径】调板弹出式菜单中的【删除路径】命令，即可将所选路径删除了。

8.1.5 路径的调整

路径的调整主要是用到的五个工具（▨添加锚点工具、▨删除锚点工具、▨转换点工具、▨路径选择工具、▨直接选择工具。）

1. 添加锚点工具

添加锚点工具用于在路径的线段内部添加锚点，在工具箱中选取▨添加锚点工具或路径类中的▨钢笔工具或▨自由钢笔工具时，只要把鼠标移到线段上非端点处，鼠标指针就会变成▨状，然后单击就添加了一个新的锚点，从而把一条线段一分为二。

2. 删除锚点工具

删除锚点工具用于删除一个不需要的锚点，在工具箱中选取▨删除锚点工具或路径类中的钢笔工具或自由钢笔工具时，只要把鼠标移到线段上某个锚点时，鼠标指针就会变成▨状，然后单击就删除了该锚点，如果该锚点为中间锚点，原来与它相邻的两个锚点将连接成一条新的线段。

3. 转换点工具

转换点工具可用于平滑点与角点之间的转换，从而实现平滑曲线与锐角曲线或直线段之间的转换。在工具箱中点选▨钢笔工具，再在画面上绘制出一个平行四边形，并按住 Ctrl 键用鼠标单击该路径以选择它如图 8-40 所示；然后再在工具箱中选择▨转换点工具，在需要转换为平滑点的锚点上按下鼠标左键并向锚点的一侧拖动如图 8-41 所示；调整到所需的形状时即可松开鼠标左键，从而得到如图 8-42 所示图形。

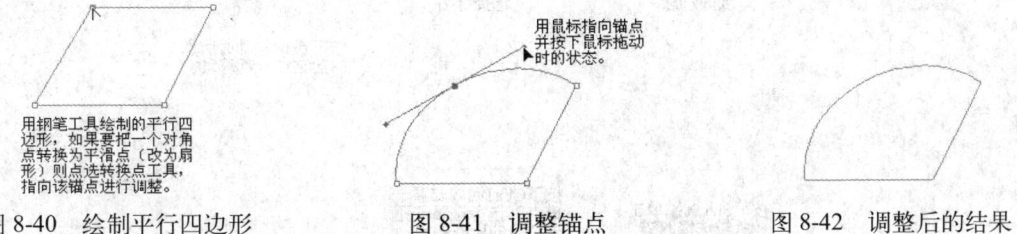

图 8-40　绘制平行四边形　　　图 8-41　调整锚点　　　图 8-42　调整后的结果

4. 路径选择工具

路径选择工具可选择一个路径或多个路径，并按下鼠标拖动可把整个路径移动。在工具箱中单击▨路径选择工具，选项栏就会显示它的相关选项如图 8-43 所示。

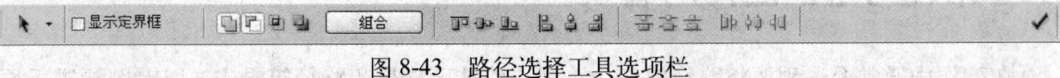

图 8-43　路径选择工具选项栏

路径选择工具选项栏说明如下：

- 勾选【显示定界框】复选框，即可在选择路径上显示选择框，可以用来调整大小、旋转角度和水平、垂直扭曲值。
- 选择路径后再点选▨添加到形状区域（+）、▨从形状区域减去（-）、▨交叉形状区域或▨重叠形状区域除外的任何一项都要单击 组合 按钮才可显示结果。

- 点选▥顶对齐、▥垂直居中对齐、▥底对齐、▯左对齐、▯水平居中对齐或▯右对齐选项可以使所选的多个（两个以上包括两个）路径按所选的方式对齐。
- 点选按▥顶分布、▥垂直居中分布、▥按底分布、▯按左分布、▯水平居中分布或▯按右分布选项可使所选择的多个（三个以上包括三个）路径按所选的方式分布。
- 单击✓（解散目标路径）按钮则取消全部路径的显示。

5. 直接选择工具

直接选择工具▯主要用于对现有路径的选取和调整。调整事实上是通过对锚点、方向点（也称：控制点）或路径段甚至整个路径的移动来改变路径的形状和位置，而且对路径的调整是与选取的内容和具体操作对象相关的。

选取路径有以下 3 种方法：

方法 1 先在画面上绘制一个五边形路径，然后在工具箱上单击▯直接选择工具，并在图像上按下鼠标左键拖动，让产生的选取方框包围要选取的锚点，释放鼠标左键后，被选中的锚点将变成实心方点。

方法 2 按下 Shift 键，然后单击要选的锚点，可以逐个选取锚点或附加选取锚点。

方法 3 按下 Alt 键，鼠标指针变成了▯后，单击路径上任何地方，就选取了整个连续的路径，可以按 Delete 键将整个路径删除(或将所选中的某个锚点连同所连接的路径一起删除成为开放式路径)，如图 8-44 所示。

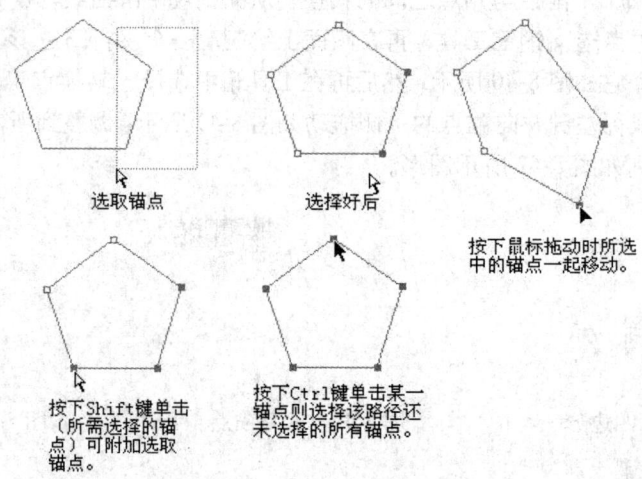

图 8-44 用直接选择工具选择路径

8.2 路径与选区之间的转换

在工作中通常会遇到要将路径转换为选区，将选区转换为路径等操作，以对图形进行更加精确的绘制与处理。

本例是先用圆角矩形工具绘制出两个相交而重叠的圆角矩形路径，再用将路径作为选区载入命令将路径载入选区并进行颜色填充，接着用图层样式中的命令给圆角矩形添加立体效果，然后用路径选择工具、将路径作为选区载入、填充、图层样式、置入、载入选区、添加图层蒙版、收缩、渐变工具等工具与命令制作出屏幕效果。效果如图 8-45 所示。

第 8 章 绘图与路径 *165*

图 8-45 实例效果

Howto 通过路径与选区之间的转换绘制图形

1 按 Ctrl+N 键，弹出【新建】对话框，并在其中设置所需的参数，如图 8-46 所示，设置好后单击【确定】按钮，即可新建一个空白的图像文件。

2 显示【路径】调板，并在其中单击 按钮，新建路径 1，如图 8-47 所示，接着在工具箱中点选 圆角矩形工具，并在选项栏中选择 按钮与设置【半径】为"40px"，然后在图像窗口的适当位置绘制一个圆角矩形，绘制好的圆角矩形路径，如图 8-48 所示。

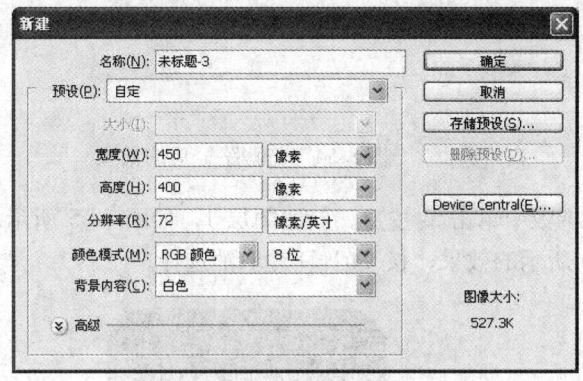

图 8-46 【新建】对话框

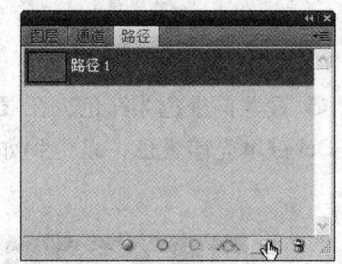

图 8-47 创建新路径

3 在圆角矩形上再绘制一个圆角矩形路径，如图 8-49 所示。

图 8-48 绘制圆角矩形

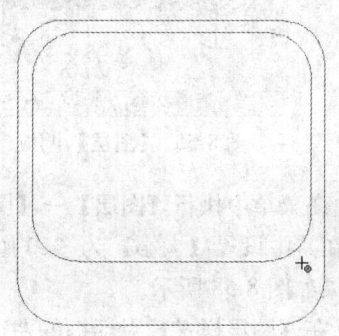

图 8-49 绘制圆角矩形

4 在工具箱中点选 路径直接选择工具，在画面中单击大的圆角矩形路径，以选择它，如

图 8-50 所示，再在【路径】调板中单击 按钮，如图 8-51 所示，将所选的路径载入选区，结果如图 8-52 所示。

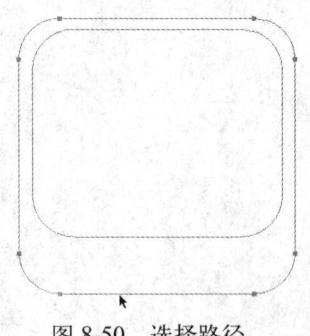
图 8-50　选择路径

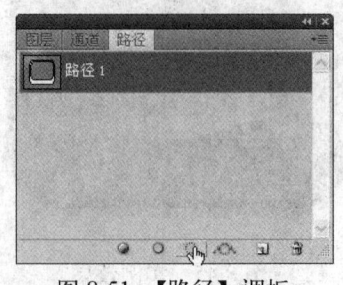
图 8-51　【路径】调板

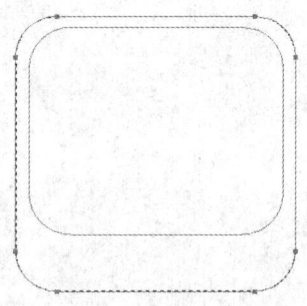
图 8-52　将路径载入选区

5 在【路径】调板的灰色区域单击，如图 8-53 所示，隐藏路径显示，画面中只留下圆角矩形选框，如图 8-54 所示。

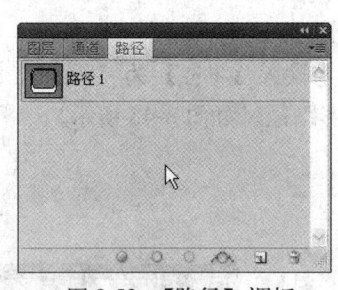
图 8-53　【路径】调板

图 8-54　隐藏路径后的效果

6 设置前景色为红色，在【图层】调板中单击 按钮，新建图层 1，如图 8-55 所示，按 Alt+Del 键填充前景色，以得到如图 8-56 所示的效果，按 Ctrl+D 键取消选择。

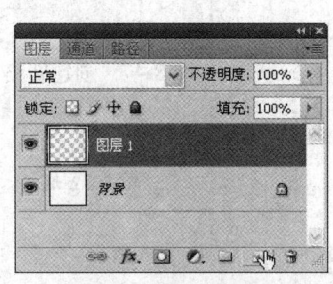
图 8-55　【图层】调板

图 8-56　填充选区后的效果

7 在菜单中执行【图层】→【图层样式】→【斜面和浮雕】命令，弹出【图层样式】对话框，并在其中设置【大小】为"10 像素"，其他参数不变，如图 8-57 所示，添加了斜面和浮雕后的效果如图 8-58 所示。

8 在【图层样式】对话框的左边栏中单击【渐变叠加】选项，再在右边栏中单击渐变条，弹出【渐变编辑器】对话框，并在其中编辑所需的渐变，如图 8-59 所示，编辑好后单击【确定】按钮，返回到【图层样式】对话框，以得到如图 8-60 所示的效果。

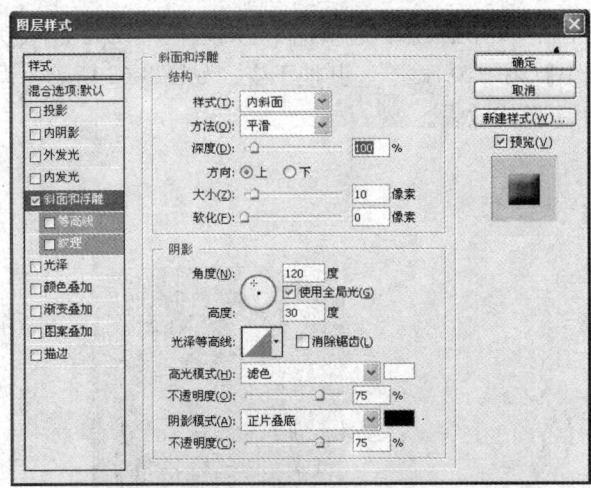

图 8-57 【图层样式】对话框

图 8-58 添加斜面和浮雕后的效果

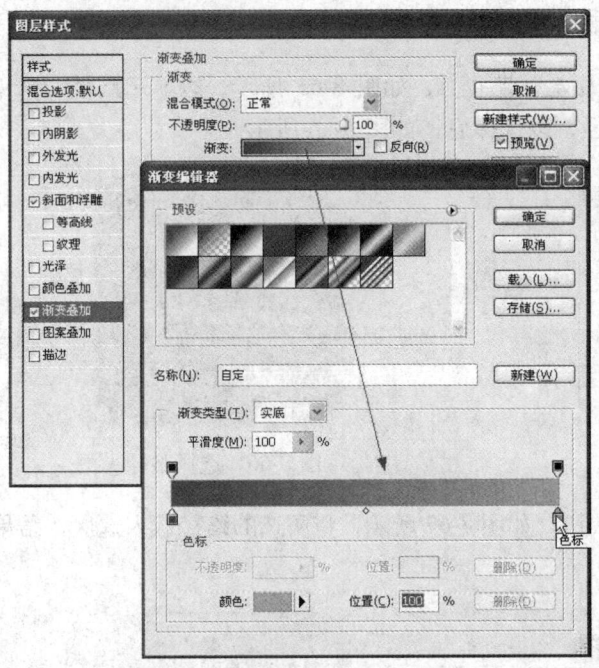

图 8-59 【图层样式】对话框

图 8-60 渐变编辑器后的效果

9 在【图层样式】对话框的左边栏中单击【描边】选项,再在右边栏中设置【大小】为"1"像素,其他不变,如图 8-61 所示,添加了描边后的效果如图 8-62 所示。

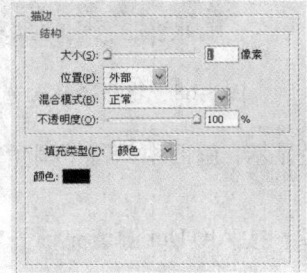

图 8-61 【图层样式】对话框

图 8-62 描边后的效果

10 在【图层样式】对话框的左边栏中单击【投影】选项,再在右边栏中设置【不透明度】为"50%",【距离】为"10像素",【大小】为"10像素",其他不变,如图8-63所示,设置好后单击【确定】按钮,以得到如图8-64所示的效果。

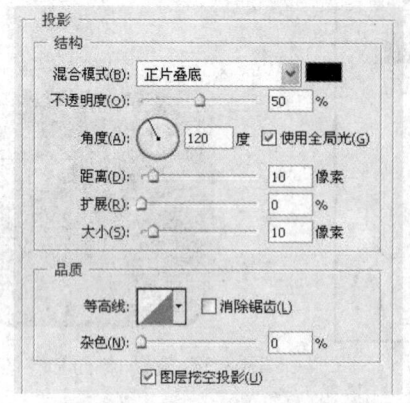

图 8-63　【图层样式】对话框　　　　　　图 8-64　添加投影后的效果

11 显示【路径】调板,并在其中激活路径1,如图8-65所示,以显示路径,再用路径选择工具在画面中单击小圆角矩形路径,以选择它,如图8-66所示。

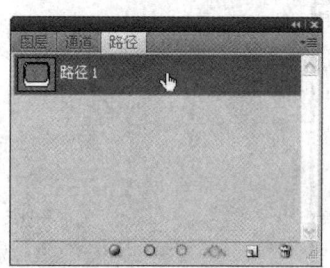

图 8-65　【路径】调板　　　　　　　　　图 8-66　选择路径

12 在【路径】调板中单击 按钮,如图8-67所示,将所选的路径载入选区,结果如图8-68所示。

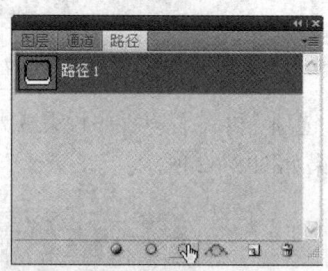

图 8-67　【路径】调板　　　　　　　　　图 8-68　将路径载入选区

13 在【路径】调板的灰色区域单击,隐藏路径显示,画面中只留下圆角矩形选框,如图8-69所示。

14 在【图层】调板中单击 按钮,新建图层2,按Alt+Del键填充前景色,以得到如图8-70所示的效果,按Ctrl+D键取消选择。

图 8-69 隐藏路径后的效果

图 8-70 填充颜色并取消选择后的效果

15 在【图层】调板中双击图层 2，弹出【图层样式】对话框，并在左边栏中单击【渐变叠加】选项，再在右边栏中单击渐变条，弹出【渐变编辑器】对话框，并在其中编辑所需的渐变，如图 8-71 所示，编辑好后单击【确定】按钮，返回到【图层样式】对话框，以得到如图 8-72 所示的效果。

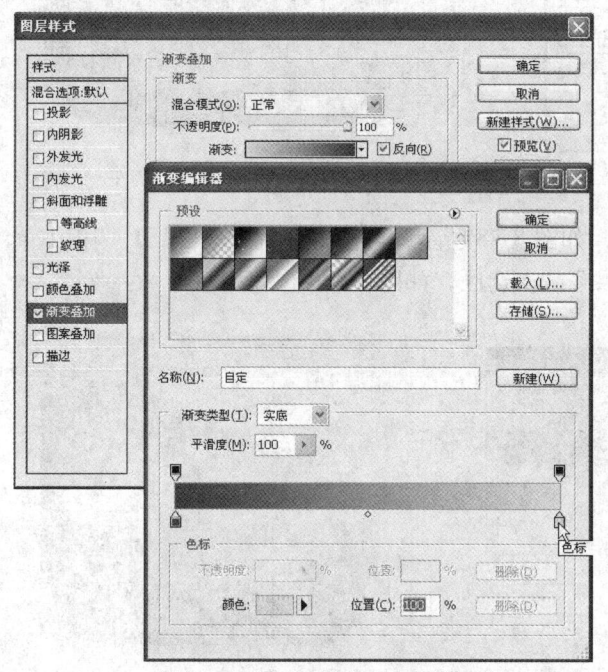

图 8-71 【图层样式】对话框

图 8-72 渐变编辑后的效果

16 在【图层样式】对话框的左边栏中单击【描边】选项，再在右边栏中设置【大小】为"1"像素，其他不变，如图 8-73 所示，设置好后单击【确定】按钮，得到如图 8-74 所示的效果。

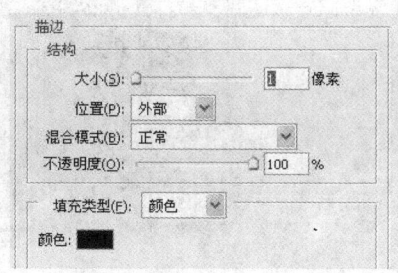

图 8-73 【图层样式】对话框

图 8-74 描边后的效果

17 在【图层】调板中单击 按钮,新建图层3,在菜单中执行【文件】→【置入】命令,弹出【置入】对话框,并在其中选择"/范例源文件/CH08/001.psd"文件,如图8-75所示,选择好后单击【置入】按钮,即可将所需的文件置入到文件中,如图8-76所示,在选项栏中单击 按钮,完成置入,结果如图8-77所示。

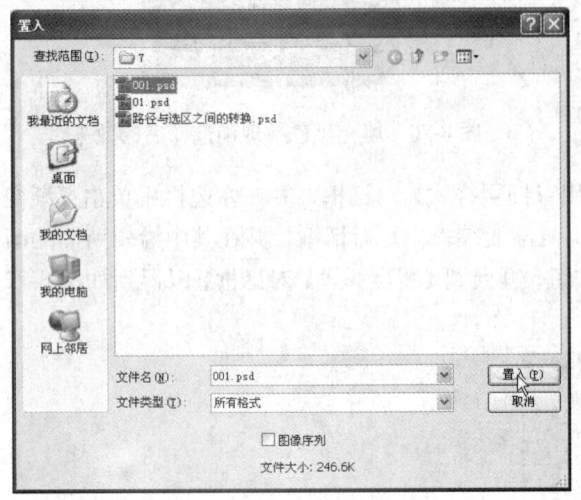

图8-75 【置入】对话框

图8-76 置入的文件

18 按Ctrl键将图片移动到适当位置,如图8-78所示,再按Ctrl键在【图层】调板中单击图层2的缩览图,如图8-79所示,使图层2载入选区,如图8-80所示。

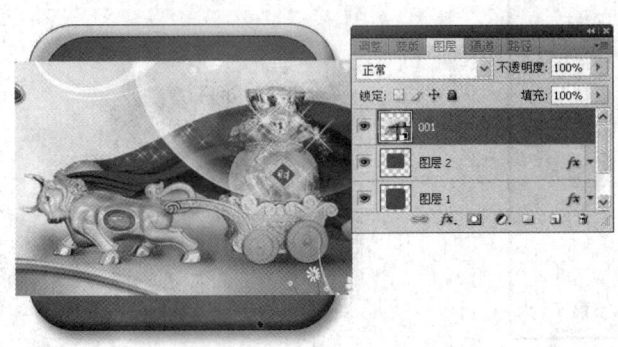

图8-77 置入的文件

图8-78 将图片移动到适当位置

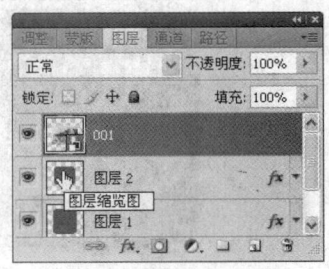

图8-79 【图层】调板

图8-80 载入选区

19 在【图层】调板中单击 ◻ (添加图层蒙版) 按钮,由选区建立蒙版,如图 8-81 所示,以得到如图 8-82 所示的效果。

图 8-81　添加图层蒙版

图 8-82　添加图层蒙版后的效果

20 在菜单中执行【图层】→【图层样式】→【内阴影】命令,弹出【图层样式】对话框,如图 8-83 所示,并在其中直接单击【确定】按钮,即可得到如图 8-84 所示的效果。

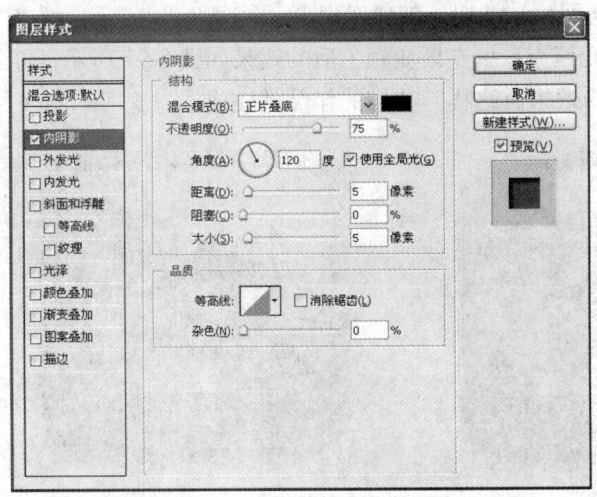

图 8-83　【图层样式】对话框

图 8-84　添加内阴影后的效果

21 按 Ctrl 键在【图层】调板中单击图层 2 的图层缩览图,如图 8-85 所示,使图层 2 载入选区,以得到如图 8-86 所示的选区。

图 8-85　【图层】调板

图 8-86　载入选区

22 在菜单中执行【选择】→【修改】→【收缩】命令,弹出【收缩选区】对话框,并在其中设置【收缩量】为"5 像素",如图 8-87 所示,设置好后单击【确定】按钮,即可得到如图 8-88 所示的选区。

23 在工具箱中点选 渐变工具,再设置前景色为白色,并在选项栏中选择所需的渐变,如图 8-89 所示。

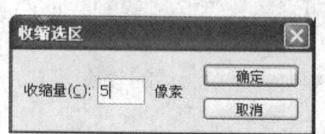

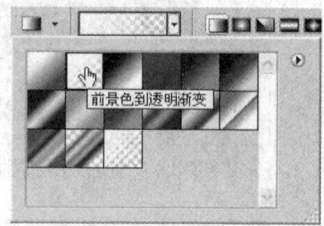

图 8-87 【收缩选区】对话框　　图 8-88 收缩选区　　图 8-89 选择渐变

24 在【图层】调板中单击 (创建新图层)按钮,新建图层 3,如图 8-90 所示,接着用渐变工具在画面中拖动,以给选区进行渐变填充,填充渐变颜色后的效果如图 8-91 所示,再按 Ctrl+D 键取消选择,得到如图 8-92 所示的效果。这样,我们的作品就完成了。

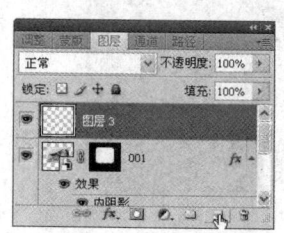

图 8-90 【图层】调板　　图 8-91 用渐变工具在画面中拖动　　图 8-92 填充渐变并取消选择后的效果

8.3 形状工具与创建形状图层

8.3.1 创建形状图层的工具及其选项

在工具箱中点选 钢笔工具,然后在选项栏中点选 (形状图层)按钮,这样在选项栏中显示的即为创建形状图层的工具和选项如图 8-93 所示:

图 8-93 钢笔工具选项栏

选项栏说明如下:

● 钢笔工具和自由钢笔工具可以绘制任意形状并创建新的形状图层。

- 矩形工具、圆角矩形工具、椭圆工具、多边形工具、直线工具、自定形状工具可以绘制指定形状的图形和形状图层。
- 选择▢（创建新的形状图层）选项可以创建新的形状图层。
- 单击 样式 中的小三角形下拉按钮可弹出如图 8-94 所示的【样式】调板，用户可在其中点选所需的样式来填充形状区域。
- 单击 颜色 中的颜色块会弹出【拾色器】对话框，可根据需要在其中选择所需的颜色来设置当前选中形状或绘制的形状的颜色。

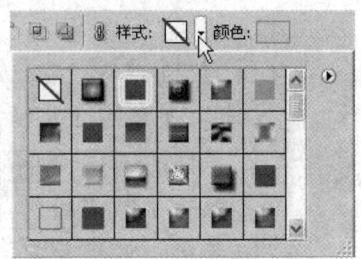

图 8-94 【样式】调板

8.3.2 创建形状图层

可以使用形状工具或钢笔工具创建形状图层。从技术上讲，形状图层是带图层剪贴路径的填充图层；填充图层定义形状的颜色，而图层剪贴路径定义形状的几何轮廓。通过编辑形状的填充图层并对其应用图层样式，可以更改其颜色和其他属性。通过编辑形状的图层剪贴路径，可以更改形状的轮廓。

Howto 创建形状图层

1 先打开或新建一个图像文件，接着在工具箱中点选 自定形状工具，并在选项栏中点选▢（形状图层）按钮，再在【形状】弹出式调板中选择所需的形状，如图 8-95 所示。

2 在选项栏中单击【样式】后的下拉按钮，弹出【样式】调板，并在其中单击▶按钮，再在弹出的下拉菜单中选择【纹理】命令，如图 8-96 所示，紧接着弹出一个警告对话框，如图 8-97 所示，并在其中单击【追加】按钮，然后在【样式】调板中选择所需的样式，如图 8-98 所示。

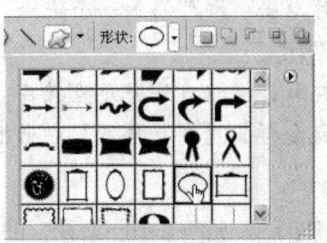

图 8-95 自定形状工具选项栏

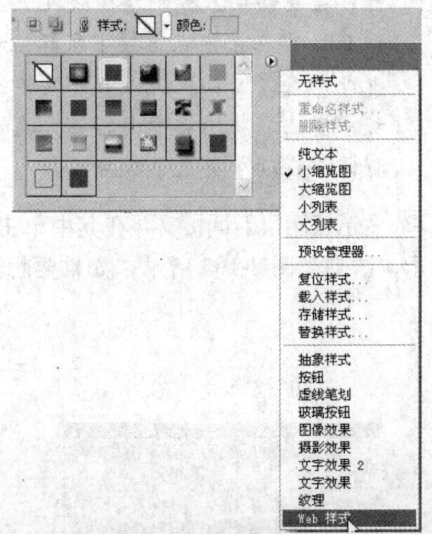

图 8-96 【样式】调板的弹出式菜单

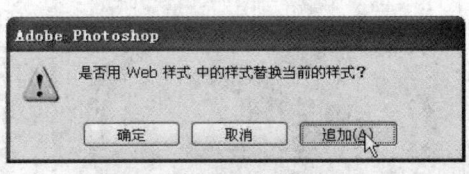

图 8-97 警告对话框

3 移动指针到画面中适当位置按下左键向对角拖移，如图 8-99 所示，达到所需的大小后松开左键，即可绘制出所选的形状，同时应用了所选的样式，如图 8-100 所示，再查看【路径】调板，其中也自动添加了一个形状图层，如图 8-101 所示。

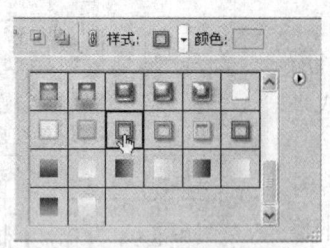
图 8-98 选择样式

图 8-99 按下左键拖移时的状态

图 8-100 绘制好的形状

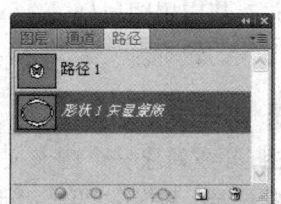
图 8-101 【路径】调板

如果要对该路径进行编辑，可按 Ctrl 键鼠标指针成 时在路径上单击，即可选择该路径；接着移动鼠标到路径线段上鼠标指针成 时单击，即可添加一个锚点；然后再按住 Ctrl 键在该锚点上按下鼠标拖动到适当位置即可。

也可以在【图层】调板中更改形状图层的图层样式，操作方法就是直接在【图层】调板中双击形状图层下面的要更改的图层样式，就会弹出【图层样式】对话框，然后根据需要在其中更改参数即可。

4 显示【图层】调板，并在其中单击 图标变成 图标，如图 8-102 所示，即可隐藏路径的显示，结果如图 8-103 所示。如果要想重新显示该路径，只需再次单击 图标就可以了。

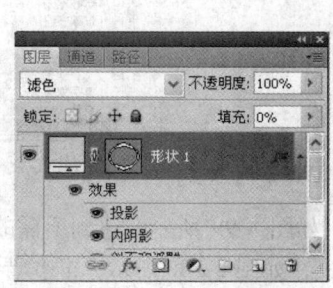
图 8-102 【图层】调板

图 8-103 隐藏路径后的效果

8.4 创建栅格化形状

栅格化形状不是矢量对象。创建栅格化形状的过程与创建选区并用前景色填充该选区的过程相同。栅格化形状无法作为矢量对象编辑。

钢笔工具和自由钢笔工具无法创建栅格化形状，只有矩形工具、圆角矩形工具、椭圆工具、多边形工具、自定形状工具或直线工具可以。

Howto 创建栅格化形状

1 设定前景色为绿色（R222、G241、B15），显示【图层】调板，接着在【图层】调板底部单击 （创建新图层）按钮，新建图层1，如图8-104所示。

> 在 Photoshop 中不能直接在形状图层中绘制栅格化形状，如果当前选择的图层为形状图层，并且要绘制栅格化形状时，指针呈◎状，表示当前状态无法绘制栅格化形状，所以我们应新建一个图层或将该形状图层栅格化。

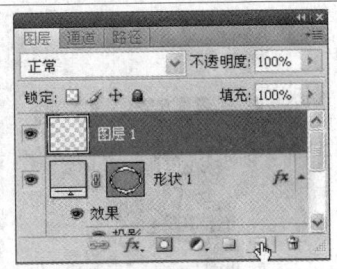

图8-104 【图层】调板

2 保持自定形状工具的选择，接着在选项栏中点选 □（填充像素）按钮，在【形状】弹出式调板中选择所需的形状，如图8-105所示，然后在画面上绘制出刚选择的形状，如图8-106所示。

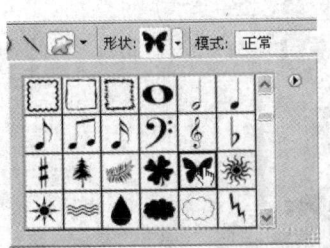

图8-105 自定形状工具选项栏

图8-106 绘制好的形状

8.5 绘制贺卡

本例是先用椭圆工具、路径选择工具、【拷贝】、【粘贴】、钢笔工具等工具与命令绘制出雪人的基本结构，接着用渐变工具、钢笔工具、椭圆工具、【创建新图层】、路径选择工具、【用前景色填充路径】、画笔工具、【用画笔描边路径】、【排列】、【图层样式】等工具与命令给雪人上色与绘制出其他的细部结构，然后用【打开】、【复制图层】、【置于底层】等命令将一些点缀图形复制到画面中以丰富画面。

流程图：

① 绘制雪人轮廓　② 给背景进行渐变填充　③ 给雪人上色　④ 绘制眼睛、嘴等

⑤ 绘制花边和投影　⑥ 绘制高光部分　⑦ 添加背景后的效果

本例最终效果如图 8-107 所示：

图 8-107　实例效果

Howto　绘制贺卡

1 按 Ctrl+N 键，弹出【新建】对话框，并在其中设置【宽度】为"800 像素"，【高度】为"600 像素"，【分辨率】为"150 像素／英寸"，【颜色模式】为"RGB 颜色"，【背景内容】为"白色"，其他为默认值，如图 8-108 所示，单击【确定】按钮，即可新建一个空白的图像文件。

2 在工具箱中点选◎椭圆工具，并在选项栏中选择▨按钮，再在图像窗口的适当位置绘制出一个椭圆，如图 8-109 所示，用来表示雪人的头部轮廓；然后再在椭圆的左上方绘制一个椭圆，如图 8-110 所示，用来表示帽子的下边框。

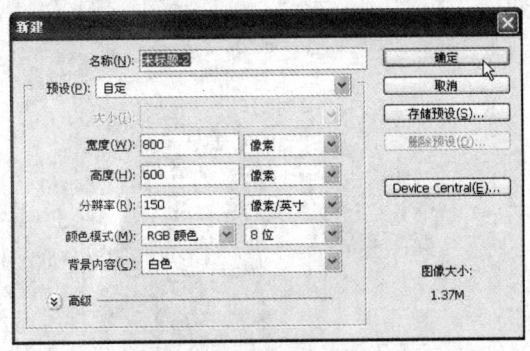 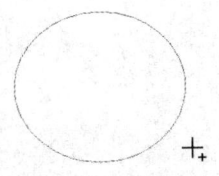 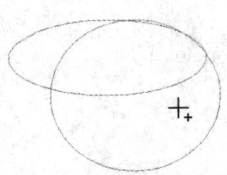

图 8-108 【新建】对话框　　　图 8-109 绘制椭圆　　　图 8-110 绘制椭圆

3 在工具箱中点选▶路径选择工具，接着在画面中单击左上方的椭圆，以选择它，然后按 Ctrl+T 键执行【自由变换】命令，显示变换框，再对变换框进行调整与旋转，如图 8-111 所示，然后在变换框中双击确认变换。

4 按 Ctrl+C 键进行拷贝，再按 Ctrl+V 键进行粘贴，以复制一个副本，然后用路径选择工具将其向左上方拖动一点点，如图 8-112 所示。

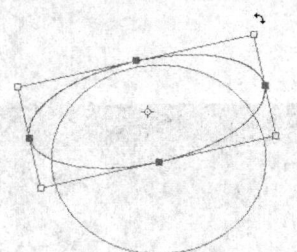 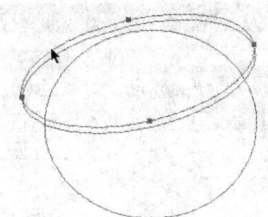

图 8-111 调整与旋转路径　　　图 8-112 复制路径

5 用椭圆工具在画面中椭圆的下方绘制一个椭圆，如图 8-113 所示，用来表示雪人的身体。

6 在工具箱中点选♦钢笔工具，并在选项栏中选择▨按钮，在画面中绘制出帽顶的形状，如图 8-114 所示。

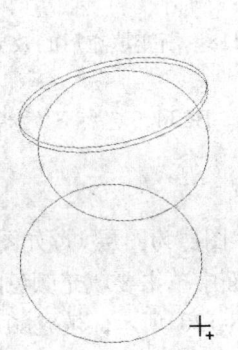 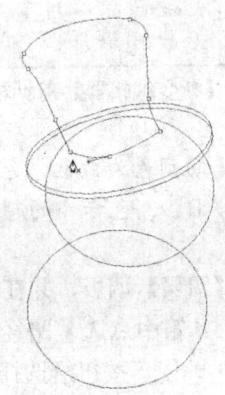

图 8-113 绘制路径　　　图 8-114 绘制路径

7 用前面同样的方法在画面中绘制出雪人的其他结构，如图 8-115、图 8-116 所示，然后在空白处单击取消路径的选择。

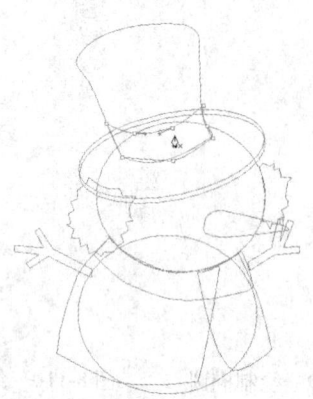
图 8-115　绘制路径

图 8-116　绘制路径

8 设置前景色为白色，背景色为 R255、 G0、 B0，在工具箱中点选渐变工具，并在选项栏中单击　　　按钮，弹出【渐变编辑器】对话框，再在其中编辑所需的渐变，如图 8-117 所示，编辑好后单击【确定】按钮，然后按 Shift 键在图像窗口中从下方向上方拖动，以给图像窗口进行渐变填充，填充渐变颜色后的效果如图 8-118 所示。

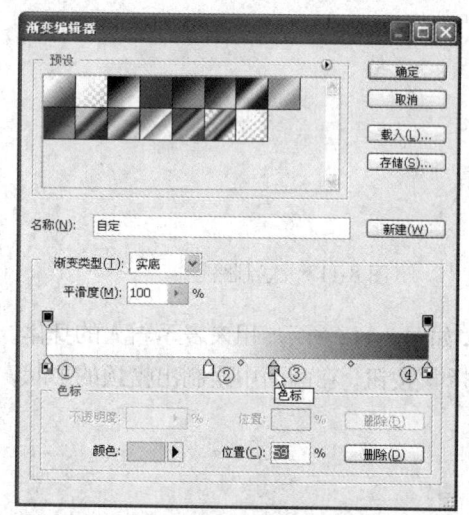
图 8-117　【渐变编辑器】对话框

图 8-118　渐变填充后的效果

TIPS 色标 1 的颜色为白色，色标 2 的颜色为 R255、G253、B234，色标 3 的颜色为 R255、G228、B19，色标 4 的颜色为 R255、G0、B0。

9 显示【图层】调板，并在其中单击　按钮，新建一个图层为图层 1，如图 8-119 所示。

10 在工具箱中点选　路径选择工具，按 Shift 键在画面中单击要填充颜色的路径，再在【路径】调板中单击　按钮给选择的路径填充为白色，如图 8-120 所示，填充颜色后的效果如图 8-121 所示。

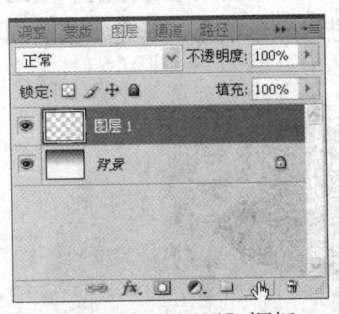
图 8-119 【图层】调板

图 8-120 【路径】调板

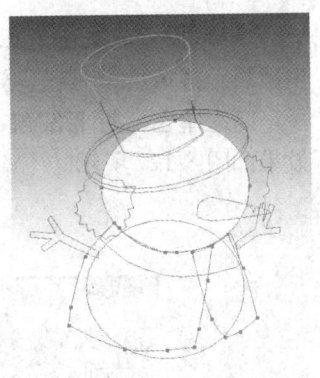
图 8-121 填充颜色后的效果

11 设置前景色为黑色,在【图层】调板中单击 按钮,新建一个图层为图层 2,如图 8-122 所示。

12 先用路径选择工具在画面的空白处单击取消选择,再按 Shift 键在画面中单击要填充为黑色的路径,以选择它们,然后在【路径】调板中单击 按钮,以给选择的路径进行颜色填充,填充颜色后的效果如图 8-123 所示。

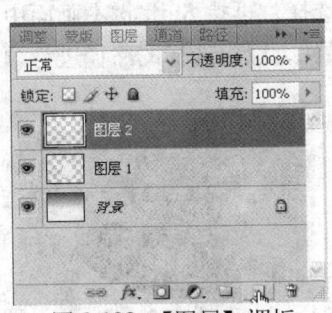
图 8-122 【图层】调板

图 8-123 填充颜色后的效果

13 设置前景色为 R213、G110、B186,在【图层】调板中先激活图层 1,以它为当前可用图层,再单击 按钮,新建图层 3,如图 8-124 所示。

14 先用路径选择工具在画面的空白处单击取消选择,再按 Shift 键在画面中单击要填充颜色的路径,以选择它们,在【路径】调板中单击 按钮,以给选择的路径进行颜色填充,填充颜色后的效果如图 8-125 所示。

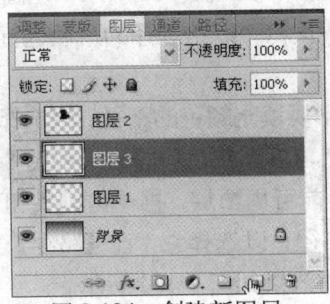
图 8-124 创建新图层

图 8-125 填充颜色后的效果

15 设置前景色为 R226、G226、B226，在【图层】调板中先激活背景层，以它为当前可用图层，再单击 按钮，新建图层 4，如图 8-126 所示，然后在画面中单击表示身体的椭圆路径，以选择它，在【路径】调板中单击 按钮，以给选择的路径进行颜色填充，填充颜色后的效果如图 8-127 所示。

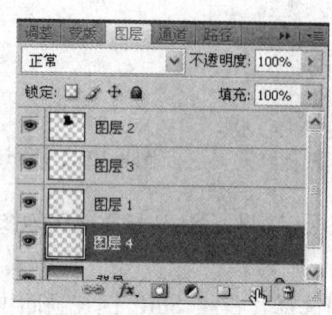

图 8-126 【图层】调板

图 8-127 填充颜色后的效果

16 切换前景与背景色，使前景色为 R255、G0、B0，在【图层】调板中先激活图层 2，以它为当前可用图层，再单击 按钮，新建图层 5，如图 8-128 所示。

17 先用路径选择工具在画面的空白处单击取消选择，再按 Shift 键在画面中单击要填充颜色的路径，以选择它们，在【路径】调板中单击 按钮，以给选择的路径进行颜色填充，填充颜色后的效果如图 8-129 所示。

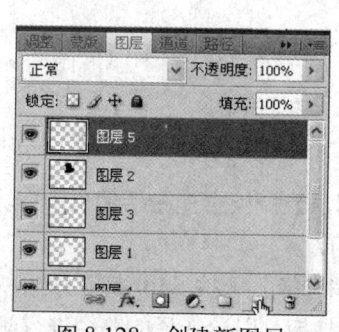

图 8-128 创建新图层

图 8-129 填充颜色后的效果

18 切换前景色与背景色，再设置前景色为 R51、G51、B51，在【图层】调板中先激活图层 2，以它为当前可用图层，再单击 按钮，新建图层 6，如图 8-130 所示，在画面中单击要填充颜色的路径，以选择它，在【路径】调板中单击 按钮，以给选择的路径进行颜色填充，填充颜色后的效果如图 8-131 所示。

19 设置前景色为 R82、G82、B82，在画面中单击要填充颜色的路径，以选择它，在【路径】调板中单击 按钮，以给选择的路径进行颜色填充，填充颜色后的效果如图 8-132 所示。

20 先在【图层】调板中先激活图层 3，以它为当前可用图层，再单击 按钮，新建图层 7，如图 8-133 所示，然后在画面中单击要填充颜色的路径，以选择它，在【路径】调板中单击 按钮，以给选择的路径进行颜色填充，填充颜色后的效果如图 8-134 所示。

第 8 章 绘图与路径 *181*

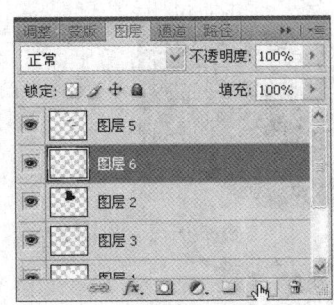
图 8-130 【图层】调板

图 8-131 填充颜色后的效果

图 8-132 填充颜色后的效果

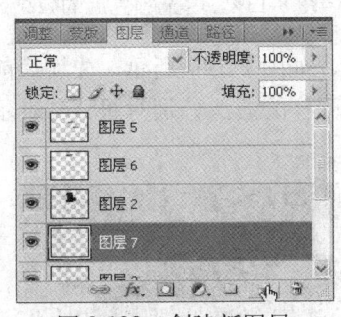
图 8-133 创建新图层

图 8-134 填充颜色后的效果

21 设置前景色为 R115、G56、B34，先在【图层】调板中先激活图层 1，以它为当前可用图层，再单击 按钮，新建图层 8，如图 8-135 所示，然后按 Shift 键在画面中单击要填充颜色的路径，以选择它们，在【路径】调板中单击 按钮，以给选择的路径进行颜色填充，填充颜色后的效果如图 8-136 所示。（如果前面选择了对象，先在空白处单击取消选择，再按 Shift 键选择现在要填充为相同颜色的对象。）

22 用钢笔工具与椭圆工具在雪人上绘制出眼睛、嘴、围巾等对象，如图 8-137 所示。

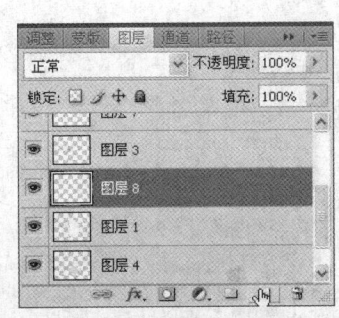
图 8-135 创建新图层

图 8-136 填充颜色后的效果

图 8-137 绘制路径

23 切换前景色与背景色，使前景色为 R255、G0、B0，在【图层】调板中先激活图层 5，以它为当前可用图层，再单击 按钮，新建图层 9，如图 8-138 所示，然后按 Shift 键在画面中单击要填充颜色的路径，以选择它们，在【路径】调板中单击 ◯ 按钮，以给选择的路径进行颜色填充，填充颜色后的效果如图 8-139 所示。

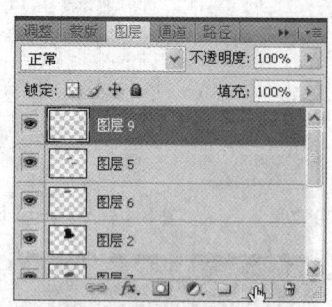

图 8-138　创建新图层

图 8-139　填充颜色后的效果

24 在【图层】调板中单击 ◰ 按钮，新建图层 10，如图 8-140 所示，先切换前景与背景色，再分别设置前景色为黑色、白色与淡粉色，用前面同样的方法分别对眼睛与表示腮红的对象进行颜色填充，填充颜色后的效果如图 8-141 所示。

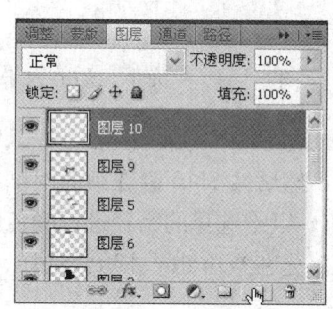

图 8-140　创建新图层

图 8-141　填充颜色后的效果

25 设置前景色为黑色，用路径选择工具在画面中单击表示眼睛的曲线路径，以选择它，如图 8-142 所示，再在工具箱中点选 ✎ 画笔工具，并在选项栏的【画笔】弹出式调板中选择"尖角 3 像素"，如图 8-143 所示。

图 8-142　选择路径

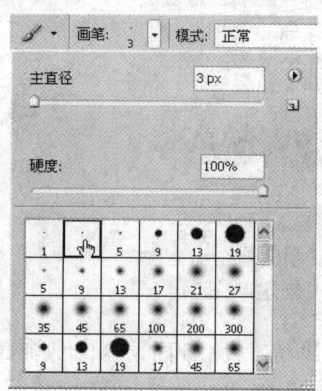

图 8-143　选择画笔

26 在【路径】调板中单击 ○ 按钮，如图 8-144 所示，即可为选择的路径进行黑色描边，描边后的结果如图 8-145 所示。

27 设置前景色为 R101、G101、B101，用路径选择工具并按 Shift 键在画面中单击表示胡子的直线路径，以选择它们，再在【路径】调板中单击 ○ 按钮，即可为选择的路径进行描边，描边后的结果如图 8-146 所示。

图 8-144 【路径】调板

图 8-145 描边路径

图 8-146 描边路径

28 用路径选择工具并按 Shift 键在画面中单击表示嘴的曲线路径，以选择它，再在工具箱中点选 画笔工具，并在选项栏的【画笔】弹出式调板中选择"尖角 5 像素"，如图 8-147 所示，后在【路径】调板中单击 ○ 按钮，即可为选择的路径进行描边，描边后的结果如图 8-148 所示。

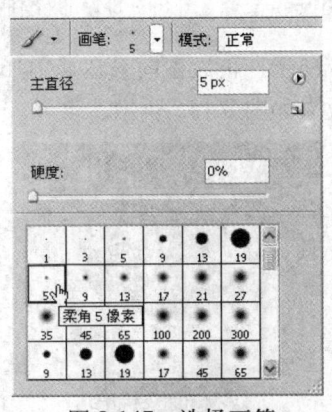
图 8-147 选择画笔

图 8-148 描边路径

29 在工具箱中点选 椭圆工具，并在选项栏中选择 □ 按钮，在【图层】调板中激活背景层，如图 8-149 所示，再设置前景色为 R194、G194、B194，然后在画面中雪人的下方绘制一个椭圆，绘制好后的效果如图 8-150 所示。

30 切换前景与背景色，使前景色为 R255、G0、B0，在【图层】调板中激活图层 1，以它为当前图层，再在工具箱中点选 钢笔工具，并在选项栏中选择 □ 与 □ 按钮，然后在画面中绘制出雪人的左边衣服，如图 8-151 所示，同时【图层】调板中自动生成一个形状图层，如图 8-152 所示。

31 在画面中绘制出雪人的右边衣服，如图 8-153 所示。

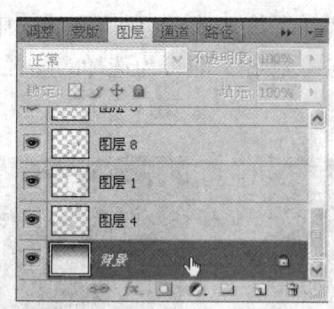
图 8-149 【图层】调板

图 8-150 绘制椭圆

图 8-151 绘制雪人衣服

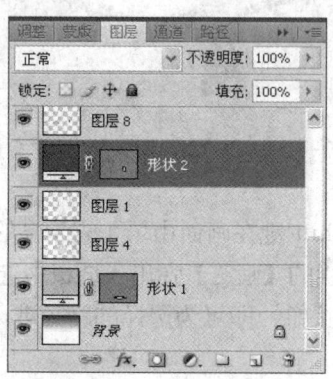
图 8-152 【图层】调板

图 8-153 绘制雪人衣服

32 先在【图层】调板中激活图层 4，如图 8-154 所示，再设置前景色为 R168、G168、B168，然后在画面中绘制出衣服的阴影，绘制好后的效果如图 8-155 所示。

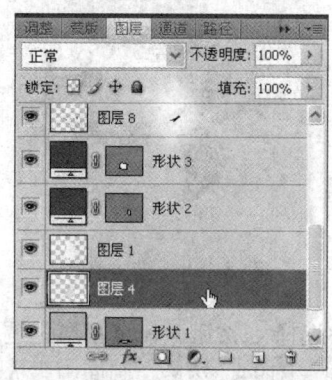
图 8-154 选择图层

图 8-155 绘制衣服阴影

33 先在【图层】调板中激活图层 1，如图 8-156 所示，再依次设置前景色为 R185、G195、B20，R239、G239、B239 与 R226、G226、B226，然后分别在画面中绘制出帽子、鼻子与耳罩的阴影，以及脸部的暗部，绘制好后的效果如图 8-157 所示。

 如果绘制完一种颜色后，需要绘制另一种颜色，可在【图层】调板中先单击 矢量蒙版缩览图，使它为 不选择状态，然后再设置所需的颜色并进行绘制。

第 8 章 绘图与路径 **185**

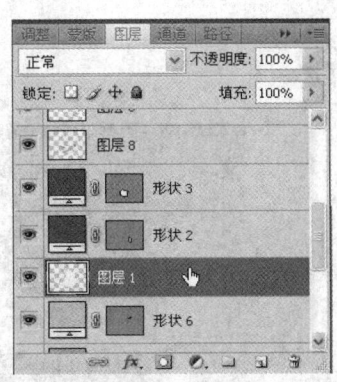

图 8-156 选择图层

图 8-157 绘制帽子、鼻子与耳罩的阴影

34 在【图层】调板中双击图层 9（即围巾所在的图层），如图 8-158 所示，弹出【图层样式】对话框，并在其左边栏中单击【投影】选项，然后在右边栏中设置【混合模式】的颜色为"#9e2b2b"，【不透明度】为"100%"，【大小】为"8 像素"，【等高线】为，其他不变，如图 8-159 所示，单击【确定】按钮，以得到如图 8-160 所示的效果。

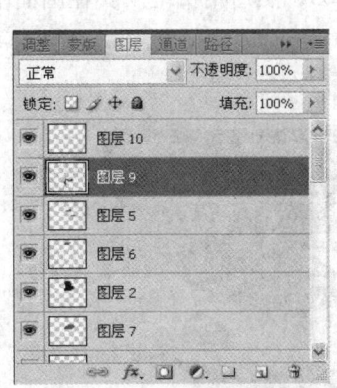

图 8-158 【图层】调板

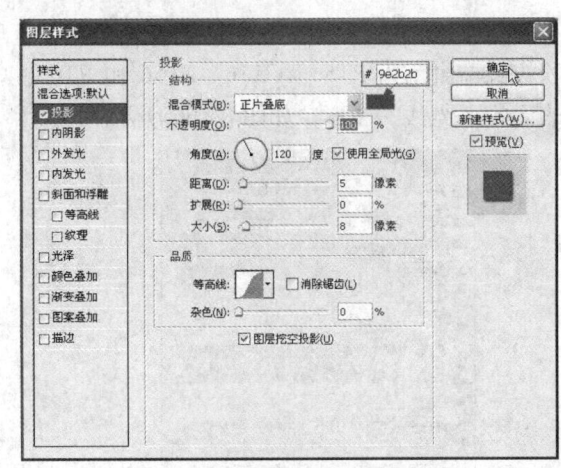

图 8-159 【图层样式】对话框

35 设置前景色为 R2、G154、B3，再用钢笔工具在围巾上绘制出绿色的条纹，绘制好后的效果如图 8-161 所示。

图 8-160 添加投影后的效果

图 8-161 绘制绿色条纹

36 在【图层】调板中拖动图层 9 至图层 3 的下层,如图 8-162、图 8-163 所示,以将围巾放到耳罩的下层,排放好后的效果如图 8-164 所示。

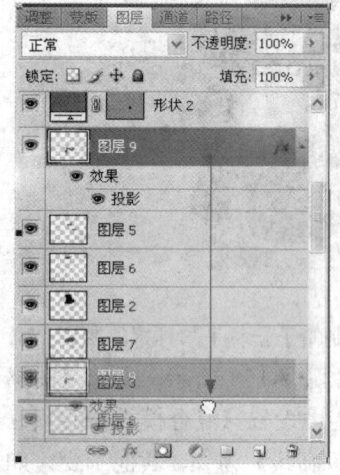 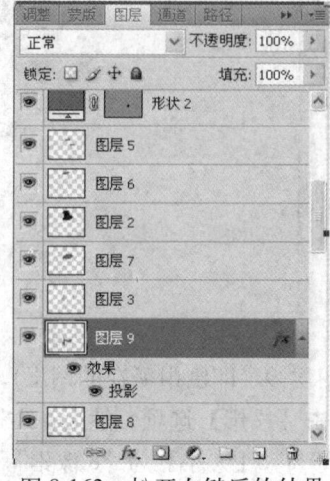 

图 8-162 按下左键拖移时的状态　　图 8-163 松开左键后的结果　　图 8-164 改变图层顺序后的效果

37 在【图层】调板中激活图层 2,如图 8-165 所示,使所绘制的图形位于图层 2 的上层,再依次设置前景色为 R156、G156、B156 和 R103、G103、B103,然后用钢笔工具在画面中绘制出表示帽子光线的图形,如图 8-166 所示。

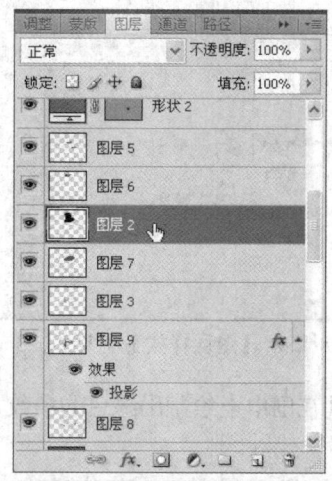 

图 8-165 选择图层　　　　　　　图 8-166 绘制表示帽子的光线

38 在【图层】调板中激活图层 8,如图 8-167 所示,使所绘制的图形位于图层 8 的上层,再设置前景色为 R206、G110、B60,然后用钢笔工具在画面中绘制出表示手的亮部图形,如图 8-168 所示。

39 依次设置前景色为 R204、G51、B10 和 R164、G43、B10,然后用钢笔工具在画面中绘制出表示鼻子、围巾等图形的暗部区域,如图 8-169 所示。

40 在【图层】调板中激活形状 29 图层,以它为当前图层,再设置前景色为白色,然后用钢笔工具在鼻子上绘制表示高光的图形,如图 8-170 所示。

41 在【图层】调板中设置刚绘制的高光图形的【不透明度】为"70%",如图 8-171 所示,以得到如图 8-172 所示的效果。

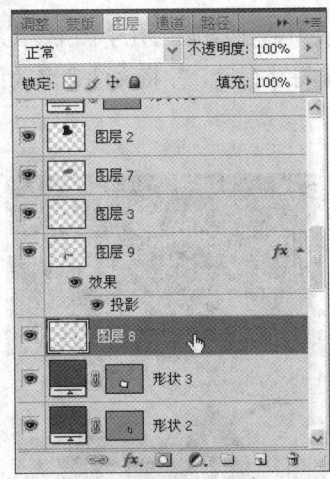

图 8-167 选择图层

图 8-168 绘制表示手的亮部

图 8-169 绘制表示鼻子、围巾等图形的暗部区域

图 8-170 绘制表示高光的图形

42 用钢笔工具绘制出其他的高光图形,并在【图层】调板中设置其【不透明度】为"60%",绘制好后的效果如图 8-173 所示。

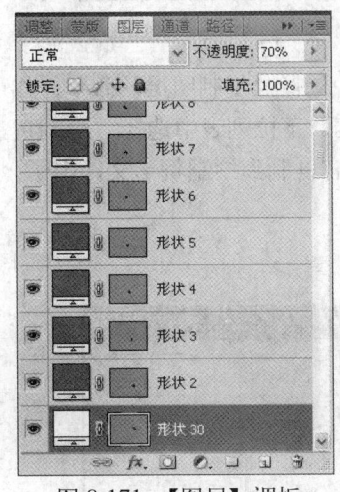

图 8-171 【图层】调板

图 8-172 设置【不透明度】后的效果

图 8-173 绘制高光图形

43 在【图层】调板中激活图层 3,以它为当前可用图层,如图 8-174 所示,再依次设置前

景色为 R246、G129、B217 和 R249、G175、B230，然后在耳罩上绘制出几个图形，以体现出毛茸茸的效果，绘制好后的效果如图 8-175 所示。按 Ctrl+S 键将其存储，并将文件命名为绘制贺卡。

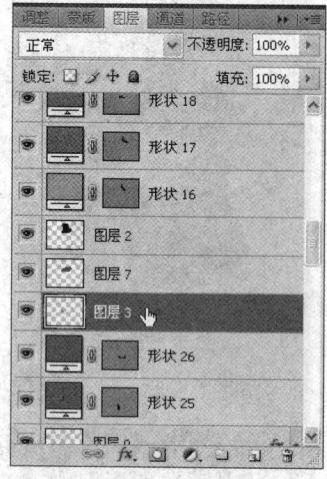

图 8-174　选择图层

图 8-175　绘制耳罩

44 按 Ctrl+O 键从配套光盘中打开"/范例源文件/CH08/002.psd"文件，如图 8-176 所示，其【图层】调板如图 8-177 所示。

图 8-176　打开的图像

图 8-177　【图层】调板

45 在【图层】调板中右击图层 1，弹出快捷菜单，并在其中选择【复制图层】命令，如图 8-178 所示，接着弹出【复制图层】对话框，并在其中的【文档】下拉列表中选择"绘制贺卡.psd"，如图 8-179 所示，单击【确定】按钮，即可将图层 1 的内容复制到绘制贺卡文件中了。

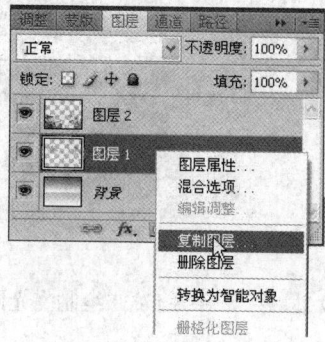

图 8-178　【图层】调板　　　　　　图 8-179　【复制图层】对话框

46 用上步同样的方法在图层 2 上右击,弹出快捷菜单,并在其中选择【复制图层】命令,接着弹出【复制图层】对话框,并在其中的【文档】下拉列表中选择"绘制贺卡.psd",单击【确定】按钮,即可将图层 2 的内容复制到绘制贺卡文件中了。

47 在文档标题栏中单击"绘制贺卡"标签,以它为当前文件,即可看到如图 8-180 所示的效果。

图 8-180 复制图层后的效果

48 显示【图层】调板,并在其中选择"图层 11"图层,如图 8-181 所示,再在菜单中执行【图层】→【排列】→【置于底层】命令,将"图层 11"图层置于背景层的上层,从而得到如图 8-182 所示的效果。这样,我们的贺卡就绘制完成,按 Ctrl+S 键存盘。

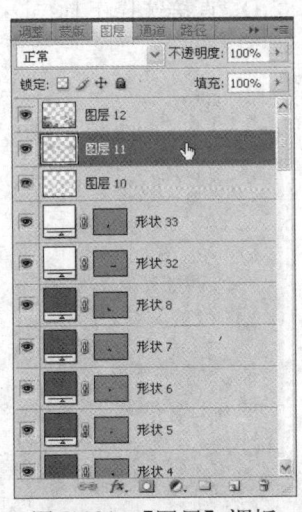

图 8-181 【图层】调板

图 8-182 最终效果

8.6 本章小结

本章主要学习了路径类工具与一些基本形状工具的使用方法。利用路径类工具可以绘制和选取一些复制的图形和图像;利用基本形状工具可以绘制一个基本图形(如:椭圆、圆形、矩形、星形等）；利用路径类工具还可以创建形状图层，从而可以通过编辑路径来调整图形的形状。最后结合实例重点讲解了如何利用路径类工具与【路径】调板来绘制贺卡。

8.7 本章习题

一、填空题

1. 使用钢笔工具可创建或编辑_____、_____或_____、_____及_____。
2. 路径的调整主要是用到五个工具（_____、_____、_____、_____、_____。）
3. 利用形状工具可以创建出_____、_____、_____、_____、_____和复杂的形状等路径。

二、选择题

1. 以下哪种图层是带图层剪贴路径的填充图层；填充图层定义形状的颜色，而图层剪贴路径定义形状的几何轮廓？（ ）
   A. 蒙版图层　　　B. 调整图层　　　C. 剪贴图层　　　D. 形状图层
2. 在钢笔工具的【几何选项】中勾选以下哪个选项会在绘图时可以预览路径段？（ ）
   A.【方形】选项　　B.【橡皮带】选项　C.【星形】选项　D.【磁性的】选项
3. 以下哪种工具用于在路径的线段内部添加锚点？（ ）
   A. 直接选择工具　B. 删除锚点工具　C. 转换点工具　D. 添加锚点工具
4. 以下哪种工具可用于平滑点与角点之间的转换，从而实现平滑曲线与锐角曲线或直线段之间的转换？（ ）
   A. 添加锚点工具　B. 转换点工具　C. 删除锚点工具　D. 直接选择工具

第 9 章　通道与蒙版

教学目标

理解通道与蒙版的含义，学习通道与蒙版的基本操作。学会如何应用通道与蒙版编辑与处理图像，从而创建出各种艺术效果。

教学重点与难点

- 关于通道
- 通道调板
- 创建与编辑通道
- 通道与选区之间的转换
- 使用通道运算混合图层与通道
- 使用快速蒙版模式
- 使用图层蒙版

9.1　通道

9.1.1　关于通道

通道是保存不同颜色信息的灰度图像，每一幅位图图像都有一个或多个通道，每个通道中都存储着关于图像色素的信息。

Photoshop 采用特殊灰度通道存储图像颜色信息和专色信息；如果图像含有多个图层，则每个图层都有自身的一套颜色通道。其中：

- **颜色信息通道**：打开新图像时，自动创建颜色信息通道；所创建的颜色通道的数量取决于图像的颜色模式，而非其图层的数量。例如，RGB 图像有 4 个默认通道：红色、绿色和蓝色各有一个通道，以及一个用于编辑图像的复合通道。
- **Alpha 通道**：将选区存储为灰度图像。可以使用 Alpha 通道创建并存储蒙版，这些蒙版使用户可以处理、隔离和保护图像的特定部分。
- **专色通道**：指定用于专色油墨印刷的附加印版。

一个图像最多可包含 56 个通道，所有的新通道都具有与原图像相同的尺寸和像素数目。通道所需的文件大小由通道中的像素信息决定。

只要以支持图像颜色模式的格式存储文件即保留颜色通道。仅当以 Adobe Photoshop、PDF、PICT、TIFF 或 Raw 格式存储文件时，才保留 Alpha 通道。DCS 2.0 格式只保留专色通道；以其他格式存储文件可能会导致通道信息丢失。

9.1.2 通道调板

使用【通道】调板可以创建并管理通道,以及监视编辑效果。【通道】调板列出了图像中的所有通道,首先是复合通道(对于 RGB、CMYK 和 Lab 图像),然后是单个颜色通道,专色通道,最后是 Alpha 通道;通道内容的缩览图显示在通道名称的左侧,缩览图在编辑通道时自动更新。

当打开一幅 RGB 颜色模式的图像后,在【通道】调板中就会自动生成了颜色信息通道,如图 9-1 所示。

当打开一幅 CMYK 颜色模式的图像后,在【通道】调板中就会自动生成了颜色信息通道,如图 9-2 所示。

图 9-1 打开的 RGB 颜色模式图像

图 9-2 打开的 CMYK 颜色模式图像

【通道】调板中各按钮或选项说明如下:

- 移动指针到【通道】调板中的任一通道上单击,可以将所单击的通道选择并作为当前可用通道,可以对该通道进行单独调整,但是该调整会影响整个图像的效果。
- 在【通道】调板中单击 (指示通道可见性) 图标后眼睛图标隐藏变为 图标,同时该通道也被隐藏,因此可以在【通道】调板中单击 图标与 图标来隐藏/显示通道。
- 在【通道】调板的底部单击 (将通道作为选区载入) 按钮,可以将当前通道中的高光区域作为选区载入。也可以在按住 Ctrl 键的同时用鼠标单击要载入选区的通道。
- 如果图像中有选区,则【通道】调板底部的 按钮成为 可用状态,单击该按钮,就可将选区存储为 Alpha 通道。
- 单击 (创建新通道) 按钮,可以创建一个新的 Alpha 通道。
- 单击 (删除当前通道) 按钮,可以将当前选择的通道删除。

在【通道】调板中显示的颜色信息,主要是跟当前图像的颜色模式有关,要查看或更改当前图像的颜色模式,在菜单中执行【图像】→【模式】命令,并在弹出的子菜单中选择所需的命令(也就是:颜色模式)即可。

9.1.3 创建通道

在【通道】调板中可以创建 Alpha 通道与专色通道,下面我们就以此进行介绍。

1. 创建 Alpha 通道

创建 Alpha 通道主要有以下两种方法：

方法 1 在【通道】调板中直接单击 （创建新通道）按钮来创建新的 Alpha 通道，并且创建的通道按照系统默认的顺序以 Alpha 1、Alpha 2、Alpha 3……Alpha n 进行命名。

方法 2 在【通道】调板右上角的 按钮，并在弹出的菜单中选择【新建通道】命令，如图 9-3 所示，弹出【新建通道】对话框，可以根据需要在其中给通道命名，选择色彩指示方式、蒙版颜色与不透明度，如图 9-4 所示，设置好后单击【确定】按钮，即可在【通道】调板中新增一个 Alpha 1 通道，如图 9-5 所示。

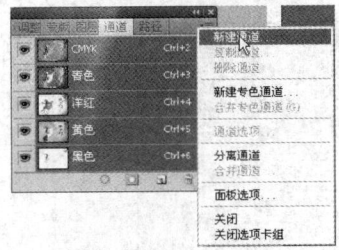 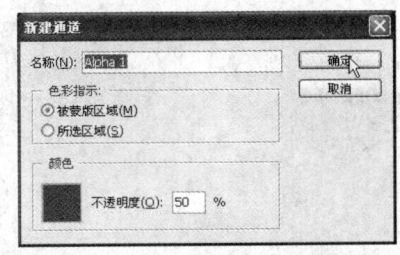 

图 9-3 【通道】调板　　图 9-4 【新建通道】对话框　　图 9-5 【通道】调板

2. 创建专色通道

专色是特殊的预混油墨，用于替代或补充印刷四色（CMYK）油墨，每种专色在印刷时要求专用的印版。

在【通道】调板右上角单击 按钮，并在弹出的菜单中选择【新建专色通道】命令，如图 9-6 所示，弹出【新建专色通道】对话框，可根据需要在其中给专色通道命名，选择油墨颜色与设置密度，如图 9-7 所示，设置好后单击【确定】按钮，即可在【通道】调板中新增一个专色通道，如图 9-8 所示。

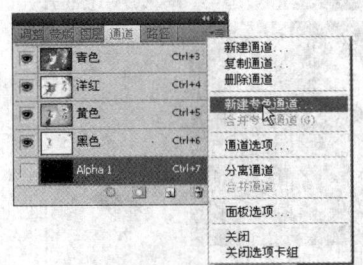 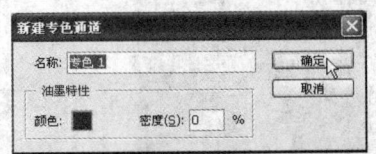 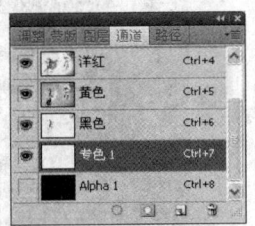

图 9-6 【通道】调板　　图 9-7 【新建专色通道】对话框　　图 9-8 【通道】调板

【新建专色通道】对话框选项说明如下：

- **颜色**：单击【颜色】后的色块，弹出【选择专色】对话框，用户可在其中选择所需的专色。选择专色后在印刷时可以更容易地提供合适的油墨以重现图像的色彩。
- **密度**：可以在文本框中输入 0～100 之间的数值，来设置油墨的透明度。当设置为"100%"时，可模拟完全覆盖下层油墨的油墨（如：金属质感油墨），当设置为"0"时，可模拟完全显示下层油墨的透明油墨（如：透明光油）。

9.1.4 编辑通道

创建好通道后，有时需要对其进行编辑，以制作更好的效果。

Howto 编辑通道

1 在【通道】调板中单击 Alpha 1 通道，使它为当前通道，同时隐藏了专色与其他的通道，如图 9-9 所示。

2 设定前景色为白色，背景色为黑色，在工具箱中点选 T 横排文字工具，接着在【字符】调板中设置【字体】为"文鼎 CS 行楷"，【字体大小】为"80 点"，再选择 T 按钮，以将文字加粗，如图 9-10 所示，然后在画面的适当位置单击并输入所需的文字，如图 9-11 所示，在选项栏中单击 ✓ 按钮，确认文字输入，得到如图 9-12 所示的文字选区，并且选区已经用白色进行了填充。

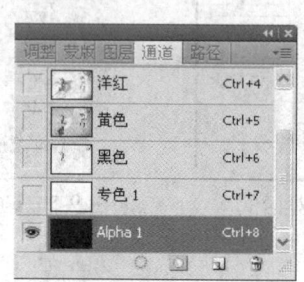

图 9-9 【通道】调板

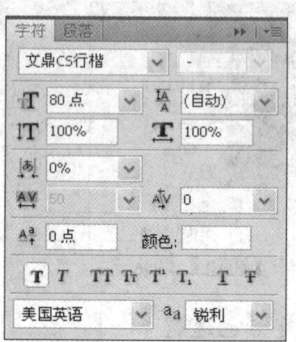

图 9-10 【字符】调板

3 在菜单中执行【滤镜】→【模糊】→【形状模糊】命令，弹出【形状模糊】对话框，并在其中设定【半径】为"5 像素"，再选择所需的形状，如图 9-13 所示，设置好后单击【确】定按钮，这样我们就为 Alpha 1 通道的内容进行了编辑，画面效果与【通道】调板如图 9-14 所示。

图 9-11 输入文字

图 9-12 文字选区

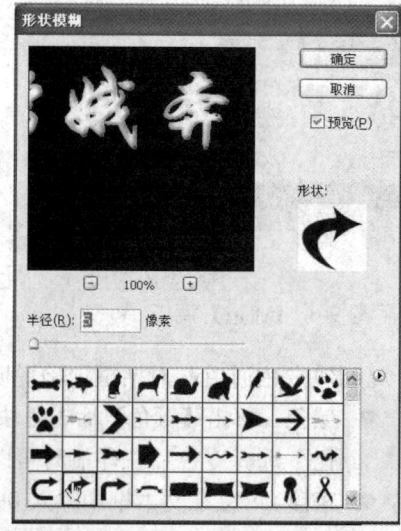

图 9-13 【形状模糊】对话框

4 在【通道】调板中单击"CMYK"复合通道，以选择复合通道，如图 9-15 所示，再在菜单中执行【图像】→【模式】→【RGB 颜色】命令，即 CMYK 图像转换为 RGB 图像，其【通道】调板如图 9-16 所示，画面效果如图 9-17 所示。

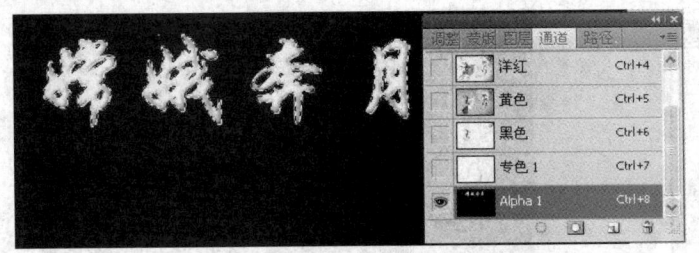
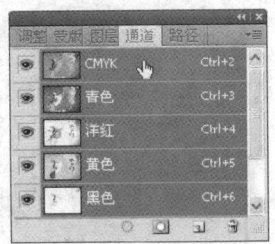

图 9-14 执行【形状模糊】命令后的效果　　　　图 9-15 【通道】调板

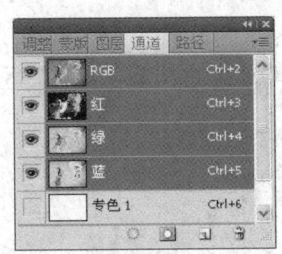

图 9-16 【通道】调板　　　　图 9-17 转换颜色模式后的效果

5 在菜单中执行【滤镜】→【渲染】→【光照效果】命令，弹出【光照效果】对话框，并在其中设置所需的参数，具体参数如图 9-18 所示，设置好后单击【确定】按钮，这样我们就为 Alpha 1 通道的内容进行了编辑，画面效果如图 9-19 所示。

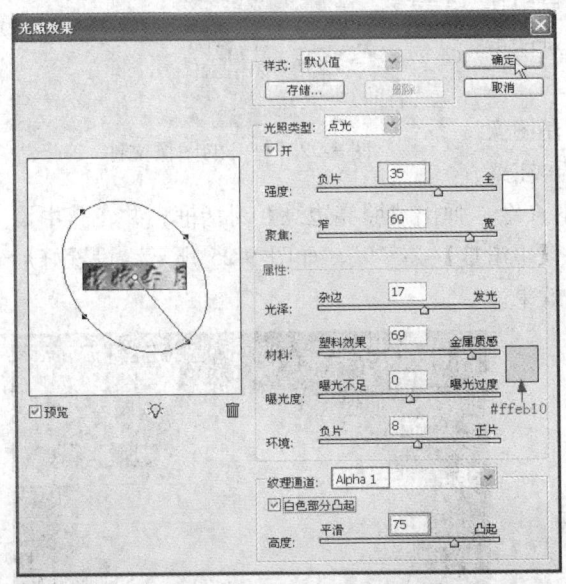

图 9-18 【光照效果】对话框　　　　图 9-19 执行【光照效果】命令后的效果

6 在菜单中执行【编辑】→【描边】命令，弹出【描边】对话框，并在其中设置【宽度】为"3px"，【颜色】为"白色"，【位置】为"居外"，其他不变，如图 9-20 所示，单击【确定】按钮，以得到如图 9-21 所示的效果。

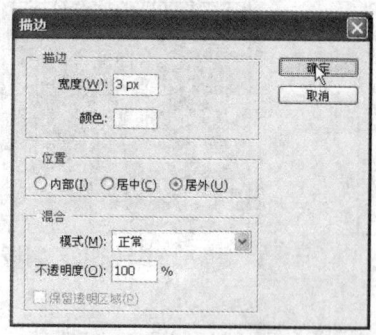
图 9-20 【描边】对话框

图 9-21 描边后的效果

9.1.5 通道与选区之间的转换

在处理图像时会经常将选区存储为通道以备用，也可将存储的通道再次载入选区以对其进行再应用。

Howto 处理通道与选区之间的转换

1 从配套光盘中打开"/范例源文件/CH09/03.jpg"文件，接着在工具箱中点选 ⬭ 椭圆选框工具，并在选项栏中设置【羽化】为"20px"，然后在画面中绘制出一个椭圆选框，如图 9-22 所示。

2 显示【通道】调板，并在其中单击 ▢（将选区存储为通道）按钮，则系统会直接将选区以默认的名称存储为通道，如图 9-23 所示。也可以在菜单中执行【选择】→【存储选区】命令，并在弹出的对话框中设置所需的参数，即可将选区存储为通道。

3 在【通道】调板中激活 Alpha 1，即可在图像窗口中显示 Alpha 1 的内容，如图 9-24 所示，再在菜单中执行【滤镜】→【风格化】→【照亮边缘】命令，弹出【照亮边缘】对话框，并在其中设置【边缘宽度】为"8"，【边缘亮度】为"20"，【平滑度】为"9"，如图 9-25 所示，设置好后单击【确定】按钮，即可得到如图 9-26 所示的效果。

图 9-22 打开的图像文件

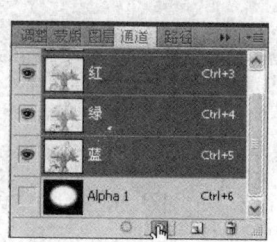
图 9-23 【通道】调板

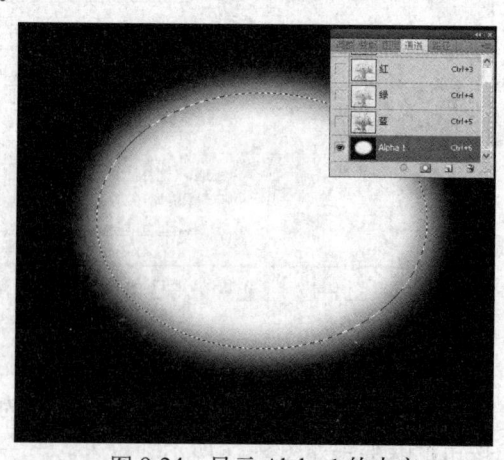
图 9-24 显示 Alpha 1 的内容

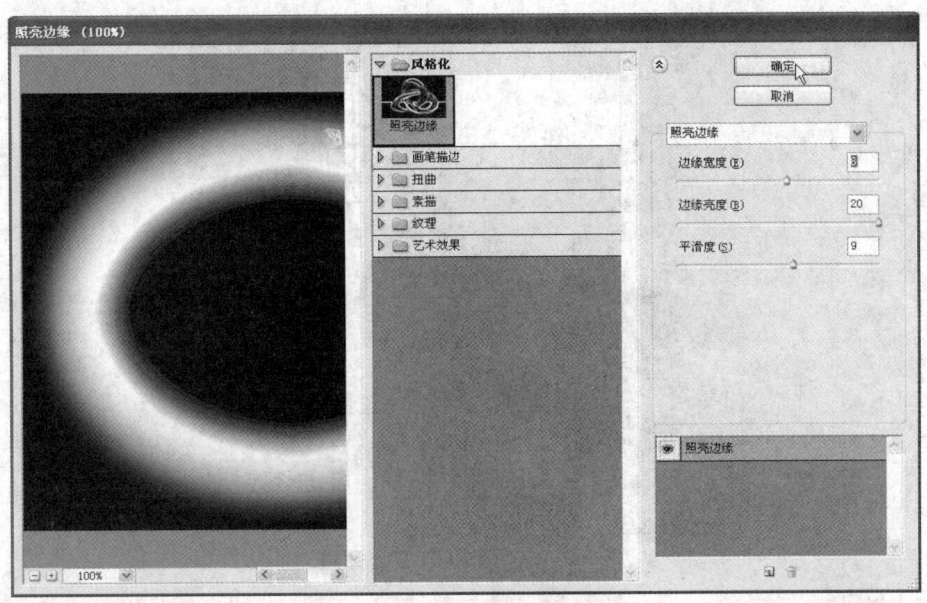

图 9-25 【照亮边缘】对话框

4 在【通道】调板中单击 ⭕（将通道作为选区载入）按钮，如图 9-27 所示，也可以按住 Ctrl 键的同时单击 Alpha 1 通道，即将 Alpha 1 重新载入选区，从而得到如图 9-28 所示的选区，然后按 Ctrl+C 键进行拷贝。

图 9-26 执行【照亮边缘】命令后的效果

图 9-27【通道】调板

图 9-28 将 Alpha 1 载入选区

（1）如果要将图像中原来的选区与要载入的选区相加，可在按住 Ctrl+Shift 键的同时单击要载入的通道。
（2）如果要将图像中原来的选区与要载入的选区相减，可在按住 Ctrl+Alt 键的同时单击要载入的通道。
（3）按住 Ctrl+Alt+Shift 键的同时单击要载入的通道，可以创建出原来的选区与要载入的选区相交的选区。

5 在【通道】调板中激活 RGB 复合通道，如图 9-29 所示，按 Ctrl+V 键将前面拷贝的内容粘贴到 RGB 图像中，画面效果如图 9-30 所示，同时【图层】调板中自动新建了一个图层，如图 9-31 所示。

图 9-29 激活 RGB 复合通道

图 9-30 粘贴后的效果

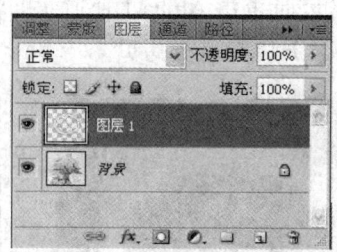

图 9-31 【图层】调板

9.2 使用通道运算混合图层和通道

使用【应用图像】和【计算】命令，可以使与图层关联的混合效果将图像内部和图像之间的通道组合成新图像。这些命令提供了【图层】调板中没有的两个附加混合模式——"增加"和"减去"；尽管通过将通道复制到【图层】调板中的图层中可以创建通道的新组合。

【计算】命令首先在两个通道的相应像素上执行数学运算，然后在单个通道中组合运算结果。

9.2.1 应用图像

【应用图像】命令可以将图像的图层和通道（源）与现用图像（目标）的图层和通道混合。

Howto 使用【应用图像】命令混合图层与通道

1 按 Ctrl+O 键从配套光盘中打开 "/范例源文件/CH09/01.psd" 文件，如图 9-32 所示。

2 显示【通道】调板，并在其中单击 按钮，新建一个 Alpha 通道，如图 9-33 所示；在工具箱中点选 T 横排文字工具，并在选项栏中设置【字体】为"文鼎 CS 行楷"，【字体大小】

为"36 点",【文本颜色】为"白色",然后在画面中适当位置单击并输入"春暖花开"文字,单击 ✓ 按钮确认文字输入,得到如图 9-34 所示的白色文字选区。

图 9-32 打开的图像

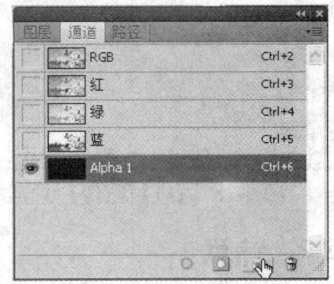

图 9-33 【通道】调板

3 按 Ctrl+D 键取消选择,接着在【通道】调板中拖动 Alpha 1 通道到 ■ (创建新通道) 按钮上呈凹下状态时松开左键,即可复制通道 Alpha 1 为 Alpha 1 副本,如图 9-35 所示。

图 9-34 输入文字

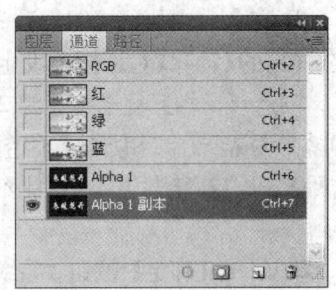

图 9-35 【通道】调板

4 以通道 Alpha 1 副本为当前通道,在菜单中执行【滤镜】→【模糊】→【高斯模糊】命令,并在弹出的对话框中设定【半径】为"4 像素",如图 9-36 所示,单击【确定】按钮,以给 Alpha 1 副本通道中的内容进行模糊,结果如图 9-37 所示。

图 9-36 【高斯模糊】对话框

图 9-37 执行【高斯模糊】命令后的效果

5 在菜单中执行【图像】→【应用图像】命令,并在弹出的对话框中设定【通道】为"Alpha 1",【混合】为"滤色",【不透明度】为"50%",如图 9-38 所示,单击【确定】按钮,就可得到如图 9-39 所示的效果。

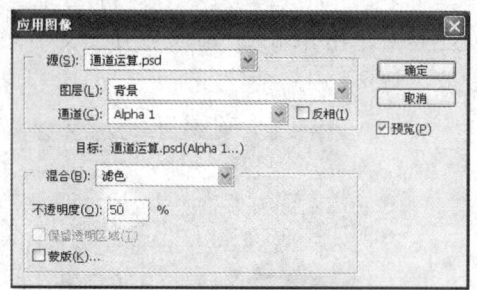
图 9-38 【应用图像】对话框

图 9-39 执行【应用图像】命令后的效果

9.2.2 计算

计算可以混合两个来自一个或多个源图像的单个通道。然后可以将结果应用到新图像或新通道，或现用图像的选区。当然不能对复合通道应用运算。

Howto 使用计算命令混合通道

1 在菜单中执行【图像】→【计算】命令，并在弹出的【计算】对话框中设定源 1 通道为"灰色"，勾选【反相】复选框，源 2 通道为"Alpha 1 副本"，【混合】为"相加"，【不透明度】为"70%"，【结果】为"新建通道"，其他不变，如图 9-40 所示。

2 单击【确定】按钮，得到如图 9-41 所示的效果，在【通道】调板中新增了一个 Alpha 2 通道，如图 9-42 所示。

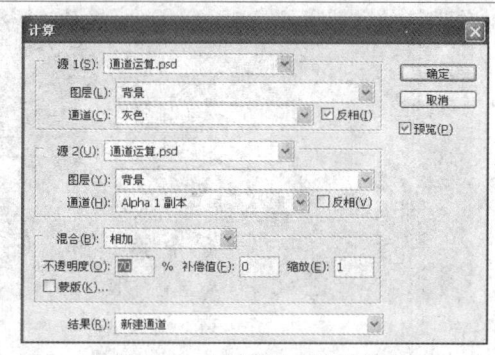
图 9-40 【计算】对话框图

图 9-41 执行【计算】命令后的效果

图 9-42 【通道】调板

【计算】对话框选项说明如下：

- "相加"和"减去"混合模式：只在【应用图像】和【计算】命令中使用；"相加"模式用缩放量除像素值的总和，然后将"位移"值添加到此和中。
- 补偿值：可以按照任何介于+255～-255 之间的亮度值使目标通道中的像素变暗或变亮；负值使图像变暗，而正值使图像变亮。
- "缩放"：是介于 1.000～2.000 之间的任何数字，输入较高的"缩放"值将使图像变暗。

也可以在图像之间进行运算，操作方法相同，只是需要打开另一张图片，并在源 1 或源 2 中选择所需的图像文件名称即可。

9.3 应用通道——换婚纱背景

本例是先用【打开】命令打开要替换背景的图像，再用【复制通道】、【色阶】、画笔工具、【将通道作为选区载入】等命令将图像中的人物勾画出，然后用【通过拷贝的图层】将选区中的人物拷贝到新图层，最后用【创建新图层】、【填充】等命令制作背景。

效果对比图如图 9-43、图 9-44 所示。

图 9-43　处理前的效果　　　　　　　　图 9-44　处理后的效果

Howto 应用通道替换婚纱背景

1 按 Ctrl+O 键从配套光盘中打开"/范例源文件/CH09/02.psd"文件，如图 9-45 所示。

2 显示【通道】调板，并在其中依次单击单色通道，以查看哪个通道中的内容对比明显、图像清楚，这里以蓝色通道中的图像对比明显与清楚，单击"蓝"通道，使它为当前通道，如图 9-46 所示，图像效果如图 9-47 所示。

 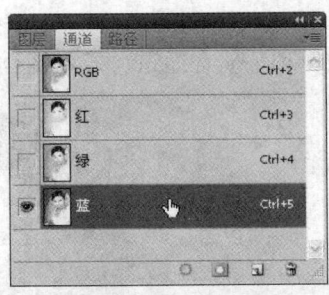 

图 9-45　打开的婚纱图像　　　图 9-46　【通道】调板　　　图 9-47　蓝通道画面效果

3 将"蓝"通道拖动到 ◻ （创建新通道）按钮呈凹下状态时松开左键，即可复制一个副本，如图 9-48 所示。

4 按 Ctrl+L 键弹出【色阶】对话框，并在其中设置所需的输入色阶，如图 9-49 所示，设置好后单击【确定】按钮，以加强对比效果，如图 9-50 所示。

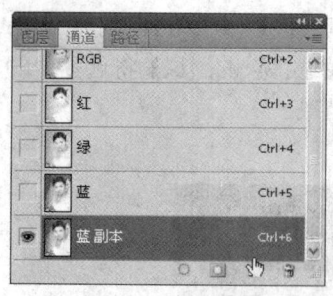
图 9-48 复制通道

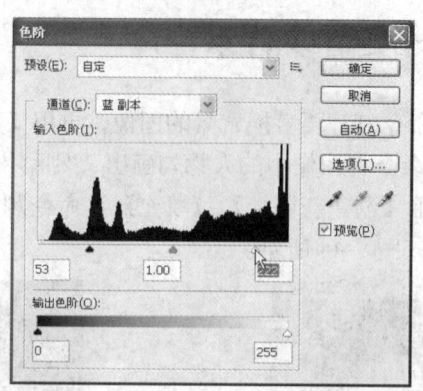
图 9-49 【色阶】对话框

图 9-50 执行【色阶】命令后的效果

5 设置前景色为白色，再在工具箱中点选 画笔工具，并在选项栏中设置所需的参数，如图 9-51 所示，设置好后在画面中人物上进行涂抹，以将其改为白色，结果如图 9-52 所示。

6 在选项栏中的【画笔】弹出式调板中选择所需的画笔与设置所需的主直径，然后将一些关键的区域涂抹成白色，涂抹好后的效果如图 9-53 所示。

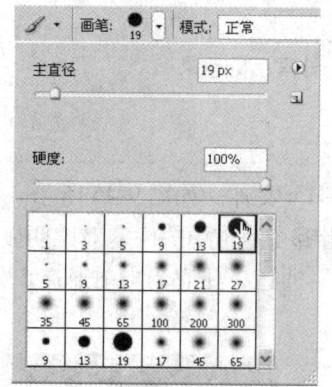
图 9-51 画笔工具选项栏

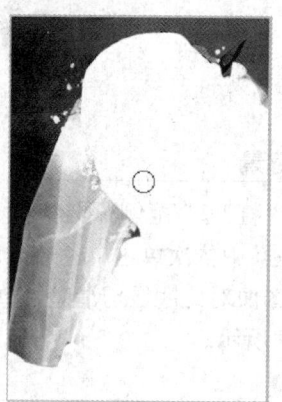
图 9-52 涂抹后的效果

图 9-53 涂抹后的效果

7 按 Ctrl 键在【通道】调板中单击"蓝副本"通道的缩览图，使该通道载入选区，如图 9-54 所示。

8 在【通道】调板中激活"RGB"复合通道，显示复合图像效果，如图 9-55 所示。

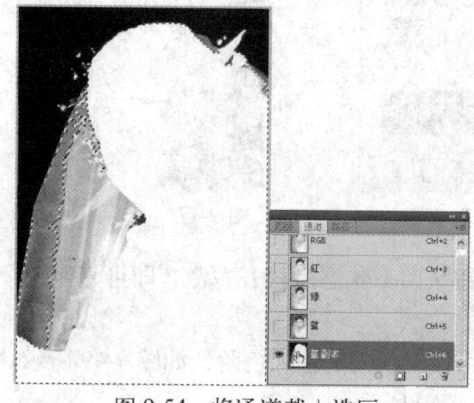
图 9-54 将通道载入选区

图 9-55 显示复合图像效果

9 按 Ctrl+J 键将选区内容通过拷贝复制一个副本，如图 9-56 所示。

10 设置前景色为 R165、G35、B49，在【图层】调板中先激活背景层，再单击 按钮，新建一个图层，使该图层位于副本图层的下层，然后按 Alt+Del 键填充前景色，以得到如图 9-57 所示的效果。这样，婚纱的背景颜色就被替换了。

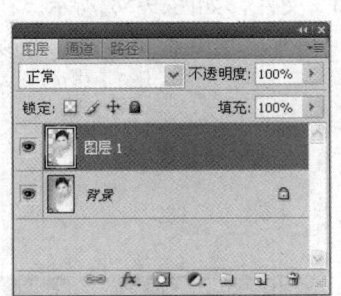

图 9-56 【图层】调板

图 9-57 替换背景颜色后的效果

9.4 蒙版

蒙版存储在 Alpha 通道中。蒙版和通道都是灰度图像，因此可以使用绘画工具、编辑工具和滤镜象编辑任何其他图像一样对它们进行编辑。在蒙版上用黑色绘制的区域将会受到保护（即被隐藏）；而蒙版上用白色绘制的区域是可编辑区域（即被显示）。

如果要改变图像某个区域的颜色，或者要对该区域应用滤镜或其它效果时，可以使用蒙版来隔离并保护图像的其余部分。

当选中【通道】调板中的蒙版通道时，前景色和背景色以灰度值显示。

在 Photoshop 中，可以用下列方式创建蒙版：

（1）快速蒙版模式可以创建并查看图像的临时蒙版；当不想存储蒙版供以后使用时，可以使用临时蒙版。

（2）Alpha 通道可以存储并载入用作蒙版的选区。

（3）图层蒙版和图层剪贴路径可以在同一图层上生成软硬蒙版边缘的混合；通过更改图层蒙版或图层剪贴路径，可应用各种特殊效果。

9.4.1 使用快速蒙版模式

快速蒙版模式可以将任何选区作为蒙版进行编辑，而无需使用【通道】调板，在查看图像时也可如此；将选区作为蒙版来编辑的优点是几乎可以使用任何 Photoshop 工具或滤镜修改蒙版。

当在快速蒙版模式中工作时，【通道】调板中出现一个临时快速蒙版通道；但是，所有的蒙版编辑是在图像窗口中完成的。

如果画面中有选区，可以直接单击工具箱中的 （以快速蒙版模式编辑）按钮，以从标准模式编辑切换到快速蒙版模式编辑，这样以便使用任何操作对蒙版进行编辑，编辑好后单击 按钮返回到标准模式编辑状态，即将蒙版直接转换为选区。

9.4.2 添加图层蒙版

在添加图层蒙版时，首先需要决定是要隐藏还是显示所有图层。接着将在蒙版上绘制以隐藏部分图层并显示下面的图层。也可以由选区创建一个图层蒙版，使该图层蒙版可自动隐藏部分图层。

Howto 添加图层蒙版

1 从配套光盘中打开"/范例源文件/CH09/03.psd"文件，如图 9-58 所示，在【图层】调板中选择要添加图层蒙版的图层，再在底部单击 ◻ （添加图层蒙版）按钮，给该图层添加图层蒙版，如图 9-59 所示。

图 9-58　打开的文件

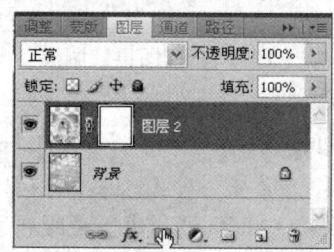

图 9-59　【图层】调板

2 先在工具箱中设置前景色为黑色，再点选 ✎ 画笔工具，并在选项栏中设置画笔的【主直径】为"129px"，【硬度】为"0％"，其他为默认值，如图 9-60 所示，然后在人物的周围进行涂抹，以将不需要的部分隐藏起来，如图 9-61 所示，同时【图层】调板中的蒙版缩览图也随之更新，如图 9-62 所示。

 如果用白色绘制，则会把隐藏的区域显示出来。

图 9-60　画笔工具选项栏

图 9-61　涂抹后的效果

图 9-62　【图层】调板

也可以在图像窗口中将需要保留显示的区域勾选出来，再在【图层】调板的底部单击 ◻ （添加图层蒙版）按钮，由选区给该图层添加图层蒙版，从而直接得到所需的效果。

9.5 使用图层蒙版勾画图像

本例是先用【打开】命令打开要勾画的图像，再用【添加图层蒙版】、画笔工具、【放大】、【缩小】等工具与命令将图像中的蝴蝶勾画出，然后用【打开】、移动工具、【自由变换】、【通过拷贝的图层】、【水平翻转】等工具与命令将蝴蝶复制到打开的背景图像中进行排列、调整与复制以组合出一幅美丽的风景画。

实例效果如图 9-63 所示。

图 9-63　效果图

Howto 使用图层蒙版勾画图像

1 按 Ctrl+O 键从配套光盘中打开"/范例源文件/CH09/04.psd"文件，如图 9-64 所示。

2 在【图层】调板中单击 ◻ 按钮，给图层 1 添加图层蒙版，如图 9-65 所示。

图 9-64　打开的图像文件

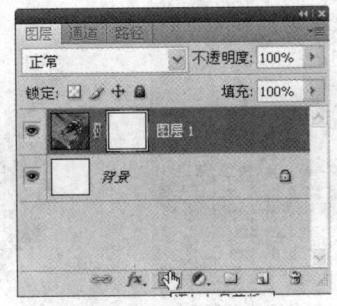

图 9-65　【图层】调板

3 在工具箱中设置前景色为黑色，再点选 画笔工具，并在选项栏的【画笔】弹出式调板中选择"尖角19像素"，如图9-66所示，然后在画面中蝴蝶的周围进行涂抹，以将不需要的部分隐藏，隐藏后的效果如图9-67所示。

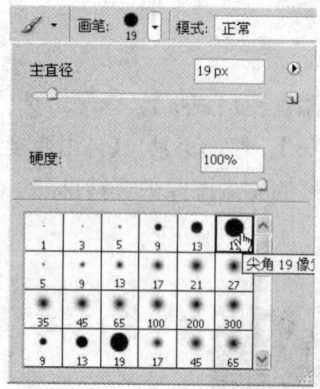

图9-66　画笔工具选项栏

图9-67　在蝴蝶的周围进行涂抹

4 在画面中右击弹出【画笔】调板，并其中将【主直径】设为"42px"，如图9-68所示，以将画笔主直径加大，然后在画面中不需要的区域进行涂抹，以将其隐藏，隐藏后的效果如图9-69所示。

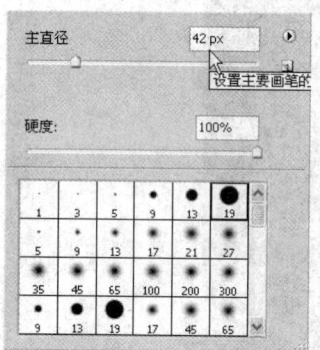

图9-68　【画笔】调板

图9-69　在蝴蝶的周围进行涂抹

5 在画面中右击弹出【画笔】调板，并其中将【主直径】设为"13px"，如图9-70所示，以将画笔主直径缩小，然后在画面中不需要的区域进行涂抹，以将其隐藏，隐藏后的效果如图9-71、图9-72所示。

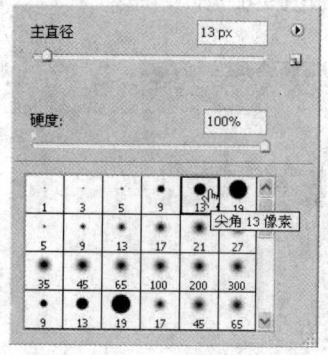

图9-70　【画笔】调板

图9-71　在蝴蝶的周围进行涂抹

图9-72　在蝴蝶的周围进行涂抹

6 按 Ctrl++ 键将画面放大到 300%，再在画面中右击弹出【画笔】调板，并在其中将【主直径】设为 "3px"，如图 9-73 所示，以将画笔主直径缩小，然后在画面中不需要的区域进行涂抹，以将其隐藏，隐藏后的效果如图 9-74 所示。

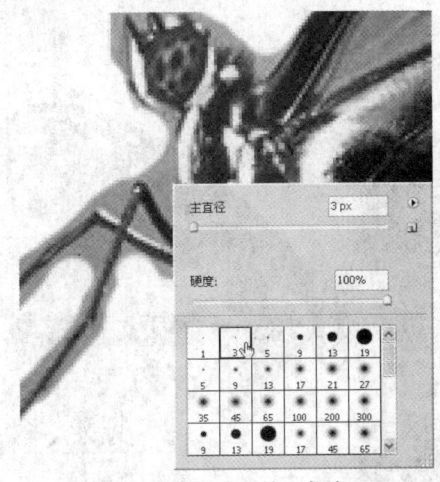

图 9-73 【画笔】调板

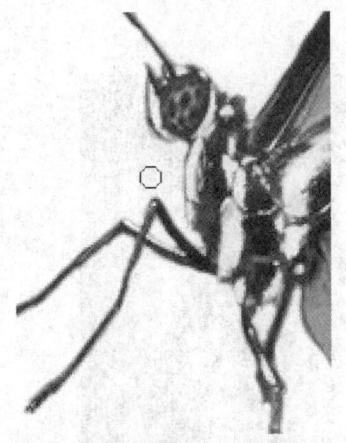

图 9-74 在蝴蝶的周围进行涂抹

7 在胡须处进行精细涂抹，将不需要的区域隐藏，涂抹后的效果如图 9-75 所示。

8 由于一些区域被多隐藏了，因此需要将其显示出来，所以需设置前景色为白色，然后在画面中再次进行涂抹，以将被隐藏的区域显示出来，涂抹后的效果如图 9-76 所示。

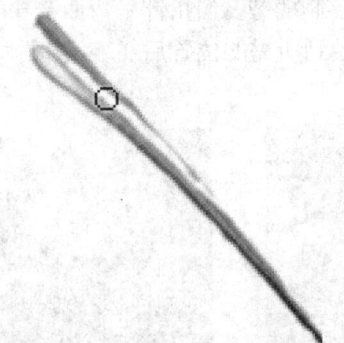

图 9-75 精细涂抹蝴蝶的边缘

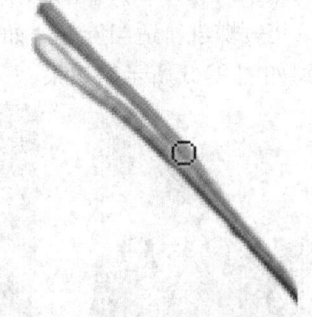

图 9-76 将被隐藏的区域显示出来

9 按 Ctrl+- 键将画面缩小到 100%，以得到如图 9-77 所示的效果，其【图层】调板中的图层蒙版缩览图也随之更新，如图 9-78 所示。

图 9-77 涂抹后的效果

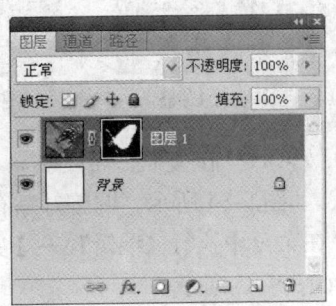

图 9-78 【图层】调板

10 按 Ctrl+O 键从配套光盘中打开"/范例源文件/CH09/05.psd"文件，如图 9-79 所示。

11 将两个文件从文档标题栏中拖出成浮停状态，然后以有蝴蝶的文件为当前文件，再用移动工具将蝴蝶所在图层拖动到刚打开的文件中，如图 9-80 所示。

图 9-79　打开的图像文件　　　　　　　图 9-80　复制蝴蝶时的状态

12 按 Ctrl+T 键执行【自由变换】命令，显示变换框，再拖动右上角的控制柄向内至适当位置，以调整蝴蝶大小，如图 9-81 所示，然后移至控制柄旁，当指针呈弯曲箭头时按下左键进行拖移，将蝴蝶进行适当旋转，如图 9-82 所示，旋转到所需的位置后在变换框中双击确认变换，以得到如图 9-83 所示的效果。

图 9-81　自由变换调整　　　　图 9-82　自由变换调整　　　　图 9-83　调整后的结果

13 按 Ctrl+J 键复制一个副本，再用移动工具将其向上拖动到适当位置，按 Ctrl+T 键将蝴蝶缩小，如图 9-84 所示，调整好后在变换框中双击确认变换。

14 在菜单中执行【编辑】→【变换】→【水平翻转】命令，将蝴蝶进行水平翻转，翻转后的效果如图 9-85 所示。

图 9-84　复制并调整蝴蝶

图 9-85　翻转后的效果

9.6　本章小结

本章讲解了 Photoshop 中的通道与蒙版功能，利用通道可以存储与载入选区，从而制作出各种艺术效果。利用蒙版可以用来保护被屏蔽的图像区域使其不被编辑，从而可以进行各种图像合成，以达到制作出优美艺术作品的目的。通过本章的学习可以灵活应用通道与蒙版功能制作出各种艺术作品，以提高工作效益。

9.7　本章习题

一、填空题

1. 一个图像最多可包含_____个通道，所有的新通道都具有与原图像相同的_____和_____。通道所需的文件大小由通道中的_____决定。

2. 专色是特殊的_____，用于替代或补充印刷_____，每种专色在印刷时要求专用的印版。

二、选择题

1. 蒙版和通道都是什么图像，因此可以使用绘画工具、编辑工具和滤镜像编辑任何其他图像一样对它们进行编辑？　　　　　　　　　　　　　　　　　　　　　　　　（　　）
　　A. Lab 图像　　　　B. CMYK 图像　　　C. RGB 图像　　　D. 灰度图像

2. 以下哪两种混合模式只在【应用图像】和【计算】命令中使用？　　　　　　　（　　）
　　A. "相加"和"减淡"　　　　　　　　B. "加深"和"减淡"
　　C. "叠加"和"减去"　　　　　　　　D. "相加"和"减去"

3. 以下哪种命令首先在两个通道的相应像素上执行数学运算，然后在单个通道中组合运算结果？　　　　　　　　　　　　　　　　　　　　　　　　　　　　　　　　　　（　　）
　　A.【混合通道】命令　　　　　　　　B.【应用图像】命令
　　C.【图像大小】命令　　　　　　　　D.【计算】命令

4. 在蒙版上用以什么颜色绘制的区域将会受到保护（即被隐藏）？　　　　　　　（　　）
　　A. 白色　　　　　　B. 黑色　　　　　　C. 黄色　　　　　　D. 红色

第 10 章　色彩与色调调整

教学目标

学会使用【调整】菜单中各命令来调整图像的色彩与色调。

教学重点与难点

- 颜色和色调校正
- 使用色阶、曲线和曝光度来调整图像
- 校正图像的色相/饱和度和颜色平衡
- 调整图像的阴影/高光
- 匹配、替换和混合颜色
- 快速调整图像
- 对图像进行特殊颜色处理

10.1　颜色和色调校正

10.1.1　颜色调整命令

Photoshop CS4 提供了以下 12 种用于颜色调整的命令：

（1）【自动调整色阶】命令：快速校正图像中的色彩平衡。包括【自动颜色】与【自动色调】命令。

（2）【色阶】命令：使用它可以通过为单个颜色通道设置像素分布来调整色彩平衡。

（3）【曝光度】命令：使用它可以通过在线性颜色空间中执行计算来调整色调。曝光度主要用于 HDR 图像。

（4）【曲线】命令：对于单个通道，为高光、中间调和阴影调整最多提供 14 个控制点。

（5）【自然饱和度】命令：使用它可以调整颜色饱和度，以使剪切最小化。

（6）【照片滤镜】命令：使用它可以通过模拟在相机镜头前安装 Kodak Wratten 或 Fuji 滤镜时所达到的摄影效果来调整颜色。

（7）【色彩平衡】命令：使用它可以更改图像中所有的颜色混合。

（8）【色相/饱和度】命令：使用它可以调整整个图像或单个颜色分量的色相、饱和度和亮度值。

（9）【匹配颜色】命令：使用它可以将一张照片中的颜色与另一张照片相匹配，将一个图层中的颜色与另一个图层相匹配，将一个图像中选区的颜色与同一图像或不同图像中的另一个选区相匹配。该命令还调整亮度和颜色范围并中和图像中的色痕。

（10）【替换颜色】命令：使用它可以将图像中的指定颜色替换为新颜色值。

（11）【可选颜色】命令：使用它可以调整单个颜色分量的印刷色数量。

（12）【通道混合器】命令：使用它可以修改颜色通道并进行使用其他颜色调整工具不易实现的色彩调整。

10.1.2 色调调整方法

如果要设置图像的色调范围，可以采用以下4种方法：

方法1 在【色阶】对话框中沿直方图拖移滑块，如图10-1所示。

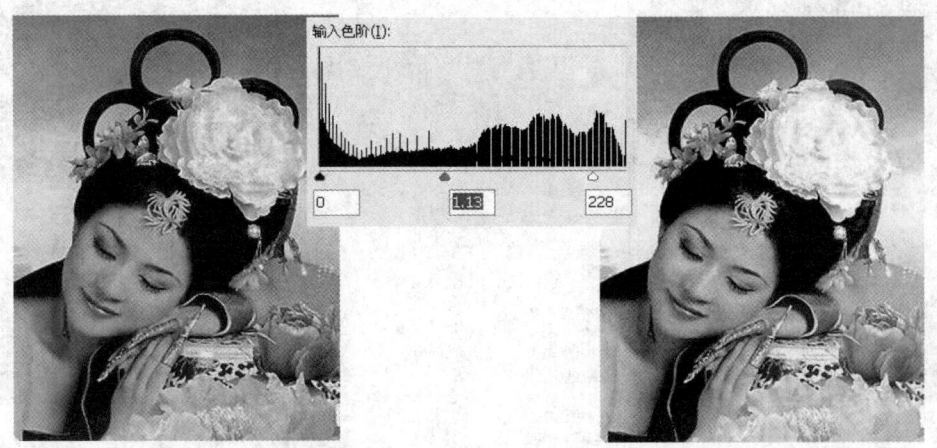

图10-1 原图与调整色阶后的效果

方法2 在【曲线】对话框中调整图形的形状。此方法允许在0～255色调范围中调整任何点，并可以最大限度地控制图像的色调品质，如图10-2所示。

图10-2 原图与调整曲线后的效果

方法3 使用【色阶】或【曲线】对话框为高光和阴影像素指定目标值。对于正发送到印刷机或激光打印机的图像来说，这可以保留重要的高光和阴影细节。在锐化之后，可能还需要微调目标值。

方法4 使用【阴影/高光】命令调整阴影和高光区域中的色调。它对于校正强逆光使主体出现黑色影像，或者由于靠近照相机闪光灯，而导致主体曝光稍稍过度的图像特别有用，如图10-3所示。【阴影/高光】命令不是简单地使图像变亮或变暗，它基于阴影或高光中的周围像素

(局部相邻像素)增亮或变暗。正因为如此，阴影和高光都有各自的控制选项。默认值设置为修复具有逆光问题的图像。【阴影/高光】命令还有【中间调对比度】滑块、【修剪黑色】选项和【修剪白色】选项，用于调整图像的整体对比度。

图 10-3　原图与调整了阴影/高光后的效果

10.2　使用色阶、曲线和曝光度来调整图像

10.2.1　色阶

【色阶】调整命令允许通过调整图像的暗调、中间调和高光等强度级别，校正图像的色调范围和色彩平衡。【色阶】直方图用作调整图像基本色调的直观参考。

在菜单中执行【图像】→【调整】→【色阶】命令，弹出如图10-4所示的对话框。

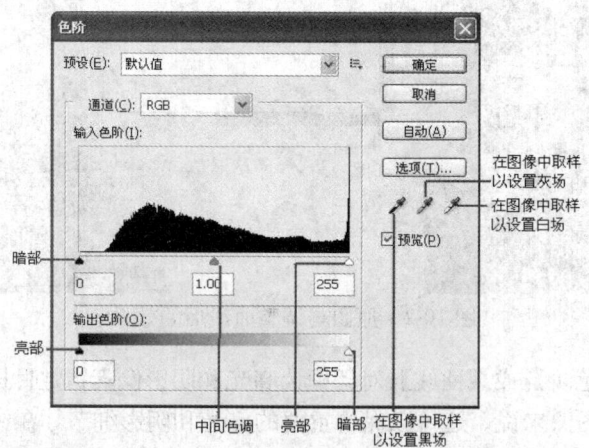

图 10-4　【色阶】对话框

【色阶】对话框中选项说明如下：
- **通道**：在下拉列表中可以选择所要进行色调调整的颜色通道。

➢ **输入色阶**：在【输入色阶】的文本框中可以输入所需的数值或拖移直方图下方的滑块来分别设置图像的暗调、中间调和高光。将【输入色阶】的黑部和亮部滑块拖移到直方图的任意一端的第一组像素的边缘，或直接在第一个和第三个【输入色阶】文本框中输入值来调整暗调和高光。在打开一张图片后，接着执行【色阶】命令，弹出【色阶】对话框，并在其中拖移亮部滑块向左至适当的位置或在输入色阶的第三个文本框中输入所需的数值，即可把图像调亮，如图10-5所示。

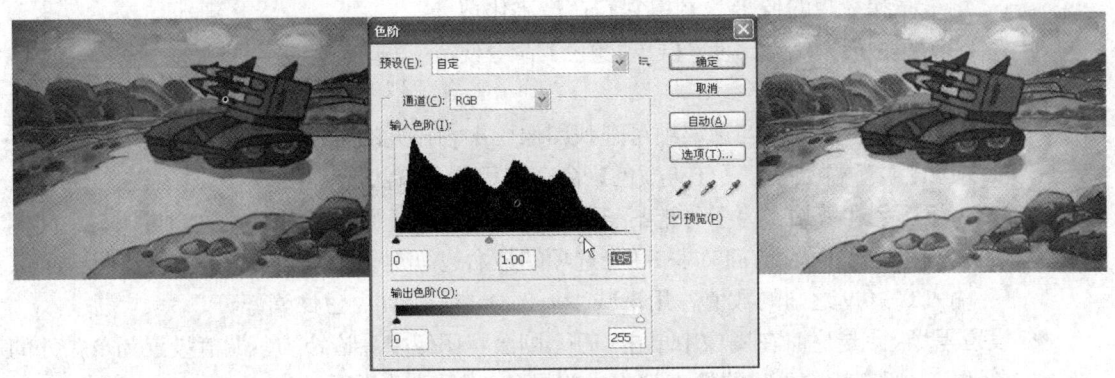

图 10-5　原图与调亮后的效果

如果图像需要校正中间调，可以将【输入色阶】的中间色调滑块向右或向左拖移使中间调变暗或变亮。也可以直接在【输入色阶】的中间文本框中输入所需的数值。

➢ **输出色阶**：拖移【输出色阶】的黑部和亮部滑块或在文本框中输入数值可以定义新的暗调和高光值。

拖动输出色阶的暗部滑块向左到适当位置，即可把图像整体调暗，如图10-6所示。

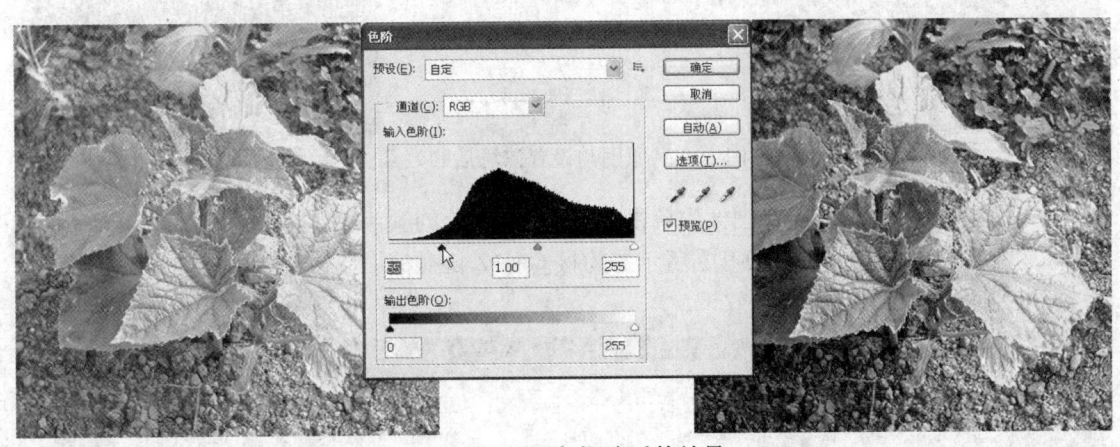

图 10-6　原图与调暗后的效果

- **载入**：单击此按钮能载入外部的色阶。
- **存储**：单击此按钮可保存调整好的色阶。
- **自动**：单击此按钮可对图形色阶做自动调整。
- **选项**：单击此按钮可弹出如图10-7所示的【自动颜色校正选项】对话框。
  ➢ **增强单色对比度**：点选该项能统一剪切所有通道。这样可以在使高光显得更亮而暗调显得更暗的同时保留整体色调关系。【自动对比度】命令使用此种算法。

- 增强每通道的对比度：点选该项可最大化每个通道中的色调范围以产生更显著的校正效果。因为各通道是单独调整的，所以【增强每通道的对比度】可能会消除或引入色偏。【自动色阶】命令使用此种算法。
- 查找深色与浅色：点选该项可查找图像中平均最亮和最暗的像素，并用它们在最小化剪切的同时最大化对比度。【自动颜色】命令使用此种算法。

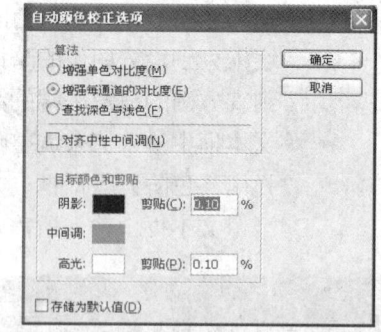

图 10-7 【自动颜色校正选项】对话框

- 对齐中性中间调：勾选该项可查找图像中平均接近的中性色，然后调整灰度系数值使颜色成为中性色。【自动颜色】命令使用此种算法。
- 目标颜色和剪贴：为了防止某一区域颜色过暗或过亮，可以对图像的暗调、中间调和高光进行设置。在暗调和高光选项的最右边分别有一个剪贴栏，在文本框中可以输入 0~0.9 之间的数值，用来减少一部分的黑色和白色像素。

● 设置黑场：点选它时在图像中单击一下，则会将图像中最暗处的色调值设置为单击处的色调值，所有比它更暗的像素都将成为黑色，如图 10-8 所示。

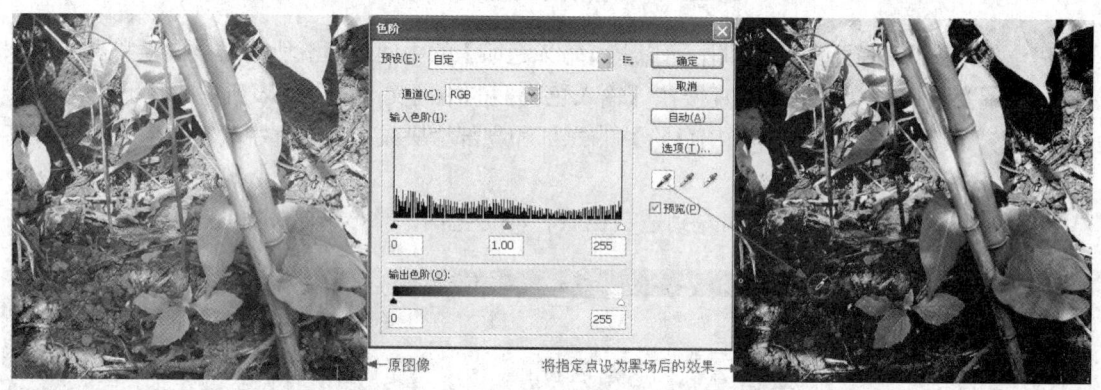

图 10-8 原图与设置黑场后的效果

● 设置灰点：点选它时在图像中单击一下，则单击处的颜色亮度将成为图像的中间色调范围的平均亮度，如图 10-9 右所示的为按 Ctrl+Z 键撤消黑场设置，再用设置灰场吸管在画面中适当位置单击的效果。

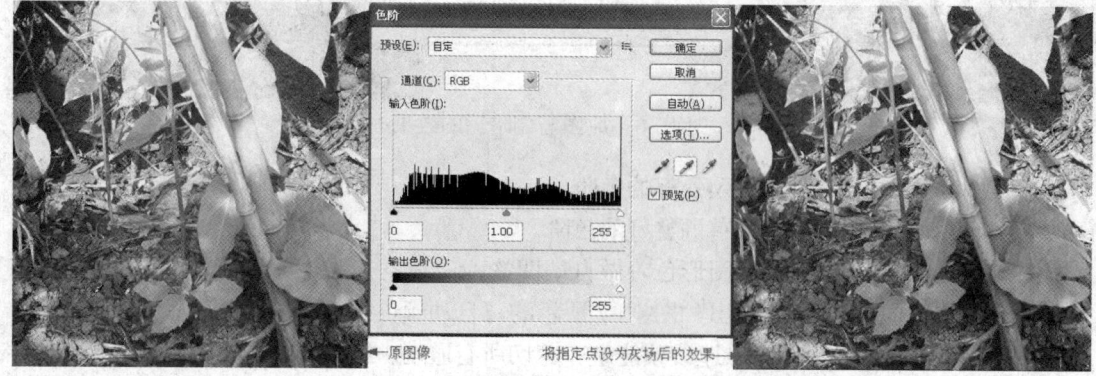

图 10-9 原图与设置灰场后的效果

- **设置白场**：点选它时在图像单击一下，则会将图像中最亮处的色调值设置为单击处的色调值，所有色调值比它大的像素都将成为白色，如图10-10所示。

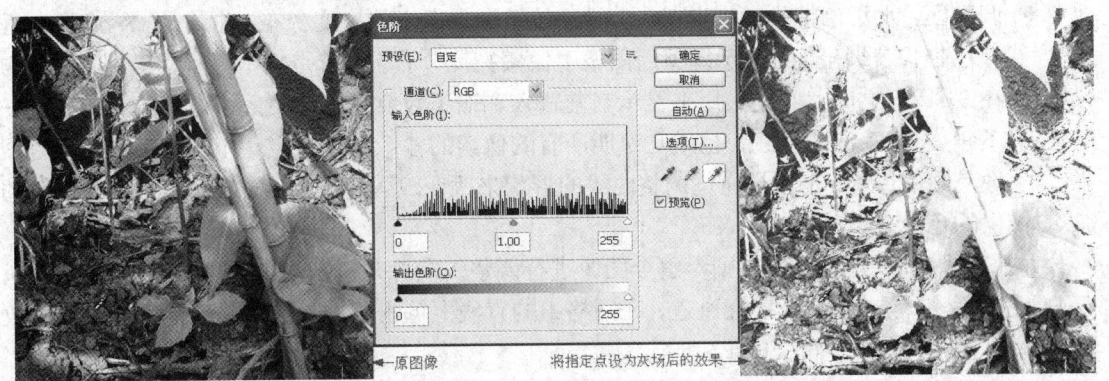

图10-10　原图与设置白场后的效果

 也可以双击对话框中各吸管工具，并在弹出的【拾色器】中设置所需的最暗色调和最亮色调，这样做的目的可使色调比较平均的图像颜色有较好的暗调和高光。

10.2.2　曲线

【曲线】命令与【色阶】命令类似，都可以调整图像的整个色调范围，是应用非常广泛的色调调整命令。不同的是【曲线】命令不仅仅使用三个变量（高光、暗调、中间调）进行调整，而且还可以调整0~255范围内的任意点，同时保持15个其他值不变。也可以使用【曲线】命令对图像中的个别颜色通道进行精确的调整。在实际运用中用得比较多。

在菜单中执行【图像】→【调整】→【曲线】命令，弹出如图10-11所示的对话框。

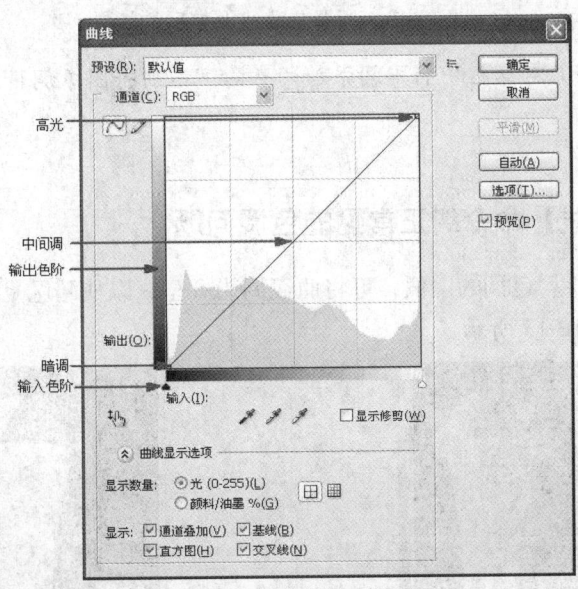

图10-11　【曲线】对话框

【曲线】对话框中选项说明如下：
- **通道**：在其下拉列表中可以选择需要调整色调的通道。如在处理某一通道色明显偏重的

RGB 图像或 CMYK 图像时，就可以只选择这个通道进行调整，而不会影响到其他颜色通道的色调分布。

- **调整区**：水平色带代表横坐标，表示原始图像中像素的亮度分布，也就是输入色阶。垂直色带代表纵坐标，表示调整后图像中像素亮度分布，也就是输出色阶，其变化范围均在 0～255 之间。对角线用来显示当前输入和输出数值之间的关系，调整前的曲线是一条角度为 45 度的直线，也就是说明所有的像素的输入与输出亮度相同。用曲线调整图像色阶的过程，也就是通过调整曲线的形状来改变输入输出亮度，从而达到更改整个图像的色阶。

如果选择 RGB 复合通道，则对整个图像进行调整。在打开一张图片后，再按 Ctrl+M 键执行【曲线】命令，选择 RGB 复合通道，在网格中的直线上单击添加一个点并向上拖到适当的位置，即可将图像调亮，如图 10-12 所示。

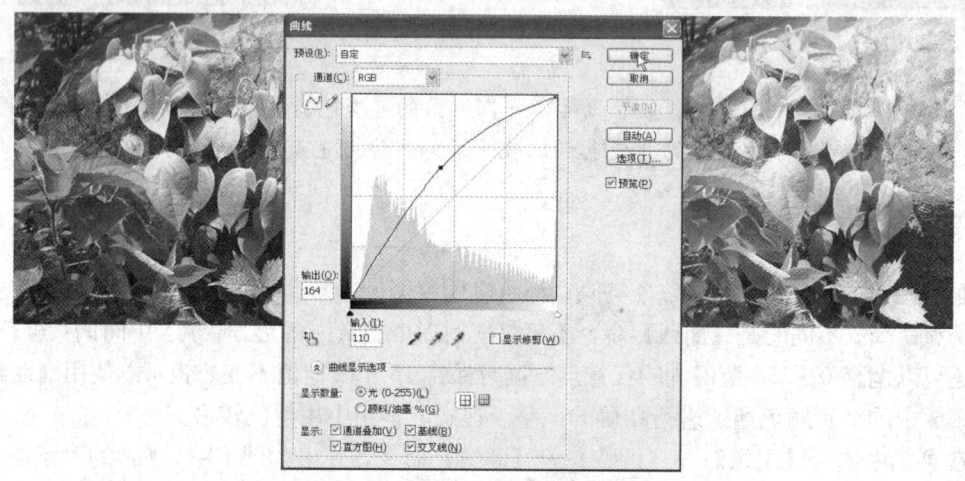

图 10-12　原图与曲线调整后的效果

 如果在【曲线】对话框中将中间添加的点向下拖则将图像调暗。

10.2.3　利用【曲线】命令纠正常见的色调问题

（1）如果要处理平均色调的图像，可将曲线调为 S 型，以使暗区更暗，亮区更亮，使图像明暗对比明显，如图 10-13 所示。

图 10-13　原图与曲线调整后的效果

（2）如果要处理低色调的图像，可将曲线调为向上凸型，以使图像各色调区按比例被加亮，如图 10-14 所示。

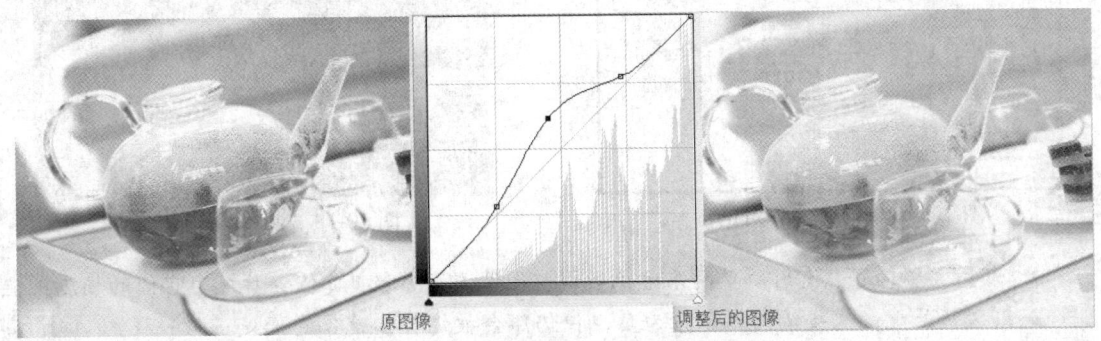

图 10-14　原图与曲线调整后的效果

（3）如果要处理高亮度的图像，可将曲线调为向下凹型，以使图像各色调区按一定比例被调暗，如图 10-15 所示。

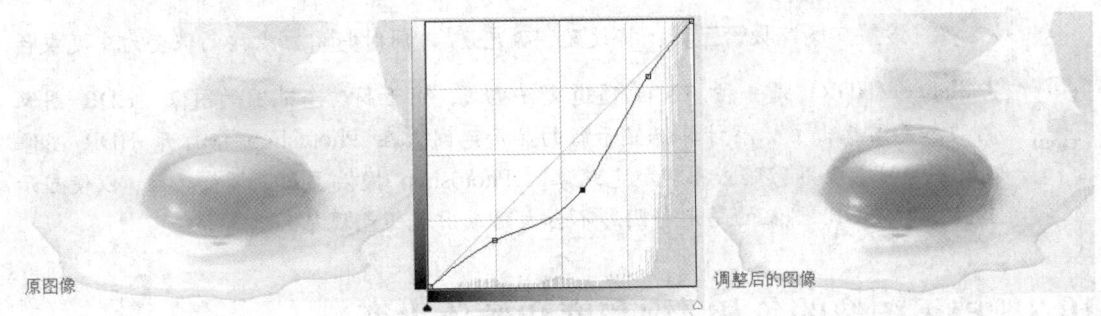

图 10-15　原图与曲线调整后的效果

10.2.4　曝光度

使用【曝光度】对话框可以调整 HDR 图像的色调，但它也可用于 8 位和 16 位图像。曝光度是通过在线性颜色空间（灰度系数 1.0）而不是图像的当前颜色空间执行计算而得出的。

Howto　使用曝光度调整图像的色调

1 从配套光盘中打开 "/范例源文件/CH10/011.jpg" 文件，如图 10-16 所示。

2 在菜单中执行【图像】→【调整】→【曝光度】命令，弹出【曝光度】对话框，并在其中设定【曝光度】为 "+0.55"，其他不变，如图 10-17 所示，单击【确定】按钮，即可将图像的曝光度调好了，如图 10-18 所示。

【曝光度】对话框中选项说明如下：

- **曝光度**：调整色调范围的高光端，对极限阴影的影响很轻微。
- **位移**：使阴影和中间调变暗，对高光的影响很轻微。

图 10-16　打开的图片

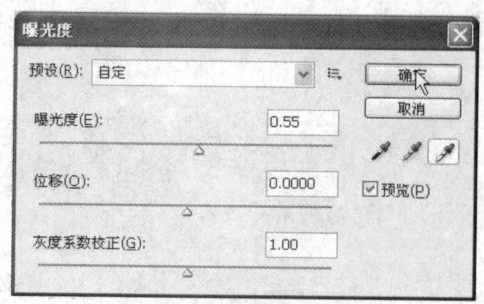
图 10-17 【曝光度】对话框

图 10-18 调整后的效果

- **灰度系数校正**：使用简单的乘方函数调整图像灰度系数。负值会被视为它们的相应正值（也就是说，这些值仍然保持为负，但仍然会被调整，就象它们是正值一样）。
- 吸管工具将调整图像的亮度值（与影响所有颜色通道的色阶吸管工具不同）。
    - ✎（设置黑场）吸管工具：将设置"偏移量"，同时将用户点按的像素改变为零。
    - ✎（设置白场）吸管工具：将设置"曝光度"，同时将用户点按的点改变为白色（对于 HDR 图像为 1.0）。
    - ✎（设置灰场）吸管工具：将设置"曝光度"，同时将用户点按的值变为中度灰色。

TIPS Radiance（HDR）是一种 32 位/通道文件格式，用于高动态范围的图像。HDR 图像的动态范围超出了标准计算机显示器的显示范围。在 Photoshop 中打开 HDR 图像时，图像可能会非常暗或出现褪色现象。Photoshop 提供了预览调整功能，以使显示器显示的 HDR 图像的高光和阴影不会太暗或出现褪色现象。

10.3 校正图像的色相/饱和度和颜色平衡

10.3.1 色相/饱和度

利用【色相/饱和度】命令可以调整整个图像或图像中单个颜色成分的色相、饱和度和明度。

Howto 使用色相/饱和度命令调整图像

1 从配套光盘中打开 "/范例源文件/CH10/012.jpg" 文件，如图 10-19 所示。

2 在菜单中执行【图像】→【调整】→【色相/饱和度】命令，弹出【色相/饱和度】对话框，并在其中设置所需的参数，如图 10-20 所示，单击【确定】按钮，得到如图 10-21 所示的效果。

【色相/饱和度】对话框中选项说明如下：

- **编辑**：在该下拉列表中选择要调整的颜色。
    - **全图**：选择全图可以一次性调整所有颜色。
    - 如果选择其他的单色（如：红色），则会在下方的两个颜色条之间出现几个滑块，同时吸管工具也成为活动显示。

图 10-19 打开的图片

第 10 章 色彩与色调调整 **219**

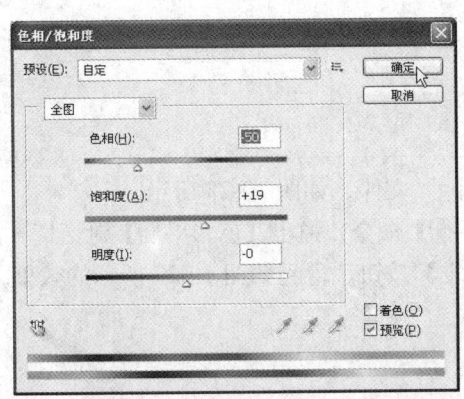

图 10-20 【色相/饱和度】对话框

图 10-21 调整后的效果

- **色相**：也就是我们常说的颜色，如：红、橙、黄、绿、青、蓝、紫。在【色相】的文本框中输入一个数值（数值范围为 −180～+180），或拖移滑块，可以显示所需的颜色。
- **饱和度**：也就是一种颜色的纯度，颜色越纯，饱和度越大，否则相反。
- **明度**：也就是指色调，即图像的明暗度。将【明度】滑块向右拖移增加明度，向左拖移减少明度，也可以在文本框中输入 −100～+100 之间的数值。
- **着色**：勾选【着色】复选框则图像被转换为当前前景色的色相，如果前景色不是黑色或白色，每个像素的明度值不改变。

10.3.2 自然饱和度

利用【自然饱和度】命令调整颜色饱和度。可在颜色接近最大饱和度时最大限度地减少不自然的颜色，还可防止肤色过度饱和。

Howto 使用自然饱和度命令调整图像

1 从配套光盘中打开"/范例源文件/CH10/013.jpg"文件，如图 10-22 所示。

2 在菜单中执行【图像】→【调整】→【自然饱和度】命令，弹出【自然饱和度】对话框，并在其中设置所需的参数，如图 10-23 所示，单击【确定】按钮，得到如图 10-24 所示的效果。

图 10-22 打开的图片

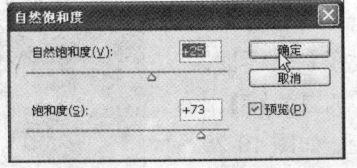

图 10-23 【自然饱和度】对话框

图 10-24 调整后的效果

【自然饱和度】对话框中选项说明如下：

- **自然饱和度**：也就是一种颜色的纯度，颜色越纯，饱和度越大，否则相反。

10.3.3 色彩平衡

利用【色彩平衡】命令可以更改图像的总体颜色混合，但它适用于普通的色彩校正，而且要确保选中了复合通道。

Howto 使用色彩平衡命令调整图像

1 从配套光盘中打开"/范例源文件/CH10/014.jpg"文件，如图10-25所示。

2 在菜单中执行【图像】→【调整】→【色彩平衡】命令，弹出【色彩平衡】对话框，并在其中设置所需的参数，如图10-26所示，单击【确定】按钮，得到如图10-27所示的效果。

图10-25 打开的图片

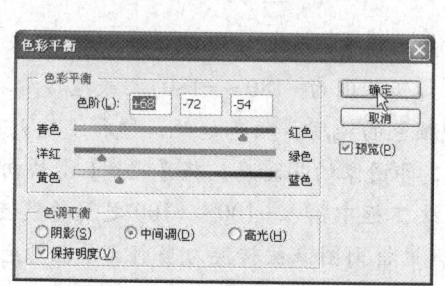
图10-26 【色彩平衡】对话框

图10-27 调整后的效果

【色彩平衡】对话框中选项说明如下：
- **色阶**：在三个文本框中输入所需的数值或拖动滑杆上的滑块，可以增加或减少图像中的颜色。
- **色调平衡**：在该栏中可以选择阴影、中间调与高光选项，来控制校正图像的范围。其中的【保持明度】选项，默认情况下是勾选的，以防止更改颜色时同时亮度值会发生变化。

10.3.4 照片滤镜

使用【照片滤镜】命令可以模仿在相机镜头前面加彩色滤镜，以便调整通过镜头传输的光的色彩平衡和色温，使胶片曝光。

Howto 使用照片滤镜命令调整图像

1 从配套光盘中打开"/范例源文件/CH10/015.jpg"文件，如图10-28所示。

2 在菜单中执行【图像】→【调整】→【照片滤镜】命令，弹出【照片滤镜】对话框，并在【滤镜】下拉列表中选择【加温滤镜】，再设定【浓度】为64%，其他不变，如图10-29所示，单击【确定】按钮，即可得到如图10-30所示的效果。

【照片滤镜】对话框中选项说明如下：

图10-28 打开的图片

第10章 色彩与色调调整

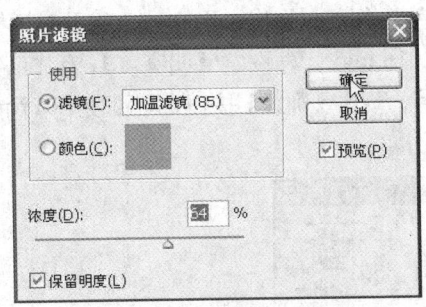

图10-29 【照片滤镜】对话框

图10-30 调整后的效果

- **使用**：在该栏中可以选择滤镜颜色（包括：自定滤镜或预设值）。
- **浓度**：拖动【浓度】滑块或者在【浓度】文本框中输入一个百分比。浓度越高，颜色调整幅度就越大。
- **保留亮度**：选中该选项可以在添加颜色滤镜时不使图像变暗。

10.4 匹配、替换和混合颜色

10.4.1 匹配颜色

【匹配颜色】命令匹配不同图像之间、多个图层之间或者多个颜色选区之间的颜色。它还允许用户通过更改亮度和色彩范围以及中和色痕来调整图像中的颜色。【匹配颜色】命令仅适用于 RGB 模式。

当用户使用【匹配颜色】命令时，指针将变成吸管工具。在调整图像时，使用吸管工具可以在【信息】调板中查看颜色的像素值。此调板会在用户使用【匹配颜色】命令时向用户提供有关颜色值变化的反馈。

【匹配颜色】命令将一个图像（源图像）的颜色与另一个图像（目标图像）中的颜色相匹配。除了匹配两个图像之间的颜色以外，【匹配颜色】命令还可以匹配同一个图像中不同图层之间的颜色。

Howto 在不同图像中匹配颜色

1 从配套光盘中打开"/范例源文件/CH10/016.jpg"和"/范例源文件/CH10/017.jpg"文件，并以"017.jpg"文件为当前可用文件，如图10-31、图10-32 所示。

图10-31 打开的图片

图10-32 打开的图片

2 在菜单中执行【图像】→【调整】→【匹配颜色】命令,弹出如图 10-33 所示对话框,并在其中的【图像统计】栏的【源】下拉列表中选择"016.jpg",再设定【明亮度】为"114",【颜色强度】为"128",勾选【中和】选项,其他为默认值,单击【确定】按钮,即可使"017.jpg"文件与"016.jpg"文件中的颜色相匹配,如图 10-34 所示。

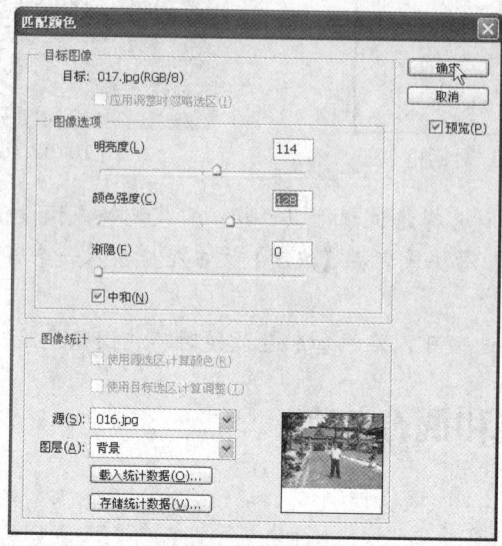

图 10-33 【匹配颜色】对话框

图 10-34 调整后的效果

【匹配颜色】对话框中选项说明如下:
- **明亮度**:可调整图像的亮度。
- **颜色强度**:可调整图像的颜色浓度。
- **渐隐**:可调整图像颜色的混合程度。
- **中和**:选择该选项可以按需要匹配的目标图像和与之进行匹配的来源图像的颜色进行中性混合,以产生更加柔和且颜色相对较丰富的混合色。

10.4.2 替换颜色

利用【替换颜色】命令可以在图像中基于特定颜色创建一个临时的蒙版,然后替换图像中的那些颜色。也可以设置由蒙版标识的区域的色相、饱和度和明度。

Howto 使用替换颜色命令替换图像中的颜色

1 从配套光盘中打开"/范例源文件/CH10/018.psd"文件，如图 10-35 所示。

2 在菜单中执行【图像】→【调整】→【替换颜色】命令，弹出【替换颜色】对话框，接着用吸管工具在画面中单击要替换的颜色，如图 10-36 所示，再在对话框中单击 按钮，然后在画面中将其他要替换的颜色添加到选区，如图 10-37 所示。

图 10-35　打开的图片

图 10-36　在画面中单击要替换的颜色

图 10-37　将要替换的颜色添加到选区

【替换颜色】对话框中选项说明如下：

- 选区：在此栏中可以设置颜色容差、选区颜色和显示选项。
  - 吸管工具：点选一种吸管工具，在图像中单击，以确定以何种颜色建立蒙版。吸管可用于增大蒙版（即选区），吸管也可用于去掉多余的蒙版区域。
  - 选区：选择它即可在预览框中显示蒙版。被蒙版区域是黑色，不被蒙版区域是白色。部分被蒙版区域（覆盖有半透明蒙版）会根据它的不透明度不同而显示不同的灰度色阶。

➢ 图像：选择它可在预览框中显示图像。在处理放大的图像或屏幕空间不够时，该选项非常有用。
➢ 颜色容差：通过拖移【颜色容差】滑块或在文本框中输入一个数值来调整蒙版的容差。先用吸管工具在图像中吸取一种颜色以建立蒙版，拖动颜色容差滑块向右添加蒙版区域，向左拖移滑块减少蒙版区域。
● 替换：通过拖移色相、饱和度和明度的滑块来变换图像中所选区域的颜色。

3 在【替换颜色】对话框的【替换】栏中设置用于替换的颜色，如图10-38所示，单击【确定】按钮，即可将选区中的颜色进行了替换，画面效果如图10-39所示。

图10-38 【替换颜色】对话框

图10-39 替换的颜色后的效果

10.4.3 通道混合器

利用【通道混合器】命令可以使用当前颜色通道的混合修改颜色通道。但在使用该命令时要选择复合通道。使用该命令，可以完成下列操作：

（1）进行富有创意的颜色调整，所得的效果是用其他颜色调整工具不易实现的。
（2）从每个颜色通道选取不同的百分比，来创建高品质的灰度图像。
（3）创建高品质的棕褐色调或其他彩色图像。
（4）在替代色彩空间（如数字视频中使用的 YCbCr）中转换图像。
（5）交换或复制通道。

Howto 使用通道混合器命令修改颜色通道

1 在菜单中执行【图像】→【调整】→【通道混和器】命令，弹出【通道混和器】对话框，并在其中设置【输出通道】为"红"。

2 在【源通道】栏中设置【红色】为"-122%"，【蓝色】为"-118%"，【常数】为"-133%"，如图10-40所示，设置好后单击【确定】按钮，得到如图10-41所示的效果。

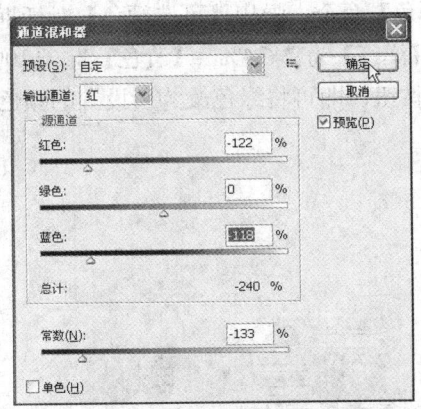
图 10-40 【通道混和器】对话框

图 10-41 调整后的效果

【通道混和器】对话框中选项说明如下：
- 输出通道：在该下拉列表中可以选取要在其中混合一个或多个现有（或源）通道的通道。
- 源通道：向左或向右拖动任何源通道的滑块可以减小或增加该通道在输出通道中所占的百分比，或在文本框中输入一个介于 -200%～+200% 之间的数值来达到同种效果。使用负值可以使源通道在被添加到输出通道之前反相。
- 常数：该选项可以添加具有各种不透明度的黑色或白色通道——负值表示黑色通道，正值表示白色通道。通过拖移滑块或在【常数】文本框中输入数值，来达到目的。
- 单色：勾选【单色】可以将相同的设置应用于所有输出通道，从而创建出只包含灰色值的图像。

如果先勾选【单色】复选框，然后再取消它的勾选，则可以单独修改每个通道的混合，这将创建一种手绘色调的外观。

10.4.4 可选颜色

可选颜色校正是高端扫描仪和分色程序使用的一项技术，它在图像中的每个加色和减色的原色图素中增加和减少印刷色的量。【可选颜色】使用 CMYK 颜色校正图像，也可以用于校正 RGB 图像以及将要打印的图像。在校正图像时请确保选择了复合通道。

Howto 使用可选颜色命令校正图像颜色

1 从配套光盘中打开"/范例源文件/CH10/019.psd"文件，如图 10-42 所示，其【图层】调板如图 10-43 所示。

图 10-42 打开的图像

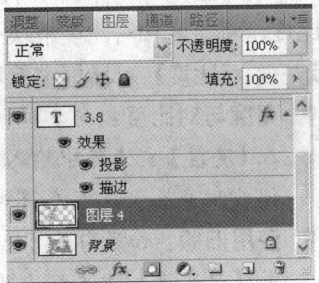
图 10-43 【图层】调板

2 在菜单中执行【图像】→【调整】→【可选颜色】命令，弹出【可选颜色】对话框，并在其中设置【颜色】为"绿色"，【青色】为"-100%"，【洋红】为"+34%"，【黄色】为"+100%"，其他不变，如图 10-44 所示，设置好后单击【确定】按钮，即可将绿色改为所设置的颜色，如图 10-45 所示。

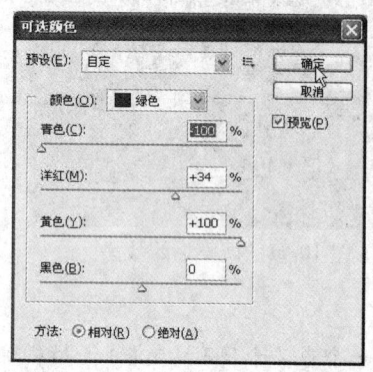

图 10-44 【可选颜色】对话框

图 10-45 调整后的效果

【可选颜色】对话框中选项说明如下：

- 颜色：在【颜色】下拉列表中选择要调整的颜色。
- 方法：在此选择调整颜色的方法，如：相对或绝对。
  - ➢ 相对：按照总量的百分比更改现有的青色、洋红、黄色或黑色的量。例如，如果从 50% 洋红的像素开始添加 20%，则 10%（50%×20% = 10%）将添加到洋红。结果为 60% 的洋红。（该选项不能调整纯反白光，因为它不包含颜色成分。）
  - ➢ 绝对：按绝对值调整颜色。例如，如果从 50% 的洋红的像素开始添加 20%，则洋红油墨的总量将设置为 70%。

10.5 快速调整图像

10.5.1 亮度/对比度

利用【亮度/对比度】命令可以对图像的色调范围进行简单的调整。它与【曲线】和【色阶】不同，它对图像中的每个像素进行同样的调整。【亮度/对比度】命令对单个通道不起作用，建议不要用于高端输出，因为它会引起图像中细节的丢失。

在菜单中执行【图像】→【调整】→【亮度/对比度】命令，弹出如图 10-46 所示的对话框，为了增加图像的亮度和对比度，将亮度和对比度滑块分别向右拖动到目标位置。

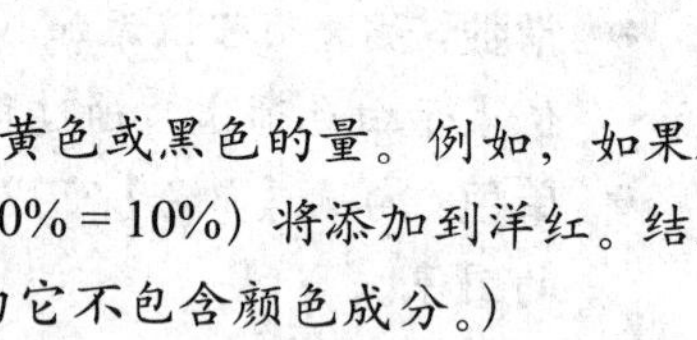

【亮度/对比度】对话框中选项说明如下：

- 亮度与对比度：向左拖移降低亮度和对比度，也可在【亮度】文本框中输入-150～+150 之间的数值来调整明亮度；也可在【对比度】文本框中输入-50～+100 之间的数值来调整对比度。

图 10-46 【亮度/对比度】对话框

- 使用旧版：如果勾选【使用旧版】复选框，则可以使用以前版本的参数，如：在【亮度】或【对比度】文本框中输入-100～+100 之间的数值来调整亮度与对比度。

10.5.2 自动色调

利用【自动色调】命令可以自动调整图像的色调。在像素值平均分布的图像需要简单的对比度调整时或在图像有总体色偏时,【自动色调】会得到较好的效果。但是,手动调整【色阶】或【曲线】控制会更精确。

10.5.3 自动对比度

利用【自动对比度】命令可以自动调整 RGB 图像中颜色的总体对比度和混合。因为【自动对比度】不个别调整通道,所以不会引入或消除色偏。它将图像中的最亮和最暗像素映射为白色和黑色,使高光显得更亮而暗调显得更暗。

利用【自动对比度】命令可以改进许多摄影或连续色调图像的外观。但不能改进单色图像。

10.5.4 自动颜色

利用【自动颜色】命令可通过搜索实际图像(而不是通道的用于暗调、中间调和高光的直方图)来调整图像的对比度和颜色。

10.5.5 变化

【变化】命令通过显示替代物的缩览图,可以直观对图像进行色彩平衡、对比度和饱和度调整。该命令对于不需要精确色彩调整的平均色调图像最为适用,但不能用在索引颜色图像上。

Howto 使用变化命令调整图像

1 从配套光盘中打开"/范例源文件/CH10/020.jpg"文件,如图 10-47 所示。

2 在菜单中执行【图像】→【调整】→【变化】命令,弹出【变化】对话框,并在其中分别单击"加深黄色"与"加深红色"图像各 3 次,如图 10-48 所示,设置好后单击【确定】按钮,即可得到如图 10-49 所示的效果。

图 10-47 打开的图片

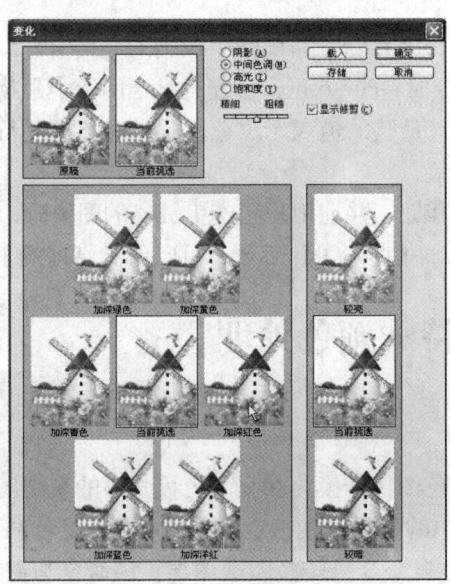
图 10-48 【变化】对话框

图 10-49 调整后的效果

【变化】对话框中选项说明如下：

- **原稿和当前挑选**：对话框左上角的两个缩览图为【原稿】和【当前挑选】，显示原始图像或选区和当前所选图像（或选区）调整后的图像。当第一次打开【变化】对话框时，这两个缩览图是一样的，进行调整时，【当前挑选】图像就会随着调整的进行发生变化。通过这两个缩览图可以直观的对比调整前与调整后的效果。如果在【原稿】缩览图上单击，则会把【当前挑选】——即调整后的缩览图，恢复为原图像一样的效果。
- 在对话框的左下方有 7 个缩览图，中间的【当前挑选】与左上角的【当前挑选】的作用相同，用于显示调整后的效果。其周围的 6 个缩览图是分别用来改变图像的 6 种颜色，只要单击其中任一缩览图，即可将该颜色添加到当前挑选缩览图中，单击其相反的缩览图，则会减去一种颜色。对话框右下方的 3 个缩览图，主要是用于调整图像的明暗度，调整后的效果显示在【当前挑选】缩览图中。
- 选择图像中要调整的对象：其中：
  - 【阴影】、【中间色调】或【高光】：选择其一作为调整的色调区，它们分别调整较暗区域、中间区域还是较亮区域。
  - 【饱和度】：更改图像中的色相的饱和度数。如果超出了最大的颜色饱和度，则颜色可能被剪切。
  - 【精细/粗糙】：拖移【精细/粗糙】滑块确定每次调整的量。将滑块移动一格可使调整量双倍增加。如果将滑块拖动到【精细】端点处，则每次单击缩览图调整时的变化很微妙。如果将滑块拖动到【粗糙】端点处，则每次单击缩览图调整时的变化很明显。
- 【显示修剪】：选择该选项，可以在图像中显示由调整功能剪切（转换为纯白或纯黑）的区域的预览效果。剪贴会产生不想要的颜色变化，因为原图像中截然不同的颜色被映射为相同的颜色。调整中间调时不会发生剪贴。

10.5.6 色调均化

利用【色调均化】命令可以重新分布图像中像素的亮度值，以便使它们更均匀地呈现所有范围的亮度级。在应用此命令时，Photoshop 会查找复合图像中最亮和最暗的值并重新映射这些值，以使最亮的值表示白色，最暗的值表示黑色。然后对亮度进行色调均化处理，即在整个灰度范围内均匀分布中间像素值。

当扫描的图像显得比原稿暗，并且用户想产生较亮的图像时，可以使用【色调均化】命令。配合使用【色调均化】命令和【直方图】命令，可以看到亮度的前后比较。

10.6 对图像进行特殊颜色处理

10.6.1 去色

利用【去色】命令将彩色图像转换为相同颜色模式下的灰度图像，每个像素的明度值不改变。例如，它给 RGB 图像中的每个像素指定相等的红色、绿色和蓝色值，使图像表现为灰度。在处理多图层图像时，【去色】命令只转换所选图层。该命令与在【色相/饱和度】对话框中将【饱和度】设为"-100"具有相同的效果。

10.6.2 反相

利用【反相】命令可以反转图像中的颜色。在反相图像时，通道中每个像素的亮度值将转换为 256 级颜色值刻度上相反的值。可以使用此命令将一个正片黑白图像变成负片，或从扫描的黑白负片得到一个正片。

10.6.3 阈值

利用【阈值】命令可将灰度或彩色图像转换为高对比度的黑白图像。用户可以指定某个色阶作为阈值，而所有比阈值亮的像素转换为白色，所有比阈值暗的像素转换为黑色。【阈值】命令对确定图像的最亮和最暗区域很有用。

10.6.4 色调分离

利用【色调分离】命令可指定图像中每个通道的色调级（或亮度值）的数目，然后将像素映射为最接近的匹配色调。如在 RGB 图像中指定两个色调级，就可以产生六种颜色：两种红色、两种绿色、两种蓝色。

在照片中创建特殊效果，如创建大的单调区域时，此命令非常有用。在减少灰度图像中的灰色色阶数时，它的效果最为明显，但它也可以在彩色图像中产生一些特殊效果。

Howto 使用色调分离命令调整图像

1 从配套光盘中打开"/范例源文件/CH10/021.jpg"文件，如图 10-50 所示。

2 在菜单中执行【图像】→【调整】→【色调分离】命令后，弹出【色调分离】对话框，可在其中的【色阶】文本框中可以输入 2～255 之间的数值，来指定图像中每个通道的色调级，如图 10-51 所示，设置好后单击【确定】按钮，得到如图 10-52 所示的效果。

图 10-50 打开的图片

图 10-51 【色调分离】对话框

图 10-52 色调分离后的效果

10.6.5 渐变映射

利用【渐变映射】命令可将相等的图像灰度范围映射到指定的渐变填充色。如果指定双色渐变填充，则图像中的暗调将被映射到渐变填充的一个端点颜色，高光映射到另一个端点颜色，中间调映射到两个端点间的层次。

Howto 使用渐变映射命令调整图像

1 从配套光盘中打开"/范例源文件/CH10/022.jpg"，如图 10-53 所示。

2 在工具箱中设置前景色为红色，再在菜单中执行【图像】→【调整】→【渐变映射】命令，弹出如图 10-54 所示的【渐变映射】对话框，可在其中选择所需的渐变，也可直接采用默认值直接单击【确定】按钮，得到如图 10-55 所示的效果。

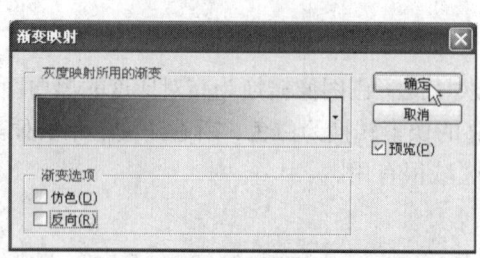

图 10-53　打开的图片　　　　　图 10-54　【渐变映射】对话框　　　　图 10-55　渐变映射后的效果

【渐变映射】对话框中选项说明如下：

- **灰度映射所用的渐变**：单击渐变条并在弹出的【渐变拾色器】中选择所需的渐变。默认情况下，图像的暗调、中间调和高光分别映射到渐变填充的起始（左端）颜色、中点和结束（右端）颜色。
- **渐变选项**：在此栏中可以选择一个选项或两个选项或不选任何一个。
  - **仿色**：勾选该项可添加随机杂色以平滑渐变填充的外观并减少带宽效果。
  - **反向**：切换渐变填充的方向以反向渐变映射。

10.6.6　黑白

使用【黑白】命令可以将彩色图像转换为灰度图像，同时保持对各颜色的转换方式的完全控制。也可以通过对图像应用色调来为灰度着色，例如创建棕褐色效果。【黑白】命令与【通道混合器】的功能相似，也可以将彩色图像转换为单色图像，并允许调整颜色通道输入。

Howto　使用黑白命令调整图像

1　在菜单中执行【图像】→【调整】→【黑白】命令，弹出【黑白】对话框，并在其中设置【红色】为"–101%"，其他不变，如图 10-56 所示。

2　单击【确定】按钮，得到如图 10-57 所示的效果。

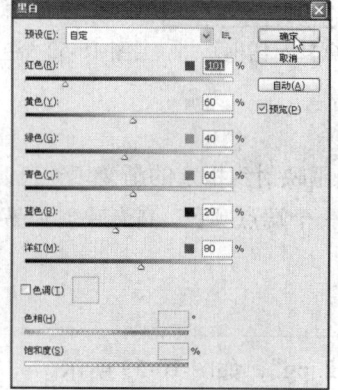

图 10-56　【黑白】对话框　　　　　图 10-57　调整后的效果

【黑白】对话框中选项说明如下：
- **预设**：在该下拉列表中可以选择预定义的灰度混合或以前存储的混合。如果要存储混合，可在【黑白】对话框中单击 ≡ 按钮，再在弹出的【调板】菜单中选择【存储预设】命令。
- **自动**：单击该按钮可以设置基于图像的颜色值的灰度混合，并使灰度值的分布最大化。【自动】混合通常会产生极佳的效果，并可以用作使用颜色滑块调整灰度值的起点。
- **颜色滑块**：调整图像中特定颜色的灰色调。将滑块向左拖动或向右拖动分别可使图像的原色的灰色调变暗或变亮。
- **预览**：取消选择此选项可在图像的原始颜色模式下查看图像。
- **色调**：如果要对灰度应用色调，请选择【色调】选项并根据需要调整【色相】滑块和【饱和度】滑块。【色相】滑块可更改色调颜色，而【饱和度】滑块可提高或降低颜色的集中度。单击色块可打开拾色器并进一步微调色调颜色。

10.7 调整照片

本例是先用【打开】命令打开要调整的照片，再用【可选颜色】、【亮度/对比度】、【曲线】等命令调整图像中的颜色、明暗对比度与亮度，然后用【减少杂色】命令去除图像中的杂点。

原图像与效果图如图 10-58、图 10-59 所示：

图 10-58　处理前的效果

图 10-59　处理后的效果

Howto　调整照片的色彩和色调

1 按 Ctrl+O 键从配套光盘中打开"/范例源文件/CH10/023.jpg"文件，如图 10-60 所示。

2 看到画面整体颜色偏绿，因此需要在减少画面的绿色，在菜单中执行【图像】→【调整】→【可选颜色】命令，弹出【可选颜色】对话框，并在其中设置【颜色】为"红色"，再设置【青色】为"-50%"，其他不变，如图 10-61 所示，单击【确定】按钮，即可看到画面中减少了一些绿色，调整后的效果如图 10-62 所示。

图 10-60　打开的图片

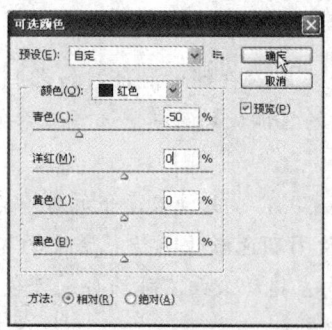

图 10-61 【可选颜色】对话框

图 10-62 调整后的效果

3 在菜单中执行【图像】→【调整】→【亮度/对比度】命令,弹出【亮度/对比度】对话框,并在其中设定【亮度】为"35",【对比度】为"9",其它不变,如图 10-63 所示,单击【确定】按钮,以调亮画面与加强对比度,调整后的效果如图 10-64 所示。

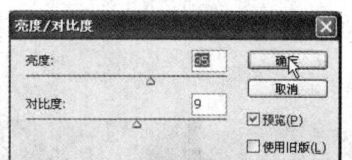

图 10-63 【亮度/对比度】对话框

图 10-64 调整后的效果

4 在菜单中执行【图像】→【调整】→【曲线】命令或按 Ctrl+M 键,并在弹出的对话框的网格中将直线调为如图 10-65 所示的曲线,稍调亮图像,调整好后单击【确定】按钮,以得到如图 10-66 所示的效果。

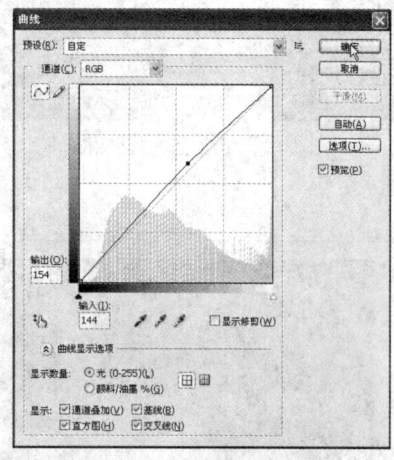

图 10-65 【曲线】对话框

图 10-66 调整后效果

5 如果画面中存在杂色,可显示【通道】调板,并在其中查看"红"、"绿"、"蓝"通道,可以查看到"蓝"通道有比较多的杂点,如图 10-67、图 10-68 所示,因此我们需要对"蓝"通道进行调整。

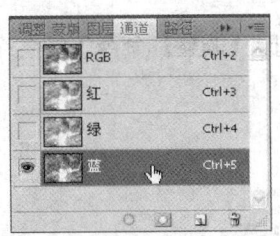

图 10-67 【通道】调板

图 10-68 显示通道颜色

6 再在【通道】调板中单击"RGB"复合通道，以激活复合通道，如图 10-69 所示。

7 在菜单中执行【滤镜】→【杂色】→【减少杂色】命令，弹出【减少杂色】对话框，在其中先选择【高级】选项，再选择【每通道】标签，并在其中设置【通道】为"蓝"，【强度】为"3"，【保留细节】为"59%"，如图 10-70 所示。

图 10-69 激活"RGB"复合通道

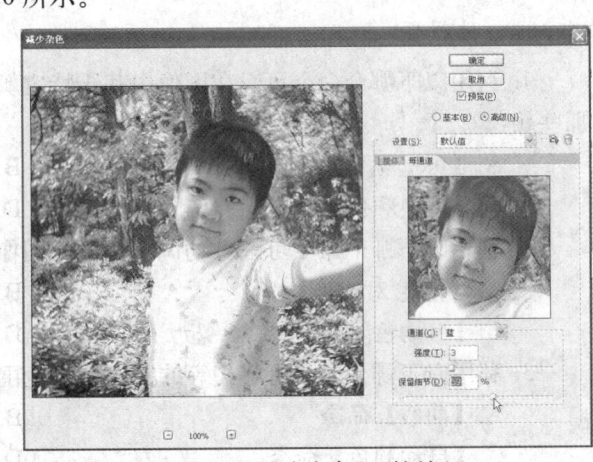

图 10-70 【减少杂色】对话框

8 在【减少杂色】对话框中选择【整体】选项，再设置【强度】为"1"，【保留细节】为"49%"，【减少杂色】为"0%"，【锐化细节】为"53%"，勾选【移去 JPG 不自然感】复选框，如图 10-71 所示，单击【确定】按钮，以将画面中的杂色去除，调整后的画面效果如图 10-72 所示。这样，我们的图像就修复好了。

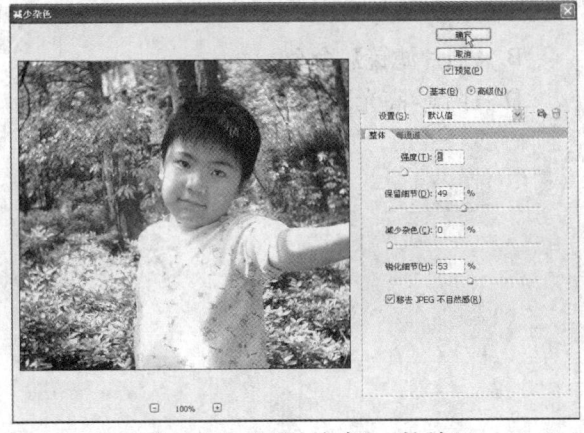

图 10-71 【减少杂色】对话框

图 10-72 调整后的效果

10.8 本章小结

本章主要介绍了【图像】菜单中的【调整】命令，熟练掌握【调整】命令下的各个命令可以对图像进行快速而准确的处理。

10.9 本章习题

一、填空题

1.【色阶】调整命令允许用户通过调整图像的_____、_____和_____等强度级别，校正图像的_____和_____。

2. 利用【色相/饱和度】命令可以调整整个图像或图像中单个颜色成分的_____、_____和_____。

二、选择题

1. 利用以下哪个命令可以在图像中基于特定颜色创建一个临时的蒙版，然后替换图像中的那些颜色？（　　）

  A.【可选颜色】命令   B.【混合通道器】命令
  C.【替换颜色】命令   D.【色彩平衡】命令

2. 利用以下哪个命令可以自动调整 RGB 图像中颜色的总体对比度和混合？（　　）

  A.【亮度/对比度】命令   B.【自动颜色】命令
  C.【自动色阶】命令   D.【自动对比度】命令

3. 利用以下哪个命令可将相等的图像灰度范围映射到指定的渐变填充色？（　　）

  A.【曲线】命令   B.【渐变映射】命令
  C.【自动颜色】命令   D.【色彩平衡】命令

4.【曲线】命令与以下哪个命令类似，都可以调整图像的整个色调范围，是应用非常广泛的色调调整命令？（　　）

  A.【自动颜色】命令   B.【自动色阶】命令
  C.【自动对比度】命令   D.【色阶】命令

5. 使用以下哪个命令可以模仿在相机镜头前面加彩色滤镜，以便调整通过镜头传输的光的色彩平衡和色温；使胶片曝光？（　　）

  A.【黑白】命令   B.【照片滤镜】命令
  C.【曝光度】命令   D.【阴影/高光】命令

第 11 章　任务自动化

教学目标

学习动作、快捷批处理的创建与应用，理解动作与自动命令的工作原理并熟练掌握其使用方法，以提高工作效率。

教学重点与难点

- ➢ 动作调板
- ➢ 应用预设动作
- ➢ 创建动作与动作组
- ➢ 自动化任务

11.1　动作

【动作】就是对单个文件或一批文件回放的一系列命令。

大多数命令和工具操作都可以记录在动作中。动作可以包含停止，使用户可以执行无法记录的任务（如使用绘画工具等）。动作也可以包含模态控制，使用户可以在播放动作时在对话框中输入值。动作是快捷批处理的基础，快捷批处理是可以自动处理拖移到其图标上的所有文件的小应用程序。

在实际处理图像的过程中经常需要对大量的图像采用同样的操作，如果要一个一个地进行处理，不仅速度十分慢而且许多参数的设置往往会发生错误从而影响整体的效果，在 Photoshop 中的【动作】调板具有下列主要功能：

（1）可以将一系列命令组合为单个动作，从而使执行任务自动化这个动作，可以在以后的应用中反复使用。

（2）可以创建一个动作，该动作应用一系列滤镜效果重现用户所喜爱的效果，或者组合命令以备后用，动作可被编组为序列，以帮助用户更好地组织动作。

（3）可以同时处理批量的图片，可以在一个文件或一批文件位于同一文件夹中的多个文件上使用相同的动作。

（4）使用【动作】调板可记录播放编辑和删除动作，还可以存储载入和替换动作。

11.1.1　【动作】调板

在菜单中执行【窗口】→【动作】命令，可显示或隐藏【动作】调板，【动作】调板如图 11-1 所示。

【动作】调板说明如下：

- 组：它显示的是当前的动作所在的文件夹的名称。图中的默认动作文件夹是 Photoshop 默认的设置，看它的图标很像一个文件夹，它里面包含了许多的动作。

- **切换项目开/关**：如果在动作的左边有该图标的话，这个动作就是可执行的，如果动作组前没有图标的话，就表示该动作组中的所有动作都是不可执行的。
- **切换对话开/关**：如果在动作的左边有该图标的话，则在执行该动作时，会暂时停在有对话框的位置，在弹出的对话框中设置了参数后单击【确定】按钮，则动作继续往下执行。如果没有图标，则动作按照设定的过程逐步进行操作，直至到达最后一个操作完成动作。仔细观察我们会发现有的图标是红色的，那就表示该动作中只有部分动作是可执行的。如果我们在该图标上单击的话，它会自动将动作中所有不可执行的操作全部变成可执行的操作。

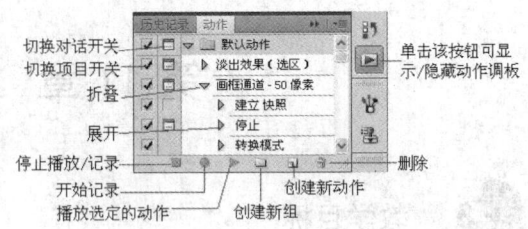

图 11-1 【动作】调板

- **展开/折叠**：单击这两个按钮显示展开或折叠相关的选项。
- **按钮**：单击将会弹出【动作】调板的下拉菜单。
- **停止播放/记录**：它只有在录制动作时才是可用的。
- **开始记录**：单击该按钮时 Photoshop 开始录制一个新的动作，处于录制状态时图标呈现红色，此时这个按钮是不可用的，录制好需单击 ■ 按钮。
- **播放选区**：动作回放或执行动作。当我们做好一个动作时可以用这个选项观看制作的效果，单击图标则自动执行动作。如果中间我们要停下来看一下的话可以单击（停止播放/记录）图标停止。
- **创建新组**：单击该按钮就可以新建一个动作组，用于存放动作。
- **创建新动作**：单击该按钮可以在调板上新建一个动作。
- **删除**：单击该按钮可以将当前的动作或者序列或者操作删除。

11.1.2 应用预设动作

Howto 应用预设动作

1 从配套光盘素中打开"/范例源文件/CH11/01.psd"文件，如图 11-2 所示。

2 在【动作】调板中单击 ▷ 按钮展开该默认动作组，再选择【木质画框-50 像素】动作，单击 ▶ 按钮，如图 11-3 所示，接着弹出如图 11-4 所示的【信息】对话框，并在其中直接单击【继续】按钮，播放完后得到如图 11-5 所示的效果。

图 11-2 打开的图片

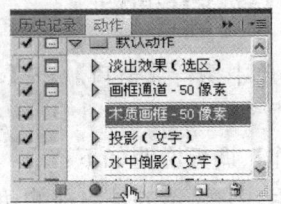

图 11-3 【动作】调板

图 11-4 【信息】对话框

图 11-5 播放完后的效果

11.1.3 创建动作与动作组

1. 创建动作组

Howto 创建动作组

1 显示【动作】调板,并在其中单击底部的 按钮,或单击调板右上角的 按钮,在弹出的菜单中选择【新建组】命令,弹出如图 11-6 所示的【新建组】对话框。

2 可以根据所需来为组命名,也可采用默认值直接单击【确定】按钮,即可新建一个动作组,如图 11-7 所示。

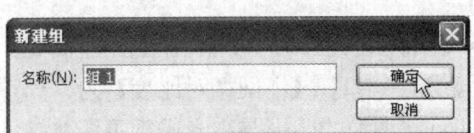

图 11-6 【新建组】对话框

图 11-7 【动作】调板

2. 创建动作

Howto 创建动作

1 按 Ctrl+O 键从配套光盘中打开"/范例源文件/CH11/02.jpg"文件,如图 11-8 所示,在【动作】调板中单击【创建新动作】按钮,弹出【新建动作】对话框,并在其中根据需要设置所需的参数,如图 11-9 所示,设置好后单击【记录】按钮,即可创建一个新动作并开始记录后面将要进行的操作,如图 11-10 所示。

图 11-8 打开的图像文件

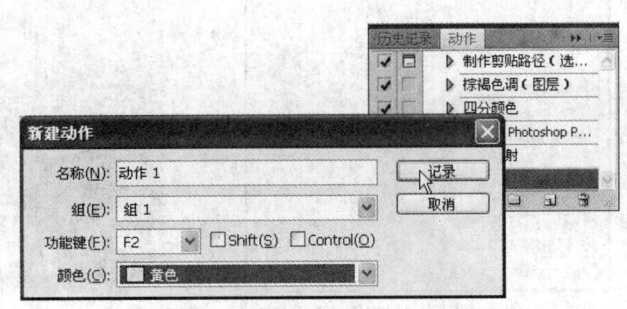

图 11-9 【新建动作】对话框

【新建动作】对话框中选项说明如下:
- **名称**:输入要创建的动作名称。
- **组**:在该下拉列表中选择要存放动作的组。
- **功能键**:在该下拉列表中可以选择要执行该动作的快捷键。
- **颜色**:在该下拉列表中可以选择此动作以按钮模式显示时的颜色。

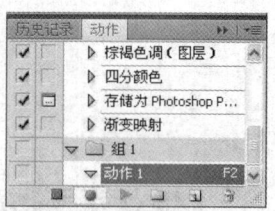

图 11-10 【动作】调板

2 在菜单中执行【图像】→【图像大小】命令,弹出【图像大小】对话框,并在其中设置【宽度】为"800像素",其他参数采用输入800时的自动更新参数,如图11-11所示,单击【确定】按钮,同时【动作】调板中也记录了该操作,如图11-12所示。

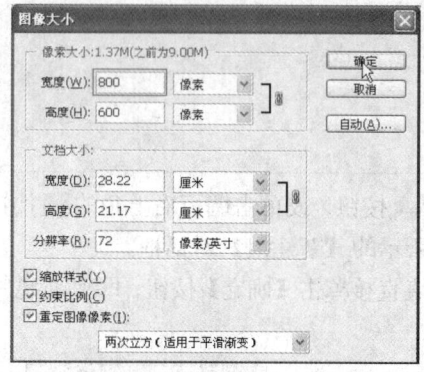

图 11-11 【图像大小】对话框

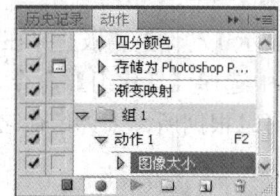

图 11-12 【动作】调板

3 在菜单中执行【图像】→【调整】→【阴影/高光】命令,弹出【阴影/高光】对话框,并在其中设置【数量】为"87%",【颜色校正】为"+42",【中间调对比度】为"+57",其他不变,如图11-13所示,单击【确定】按钮,即可将图像的阴影与高光进行了调整,调整后的效果如图11-14所示,同时【动作】调板中也记录了该操作。

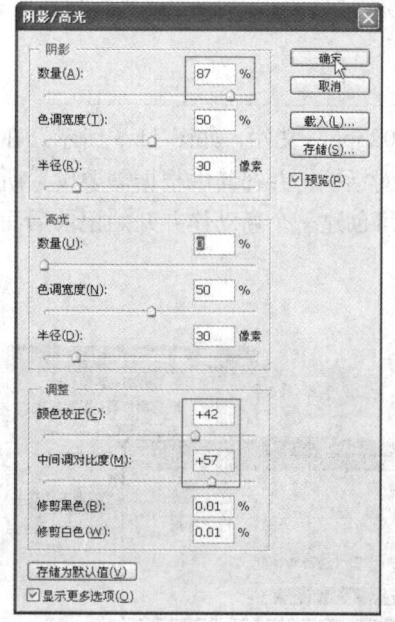

图 11-13 【阴影/高光】对话框

图 11-14 调整后的效果

4 在菜单中执行【文件】→【存储为】命令，或按 Shift+Ctrl+S 键，弹出【存储为】对话框，接着在其中选择另一个文件夹（如：0102）来存放调整好的文件，命好名后单击【保存】按钮，以将调整过的图像保存到另一个文件夹（如：0102）中，再在【动作】调板中单击 ■ 按钮，如图 11-15 所示，停止动作记录，这样该动作才创建完成，如图 11-16 所示。

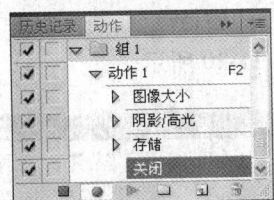
图 11-15 【动作】调板

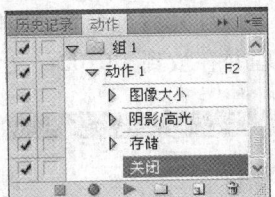
图 11-16 【动作】调板

11.2 自动化任务

通过使用 Photoshop CS4 中的【自动】命令可以将任务组合到一个或多个对话框中，简化了复杂的任务，提高了工作效率。

11.2.1 批处理

【批处理】命令可以在包含多个文件和子文件夹的文件夹上播放动作。也可以对多个图像文件执行同一个动作的操作，从而实现操作的自动化。

当批处理文件时，可以打开、关闭所有文件并存储对原文件的更改，或将更改后的文件存储到新位置（原文件保持不变）。如果要将处理过的文件存储到新的位置，可以在批处理开始前先为处理过的文件创建一个新文件夹。

Howto 使用批处理命令播放动作

1 准备好要进行批处理的文件，将要处理的文件放到一个文件夹（配套光盘中的"/范例源文件/CH11/0101"文件夹）中，然后再准备一个文件夹（配套光盘中的"/范例源文件/CH11/0102文件夹）用来存放批处理后的文件，如图 11-17 所示。

图 11-17 文件夹窗口

2 在菜单中执行【文件】→【自动】→【批处理】命令，弹出【批处理】对话框，并在其中设置【组】为"组1"，【动作】为"动作1"，在【源】栏中单击【选择】按钮选择要进行批处理的源文件夹，再在【目标】栏中单击【选择】按钮选择要存放批处理后文件的目标文件夹，如图11-18所示，其他不变，单击【确定】按钮，即可在Photoshop CS4程序窗口中进行处理了，如图 11-19 所示，处理完后再查看"0102"文件夹，就可以看到已经将"0101"文件夹中的文件一一进行了处理并存放到"0102"文件夹中了，如图11-20所示。

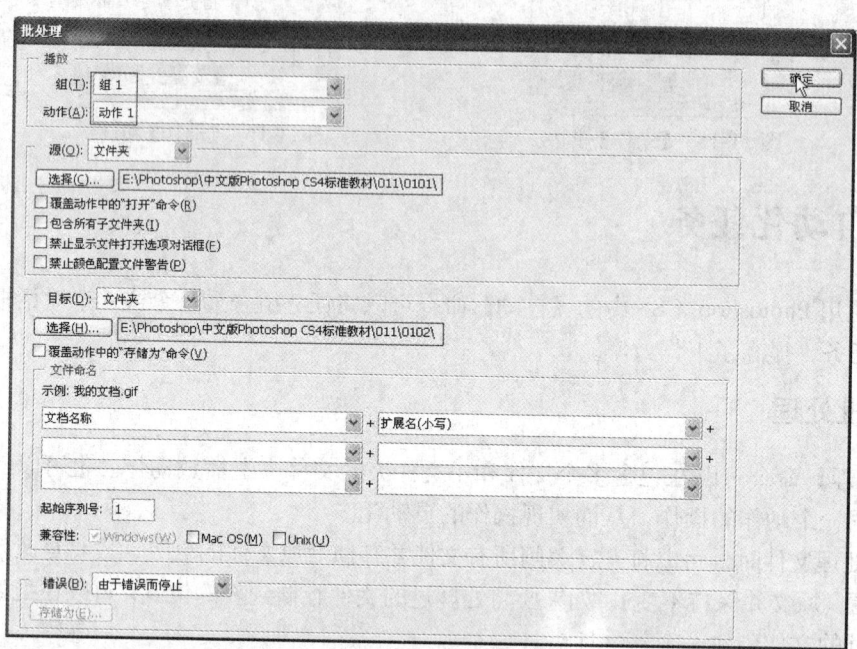

图 11-18 【批处理】对话框

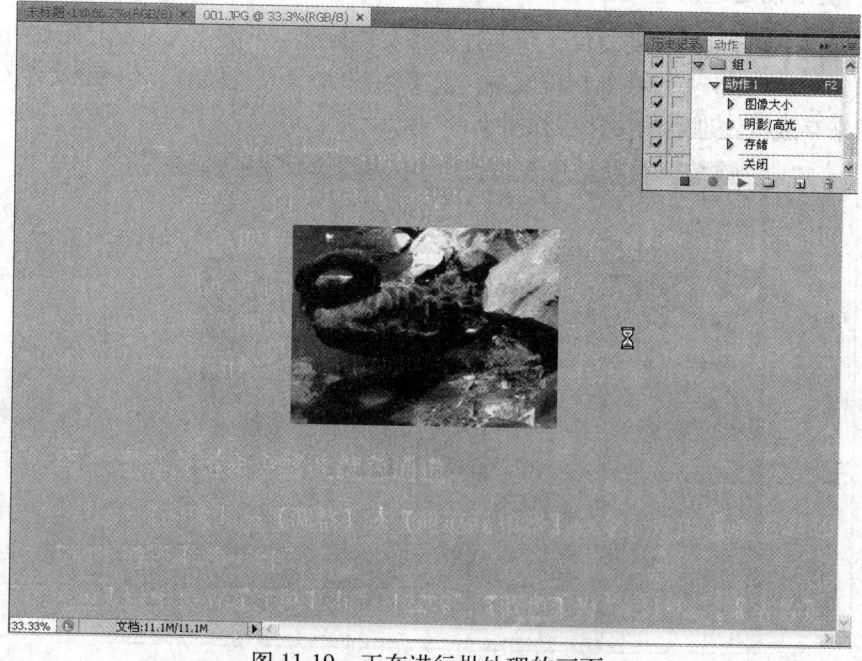

图 11-19 正在进行批处理的画面

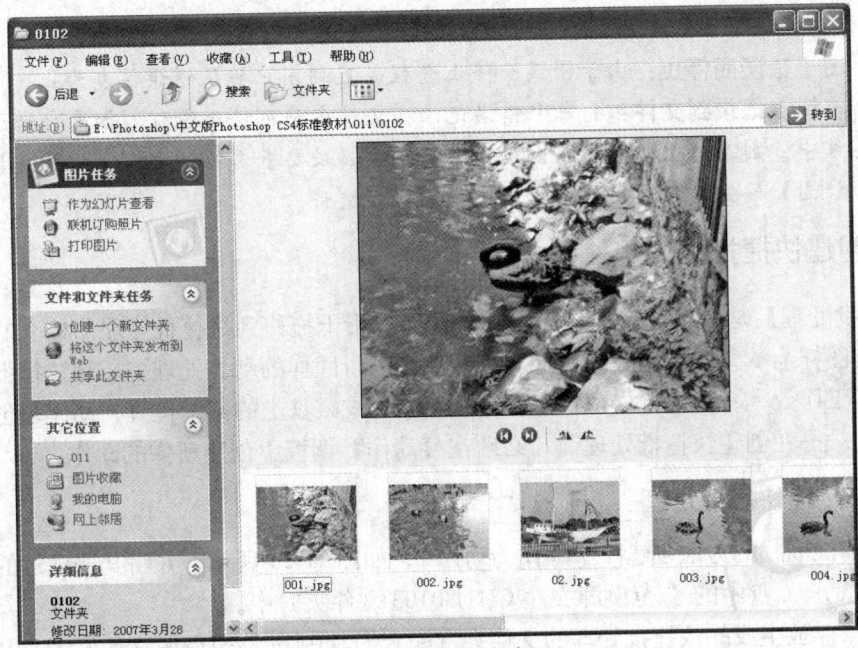

图 11-20　文件夹窗口

【批处理】对话框中选项说明如下：

- **播放**：在该栏的【组】下拉列表中选择要应用的组名称或默认动作，然后在【动作】下拉列表中可以选择要应用的动作。
- **源**：在【源】下拉列表中可以选择所需的选项。如果选择"文件夹"选项时，可对已存储在计算机中的文件播放动作。单击【选择】按钮可以查找并选择文件夹；如果选择【导入】选项则用于对来自数码相机或扫描仪的图像导入和播放动作。如果选择"打开的文件"选项则用于对所有已打开的文件播放动作。如果选择"Bridge"选项则用于在 Bridge 窗口中选定的文件播放动作。
  - **覆盖动作中的"打开"命令**：在指定的动作中，如果包含打开命令，批处理就会忽略该命令。
  - **包含所有子文件夹**：处理子文件夹中的文件。
  - **禁止显示文件打开选项对话框**：选择该选项时可以隐藏【文件打开选项】对话框。当对相机原始图像文件的动作进行批处理时，这是很有用的。将使用默认设置或以前指定的设置。
  - **禁止颜色配置文件警告**：选择该项时则关闭颜色方案信息的显示。
- **目标**：在【目标】下拉列表中选取处理文件的目标。如果在【目标】列表中选择文件夹，则其下的【选择】按钮呈活动可用状态，单击其下的【选择】按钮可以选择目标文件所在的文件夹。
  - **覆盖动作中的存储为**：如果选择它，则可让动作中【存储为】命令引用批处理的文件，而不是动作中指定的文件名和位置。如果要选择此选项，则动作必须包含一个【存储为】命令，因为【批处理】命令不会自动存储源文件。
  - **文件命名**：在【文件命名】栏中可通过 6 个下拉列表指定目标文件生成的命名规则。用户也可指定文件名的兼容性，如：Windows、Mac OS 及 Unix 操作系统。

- **错误**：在【错误】下拉列表中可以选择处理错误的选项。
  - **由于错误而停止**：由于错误而停止进程，直到用户确认错误信息为止。
  - **将错误记录到文件**：将每个错误记录在文件中而不停止进程。如果有错误记录到文件中，则在处理完毕后将出现一条信息。如果要查看错误文件，请单击其下的【存储为】按钮并在弹出的对话框中命名错误文件。

11.2.2 创建快捷批处理

【快捷批处理】是一个小应用程序，它将动作应用于拖移到快捷批处理图标上的一个或多个图像，其图标为 。如果要高频率地对大量图像进行同样的动作处理，应用快捷批处理可以大幅度提高工作效率。快捷批处理可以存储在桌面上或磁盘上的某个位置。动作是创建快捷批处理的基础——在创建快捷批处理前，必须在【动作】调板中创建所需的动作。

Howto 创建快捷批处理

1 用前面同样的方法创建一个动作为动作 2，如图 11-21 所示，并将其处理过的文件保存到文件夹（配套光盘中的"/范例源文件/CH11/0103 文件夹）中。

2 选择存放生成的快捷批处理的文件夹（配套光盘中的"/范例源文件/CH11/0104"文件夹），同时该文件夹中还存放着大量要处理的图片或图片所在的文件夹，如图 11-22 所示。

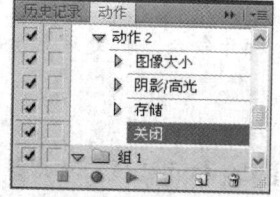

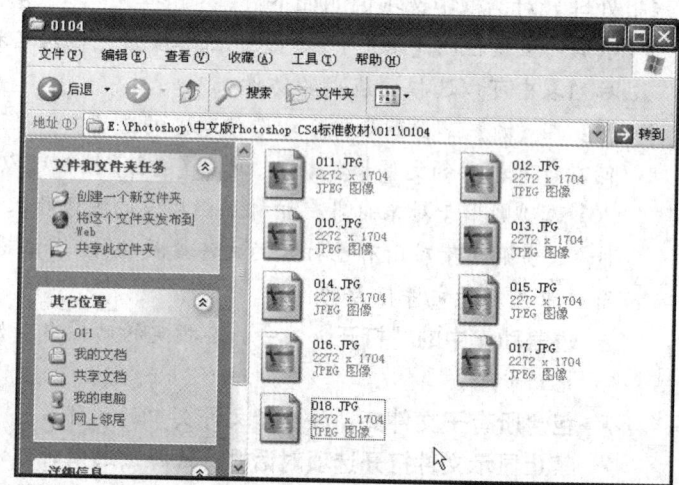

图 11-21 【动作】调板　　　　图 11-22 文件夹窗口

3 在菜单中执行【文件】→【自动】→【创建快捷批处理】命令，弹出如图 11-23 所示的对话框，在【将快捷批处理存储于】栏中单击【选择】按钮，并在弹出的对话框中点选前面定义好的文件夹如："0104"，紧接着在弹出的对话框中直接单击【保存】按钮，返回到【创建快捷批处理】对话框中。

4 在【创建快捷批处理】对话框的【播放】栏中设置【组】为"组 1"，【动作】为"动作 2"，该动作是刚创建的动作；在【目标】下拉列表中选择"文件夹"，单击其下的【选择】按钮，并在弹出的对话框中选择前面定义好的用于存放快捷批处理过图片的文件夹如："0103"；其他为默认值，在【创建快捷批处理】对话框中单击【确定】按钮，快捷批处理将被保存到指定文件夹（如：0104）中，如图 11-24 所示。

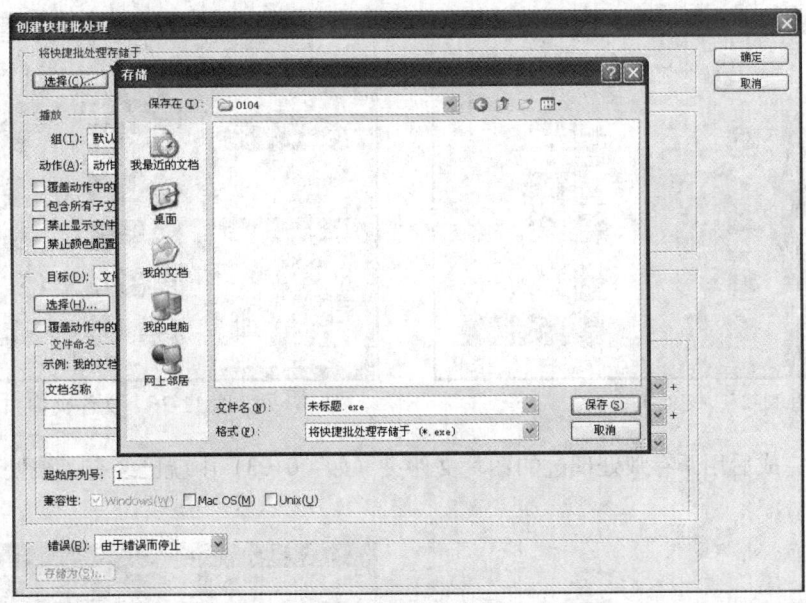

图11-23 【创建快捷批处理】对话框

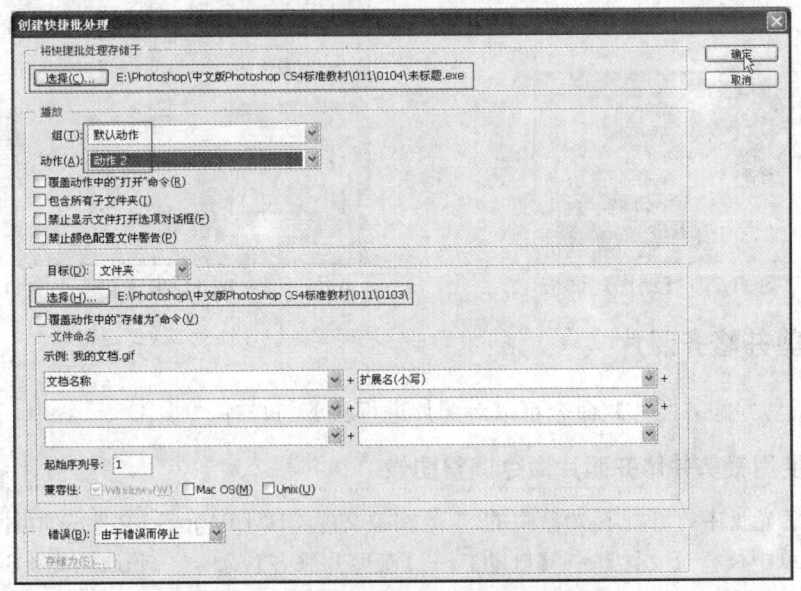

图11-24 【创建快捷批处理】对话框

【创建快捷批处理】对话框中选项说明如下：
- **将快捷批处理存储于**：选择一个地址或位置来保存生成的快捷批处理。
- **播放**：选择所需的组或动作。
- **目标**：在其下拉列表中选择以何种方式保存处理过的文件。

5 查看 0104 文件夹，其中就可看到已经添加一个快捷批处理的小应用程序图标，如图 11-25 所示。

6 应用快捷批处理的方法很简单，只要将准备处理的文件或文件夹拖移到快捷批处理图标上，如图 11-26 所示，松开鼠标左键后，即可在 Photoshop 中自动进行处理图片，同时在【动作】调板中会显示快捷批处理集，如图 11-27 所示。

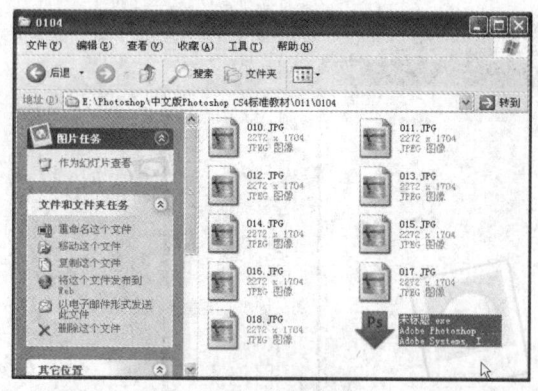
图 11-25　文件夹窗口

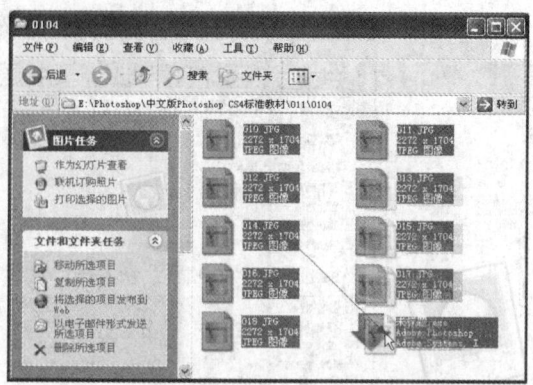
图 11-26　文件夹窗口

7 处理完成后用于存放处理过的图片文件夹（如：0103）中就已经有了被处理过的图片，如图 11-28 所示。

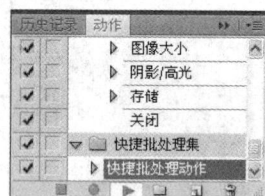
图 11-27　【动作】调板

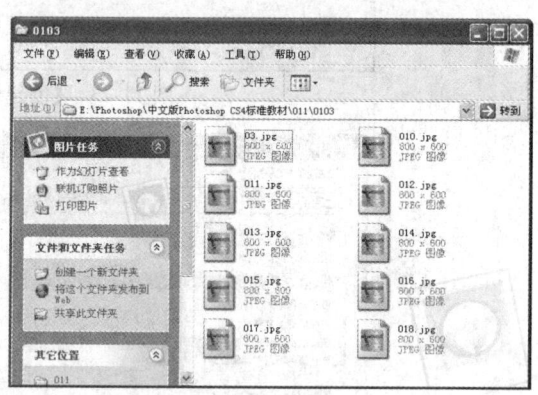
图 11-28　文件夹窗口

11.2.3　裁剪并修齐照片

利用【裁剪并修齐照片】命令可以对照片进行裁剪与修齐。

Howto　使用裁剪并修齐照片命令调整图像

1 从配套光盘中打开配套光盘中的"/范例源文件/CH11/04.jpg"文件，如图 11-29 所示。

2 在菜单中执行【文件】→【自动】→【裁剪并修齐】命令，Photoshop CS4 就自动对照片进行裁剪与修齐，裁剪后的照片如图 11-30 所示。

图 11-29　打开的图片

图 11-30　裁剪后的照片

11.2.4 Photomerge

利用【Photomerge】命令可以将两个或更多的文件创建成全景合成图。

Howto 使用 Photomerge 命令创建全景合成图

1 从配套光盘中打开 "/范例源文件/CH11/05.jpg" 和 "/范例源文件/CH11/06.jpg" 文件，如图 11-31、图 11-32 所示。

图 11-31　打开的图像　　　　　　　　图 11-32　打开的图像

2 在菜单中执行【文件】→【自动】→【Photomerge】命令，弹出【Photomerge】对话框，并在其中单击【添加打开的文件】按钮，即可将打开的文件添加到左边的方框中，再选择调整位置选项，如图 11-33 所示，单击【确定】按钮，即可开始在 Photoshop 中进行处理，经过一段时间处理后将两张图片已经合并为一张图片了，如图 11-34 所示。

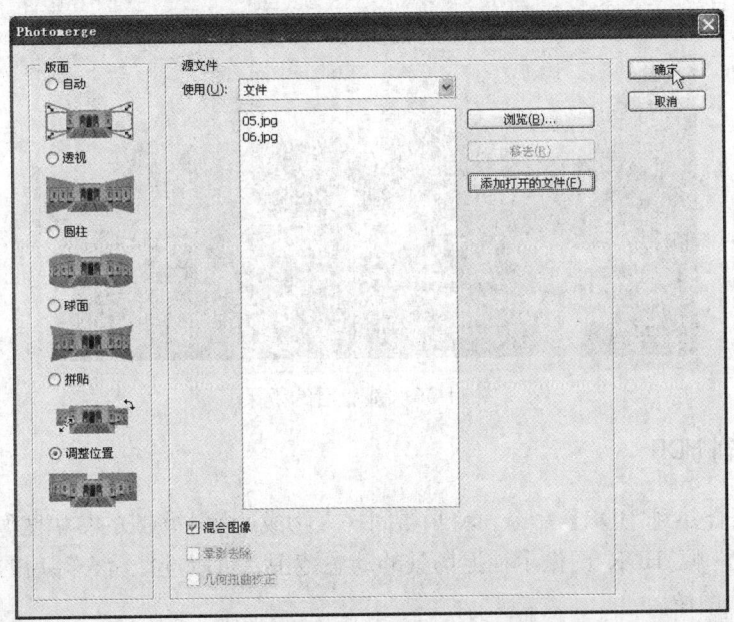

图 11-33　【Photomerge】对话框

3 在工具箱中点选裁剪工具，接着在画面中拖出一个裁剪框，如图 11-35 所示，再在裁剪框中双击，确认裁剪，以将不需要的部分修剪掉，裁剪后的效果如图 11-36 所示。

图 11-34 合并后的效果

图 11-35 拖出裁剪框

图 11-36 裁剪后的效果

11.2.5 合并到 HDR

可以使用【合并到 HDR】命令，将拍摄同一人物或动物或场景的多幅图像（曝光度不同）合并在一起，在一幅 HDR 图像中捕捉场景的动态范围。可以选择将合并后的图像存储为 32 位/通道的 HDR 图像。

Howto 使用合并到 HDR 命令来合并图像

1 从配套光盘中打开"/范例源文件/CH11/07.jpg"和"/范例源文件/CH11/08.jpg"，如图 11-37、图 11-38 所示。

第 11 章 任务自动化

图 11-37 打开的图像

图 11-38 打开的图像

2 在菜单中执行【文件】→【自动】→【合并到 HDR】命令，弹出如图 11-39 所示的对话框，并在其中单击【添加打开的文件】按钮，将其添加到【使用】的列表中，单击【确定】按钮，接着弹出另一个【合并到 HDR】对话框，在其中可查看预览效果，如图 11-40 所示，如果效果满意请单击【确定】按钮，经过处理后得到如图 11-41 所示的效果。

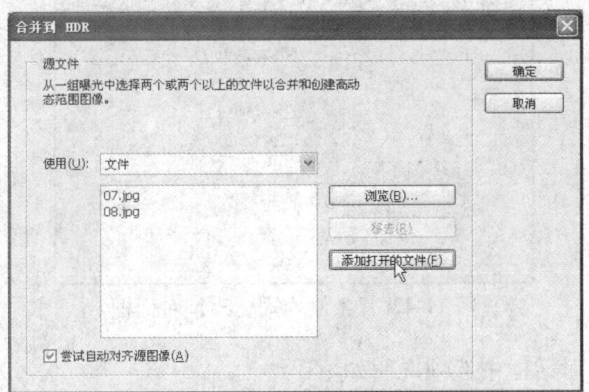

图 11-39 【合并到 HDR】对话框

图 11-40 【合并到 HDR】对话框

图 11-41　合并后的效果

11.2.6　条件模式更改

根据图像原来的模式将图像的颜色模式更改为指定的模式，如图 11-42 所示。

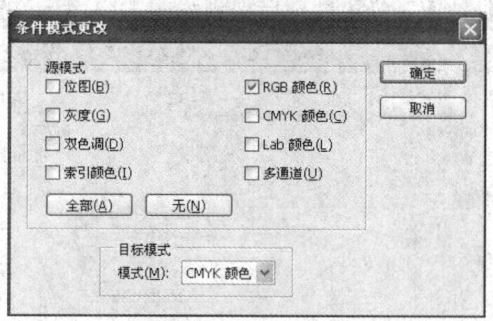

图 11-42　【条件模式更改】对话框

【条件模式更改】对话框中选项说明如下：
- **源模式**：选择与当前文件相匹配的源模式。
- **目标模式**：在下拉列表中选择需要转换的目标模式。

11.2.7　限制图像

【限制图像】将当前图像限制为指定的宽度和高度，但不改变长宽比。在菜单中执行【文件】→【自动】→【限制图像】命令后弹出如图 11-43 所示的对话框。

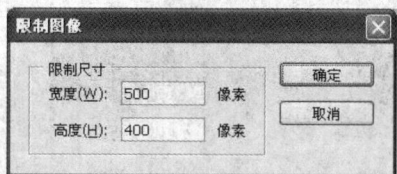

图 11-43　【限制图像】对话框

11.3　本章小结

本章主要学习动作与自动命令，学会使用这两个命令可以为我们的工作带来很大的帮助，从而提高工作效率。

11.4 本章习题

一、填空题

1. 【限制图像】将当前图像限制为用户指定的_____和_____，但不改变_____。
2. 【批处理】命令使用户可以在包含多个_____和_____的文件夹上播放动作。

二、选择题

1. 以下哪个功能就是对单个文件或一批文件回放的一系列命令？（ ）
   A. 路径　　　　　　B. 批处理　　　　　C. 图层　　　　　　D. 动作
2. 以下哪个命令可以在包含多个文件和子文件夹的文件夹上播放动作？（ ）
   A. 快捷批处理　　　B. 动作　　　　　　C. 批处理　　　　　D. 动作组
3. 利用以下哪个命令可以对照片进行裁剪与修齐？（ ）
   A. 【裁剪】命令　　　　　　　　　　　B. 【Photomerge】命令
   C. 【限制图像】命令　　　　　　　　　D. 【裁剪并修齐照片】命令

第 12 章 滤镜特效应用

 教学目标

通过【滤镜】菜单中的各种滤镜命令来完成 4 种特殊效果的制作,理解滤镜对话框中各参数的含义,能够做融会贯通、灵活运用,并能够制作出其他的特殊效果。

 教学重点与难点

- ➢ 空中爆炸效果
- ➢ 妙用滤镜制作美丽的花朵
- ➢ 空中燃烧效果——数字财富
- ➢ 褶皱效果

12.1 空中爆炸效果

在制作空中爆炸效果时,主要应用了横排文字工具、【图层样式】、【极坐标】、【图像旋转】、【风】、【色相/饱和度】等工具与命令来制作空中爆炸效果。

流程图:

① 输入文字

② 添加外发光后的效果

③ 执行【极坐标】命令后的效果

④ 执行【风】命令后的效果

⑤ 执行【极坐标】命令后的效果

⑥ 调整色相/饱和度后的效果

本例最终效果如图 12-1 所示:

第12章 滤镜特效应用 *251*

图 12-1 空中爆炸效果

Howto 制作空中爆炸效果

1 先在工具箱中设定前景色为白色，背景色为黑色，按 Ctrl+N 键，弹出【新建】对话框，并在其中设置【预设】为"Web"，【背景内容】为"背景色"，其他采用默认值，如图 12-2 所示，单击【确定】按钮，即可新建一个空白的图像文件。

2 在工具箱中点选 T 横排文字工具，并在图像窗口的适当位置单击并输入"BLAST"文字，再按 Ctrl+A 键全选刚输入的文字，然后在【字符】调板中设置【字体】为"Mesquite Std"，【字体大小】为"160 点"，【水平缩放】为"150%"，【所选字符间距】为"75"，如图 12-3 所示，设置好后单击 ✓ 按钮确认文字输入，结果如图 12-4 所示。

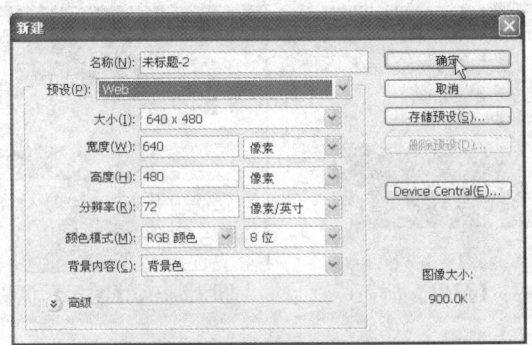

图 12-2 【新建】对话框

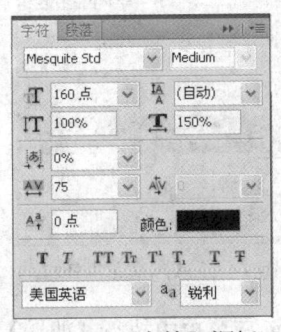

图 12-3 【字符】调板

3 按 Ctrl+J 键复制"blast"文字图层为"blast 副本"文字图层，再在【图层】调板中将"blast 副本"文字图层隐藏，并激活"blast"文字图层，如图 12-5 所示。

图 12-4 输入文字

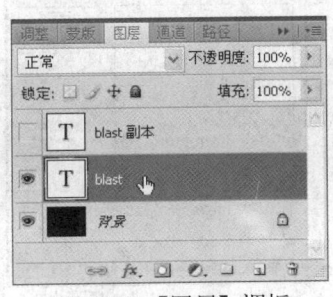

图 12-5 【图层】调板

4 在【图层】调板中双击"blast"文字图层,弹出【图层样式】对话框,并在其中单击【外发光】选项,然后在右边的【外发光】栏中设置【扩展】为"20%",【大小】为"10像素",其他不变,如图12-6所示,单击【确定】按钮,得到如图12-7所示的效果。

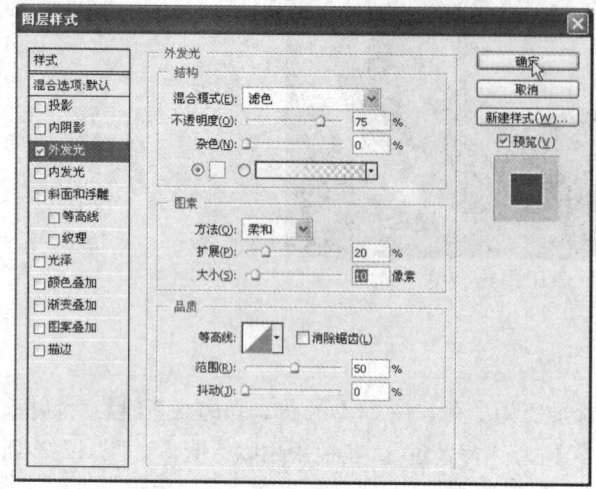

图12-6 【图层样式】对话框　　　　图12-7 添加外发光后的效果

5 显示【图层】调板,并在其中单击 <img>(创建新图层)按钮,新建图层1,如图12-8所示,接着按Shift键单击"blast"文字图层,以同时选择图层1与"blast"文字图层,如图12-9所示,然后按Ctrl+E键将选择的图层合并为一个图层,如图12-10所示。

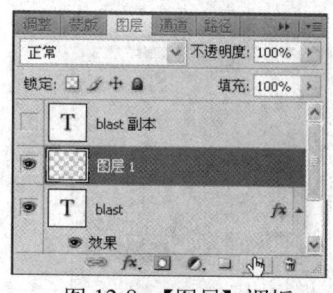

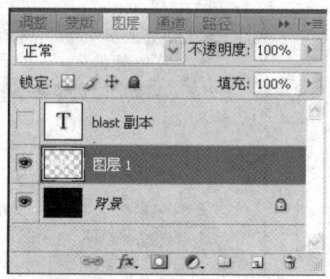

图12-8 【图层】调板　　图12-9 【图层】调板　　图12-10 【图层】调板

6 在菜单中执行【滤镜】→【扭曲】→【极坐标】命令,弹出【极坐标】对话框,并在其中选择【极坐标到平面坐标】单选框,如图12-11所示,选择好后单击【确定】按钮,得到如图12-12所示的效果。

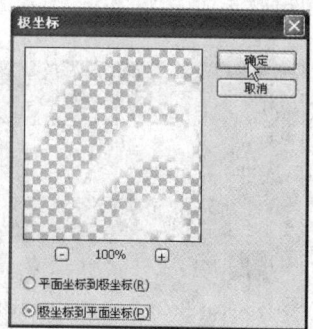

图12-11 【极坐标】对话框　　图12-12 执行【极坐标】命令后的效果

7 在菜单中执行【图像】→【图像旋转】→【90 度顺时针】命令，将图像进行 90 度顺时针旋转，旋转后的画面效果如图 12-13 所示。

8 在菜单中执行【滤镜】→【风格化】→【风】命令，弹出【风】对话框，并在其中选择【风】与【从右】单选框，如图 12-14 所示，选择好后单击【确定】按钮，得到如图 12-15 所示的效果。

图 12-13　执行【90 度顺时针】命令后的效果

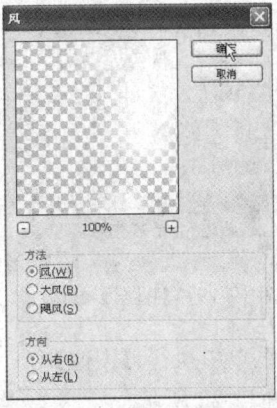

图 12-14　【风】对话框

9 按 Ctrl+F 键重新执行【风】命令，得到如图 12-16 所示的效果。

图 12-15　执行【风】命令后的效果

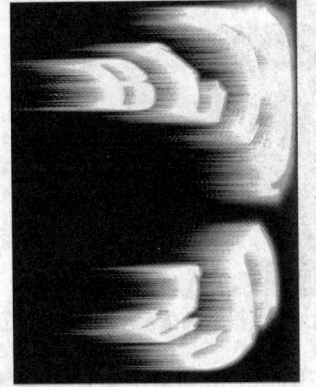

图 12-16　执行【风】命令后的效果

10 按 Ctrl+J 键复制一个图层为图层 1 副本，如图 12-17 所示，得到如图 12-18 所示的效果。

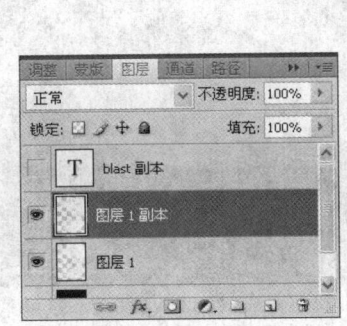

图 12-17　【图层】调板

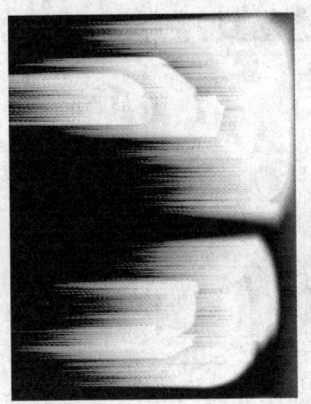

图 12-18　复制图层后的效果

11 在【图层】调板中激活图层 1,如图 12-19 所示,再在菜单中执行【滤镜】→【扭曲】→【极坐标】命令,弹出【极坐标】对话框,并在其中选择【平面坐标到极坐标】单选框,如图 12-20 所示,选择好后单击【确定】按钮,得到如图 12-21 所示的效果。

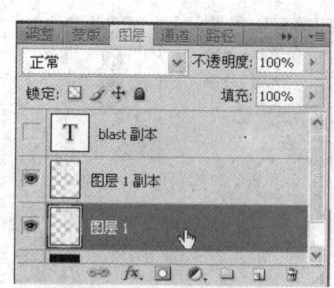

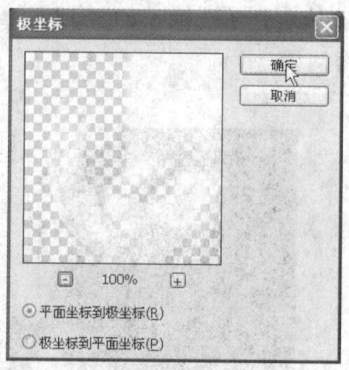

图 12-19 【图层】调板　　　　　图 12-20 【极坐标】对话框

12 在菜单中执行【图像】→【图像旋转】→【90 度(逆时针)】命令,将画布旋转到初始状态,如图 12-22 所示。

图 12-21 执行【极坐标】命令后的效果　　图 12-22 执行【90 度(逆时针)】命令后的效果

13 在图层调板中激活图层 1 副本,接着在菜单中执行【滤镜】→【扭曲】→【极坐标】命令,弹出【极坐标】对话框,并在其中选择【平面坐标到极坐标】单选框,如图 12-23 所示,选择好后单击【确定】按钮,得到如图 12-24 所示的效果。

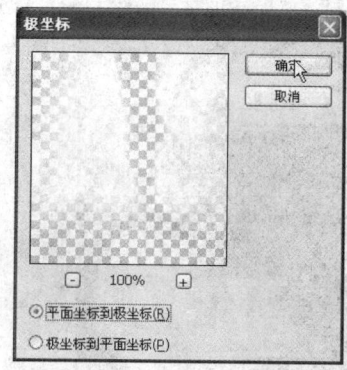

图 12-23 【极坐标】对话框　　　　图 12-24 执行【极坐标】命令后的效果

14 按 Ctrl+J 键复制图层 1 副本为图层 1 副本 2,并设置它的【混合模式】为"正片叠底",如图 12-25 所示,得到如图 12-26 所示的效果。

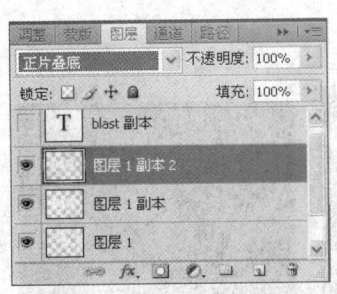

图 12-25 【图层】调板

图 12-26 更改【混合模式】后的效果

15 在【图层】调板中单击 ◉.(创建新的填充或调整图层)按钮,并在弹出的菜单中选择【色相/饱和度】命令,如图 12-27 所示,紧接着显示【调整】调板,再在其中设置【色相】为"−34",【饱和度】为"+100",其他为默认值,如图 12-28 所示,设置好后得到如图 12-29 所示的效果。

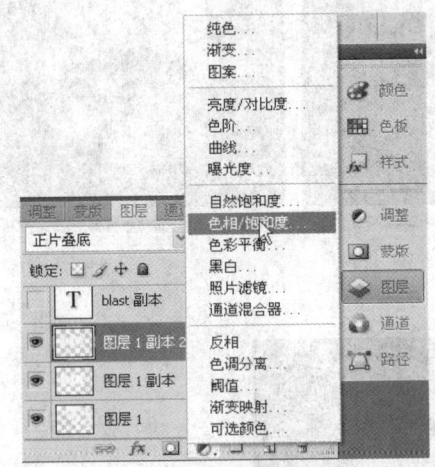

图 12-27 【图层】调板

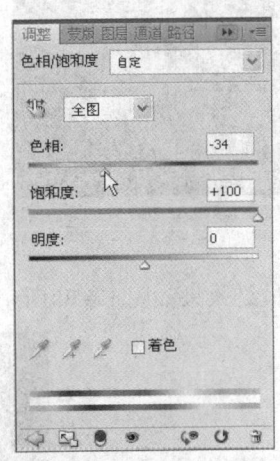

图 12-28 【调整】调板

图 12-29 调整色相/饱和度后的效果

12.2 妙用滤镜制作美丽的花朵

在妙用滤镜制作美丽的花朵时，主要应用了【镜头光晕】、【切变】、【自由变换】、【混合模式】、【色相/饱和度】等工具与命令来制作美丽的花朵。

流程图：

① 执行【镜头光晕】命令后的效果　② 执行【切变】命令后的效果　③ 执行【自由变换】命令后的效果

④ 更改混合模式后的效果　⑤ 【自由变换】调整并更改混合模式后的效果　⑥ 调整色相/饱和度后的效果

本例最终效果如图 12-30 所示：

图 12-30　妙用滤镜制作美丽的花朵效果

Howto　妙用滤镜制作美丽的花朵

1 在工具箱中设置背景色为黑色，再按 Ctrl+N 键新建一个大小为 500×500 像素，【分辨率】为"150 像素/英寸"，【颜色模式】为"RGB 颜色"，【背景内容】为"背景色"的图像文件，如图 12-31 所示。

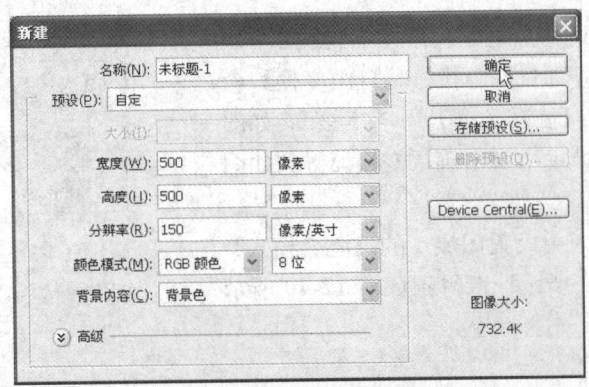

图 12-31 【新建】对话框

2 在菜单中执行【滤镜】→【渲染】→【镜头光晕】命令,弹出【镜头光晕】对话框,并在其中选择【亮度】为"106%",【镜头类型】为"50-300毫米变焦",如图 12-32 所示,设置好后单击【确定】按钮,得到如图 12-33 所示的效果。

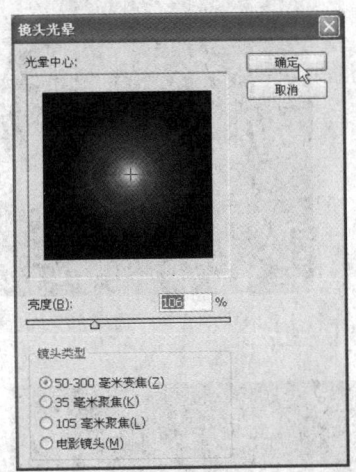

图 12-32 【镜头光晕】对话框

图 12-33 执行【镜头光晕】命令后的效果

3 在菜单中执行【滤镜】→【扭曲】→【切变】命令,弹出【切变】对话框,并在其中设置参数如图 12-34 所示,设置好后单击【确定】按钮,得到如图 12-35 所示的效果。

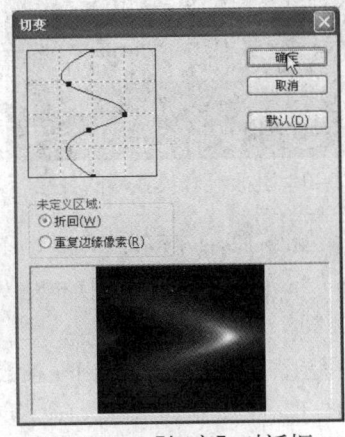

图 12-34 【切变】对话框

图 12-35 执行【切变】命令后的效果

4 按 Ctrl+J 键通过拷贝复制一个图层为图层 1，如图 12-36 所示，再按 Ctrl+T 键执行【自由变换】命令，再在选项栏中设置【旋转角度】为"45 度"，如图 12-37 所示，然后在变换框中双击确认变换，得到如图 12-38 所示的效果。

5 在【图层】调板中设置图层 1 的【混合模式】为"变亮"，如图 12-39 所示，以得到如图 12-40 所示的效果。

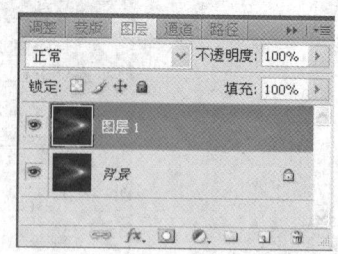

图 12-36 【图层】调板

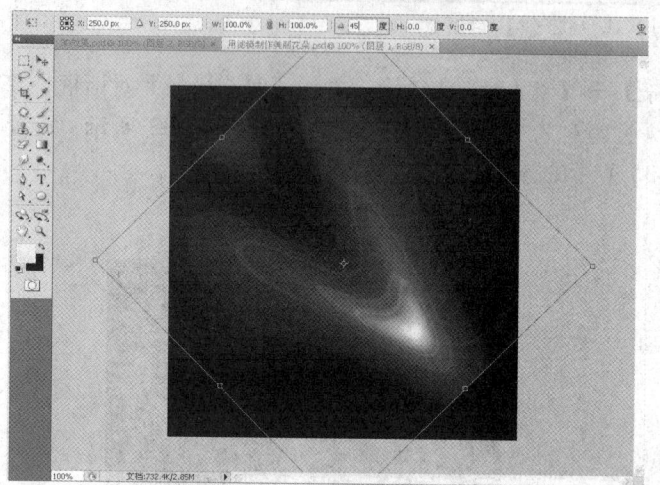

图 12-37 【自由变换】调整

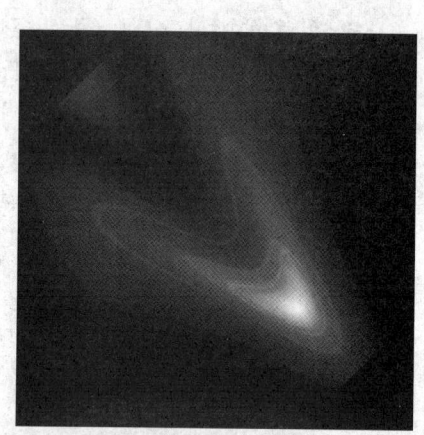

图 12-38 调整后的效果

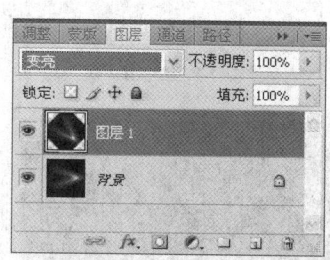

图 12-39 【图层】调板

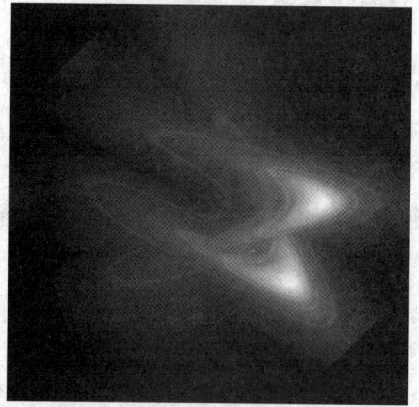

图 12-40 更改混合模式后的效果

6 按 Ctrl+J 键通过拷贝复制一个图层为图层 1 副本，如图 12-41 所示，再按 Ctrl+T 键执行【自由变换】命令，再在选项栏中设置【旋转角度】为"45 度"，然后在变换框中双击确认变换，得到如图 12-42 所示的效果。

7 按 Ctrl+J 键通过拷贝复制多个副本，如图 12-43 所示，并依次用【自由变换】命令，对它们分别进行 45 度旋转，复制并旋转后的画面效果如图 12-44 所示。这样，一朵花就制作完成了。

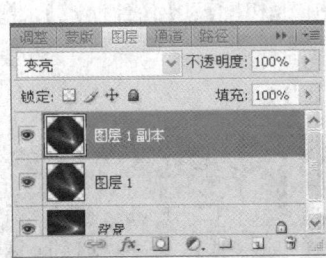

图 12-41 【图层】调板

图 12-42 【自由变换】调整后的效果

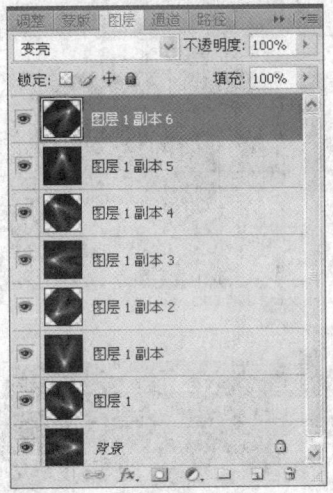

图 12-43 【图层】调板

图 12-44 【自由变换】调整后的效果

8 也可以为刚制作好的花朵设置其他的颜色，如在【图层】调板中单击 按钮，弹出下拉菜单并在其中选择【色相/饱和度】命令，显示【调整】调板，并在其中设置【色相】为"+45"，【饱和度】为"+59"，其他不变，如图 12-45 所示，即可得到如图 12-46 所示的效果。这样，就改变了花朵的颜色。

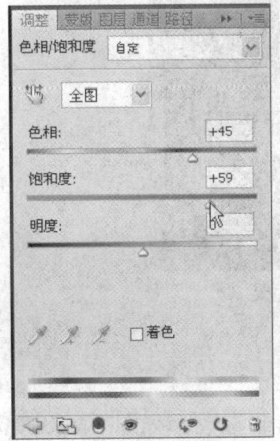

图 12-45 【调整】调板

图 12-46 调整色相/饱和度后的效果

12.3 空中燃烧效果——数字财富

在制作空中燃烧效果——数字财富时，主要应用了【云彩】、横排文字工具、【栅格化文字】、【自由变换】、【图像旋转】、【风】、反相、【USM 锐化】、【色相/饱和度】、【混合模式】、【图层样式】等工具与命令来制作空中燃烧效果——数字财富。

流程图：

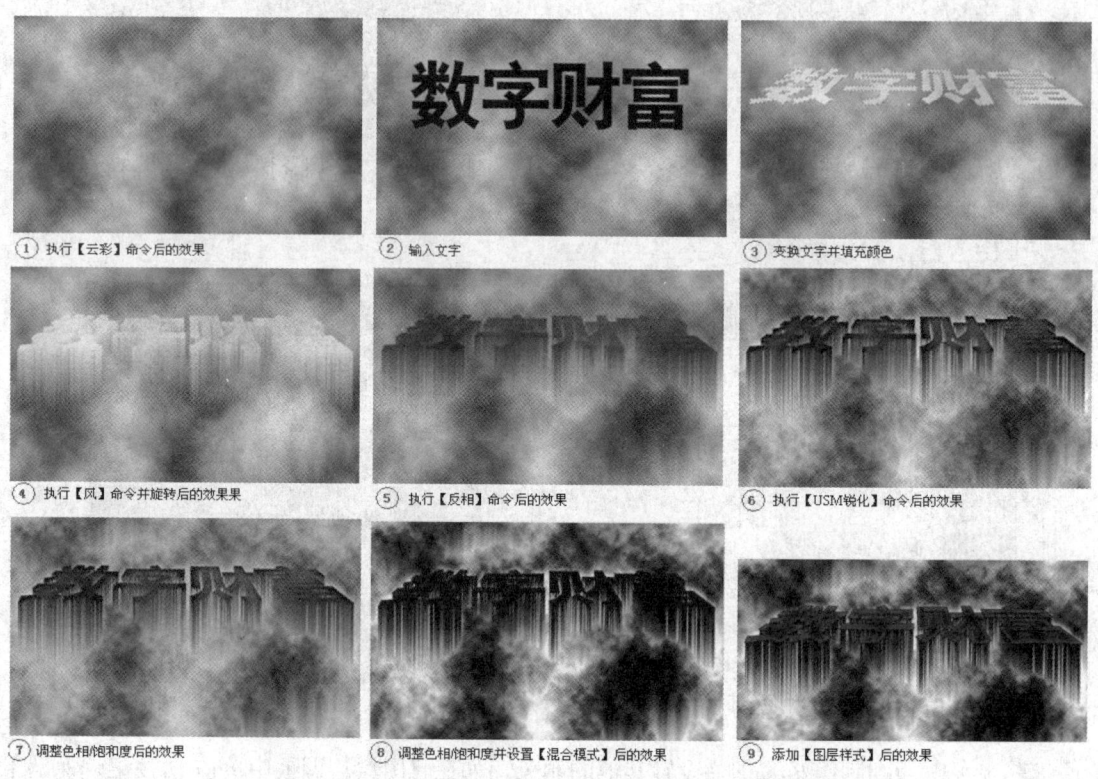

本例最终效果如图 12-47 所示：

图 12-47　空中燃烧效果——数字财富效果

Howto　制作空中燃烧效果——数字财富

1 按 Ctrl+N 键，弹出【新建】对话框，并在其中设置所需的参数，如图 12-48 所示，设置好后单击【确定】按钮，即可新建一个空白的图像文件。

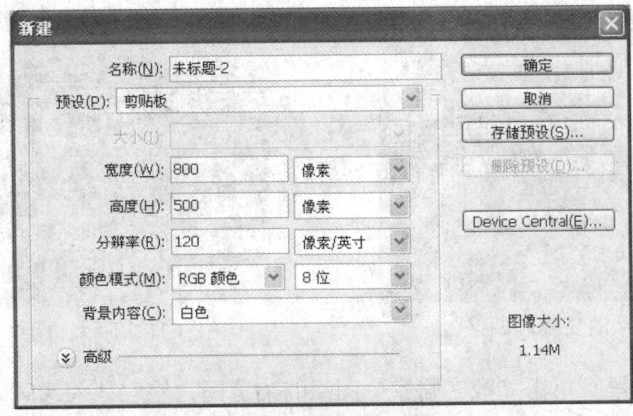

图 12-48　【新建】对话框

2 按 D 键将前景色与背景色为默认值，再在菜单中执行【滤镜】→【渲染】→【云彩】命令，以得到如图 12-49 所示的效果。

3 在工具箱中点选 T 横排文字工具，在画面的中上部单击，显示光标后在选项栏中设置参数为 文鼎CS大黑　T 100点，然后再输入"数字财富"，输入好后点选 移动工具确认文字输入，结果如图 12-50 所示。

图 12-49　执行【云彩】命令后的效果

图 12-50　输入文字

4 在【图层】调板中右击，弹出快捷菜单，并在其中选择【栅格化文字】命令，如图 12-51 所示，以将文字图层转换为普通图层，结果如图 12-52 所示。

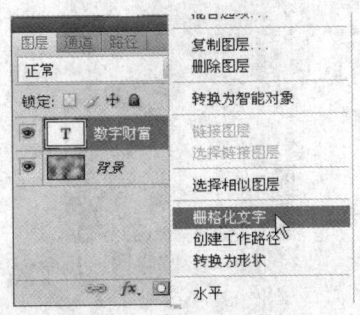

图 12-51　【图层】调板

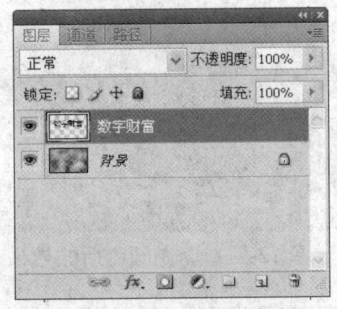

图 12-52　【图层】调板

5 按 Ctrl+T 键执行【自由变换】命令，显示变换框，按 Ctrl 键拖动对角控制柄来调整文字的透视效果，如图 12-53 所示，调整好后在变换框中双击确认变换，然后用移动工具将其向上移动到适当位置，如图 12-54 所示。

图12-53 【自由变换】调整

图12-54 调整后的效果

6 按 Ctrl 键用鼠标单击"数字财富"图层的缩览图，使它载入选区，再单击前面的眼睛图标，如图12-55所示，使该图层的内容不可见，只留下选区，如图12-56所示。

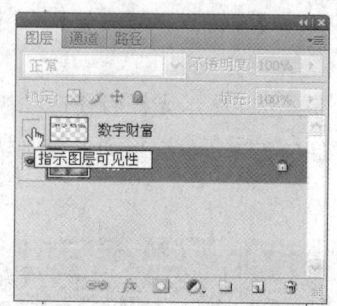
图12-55 【图层】调板

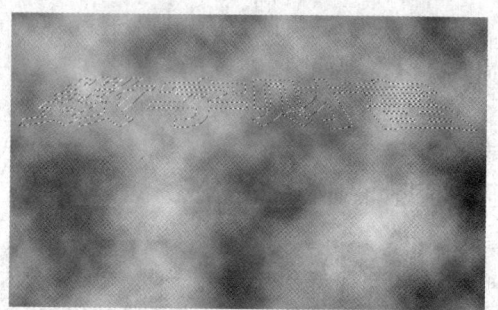
图12-56 将文字载入选区

7 设置前景色为R167、G166、B166，再按 Alt+Del 键填充前景色，以得到如图12-57所示，然后按 Ctrl+D 键取消选择。

8 在菜单中执行【图像】→【图像旋转】→【90度（顺时针）】命令，将图像进行旋转，旋转后的效果如图12-58所示。

图12-57 填充颜色后的效果

图12-58 执行【90度（顺时针）】命令后的效果

9 在菜单中执行【滤镜】→【风格化】→【风】命令，弹出【风】对话框，并在其中设置【方法】为"风"，如图12-59所示，设置好后单击【确定】按钮，即可得到如图12-60所示的效果。

10 按 Ctrl+F 键3次重复执行【风】命令，以得到如图12-61所示的效果。

第 12 章　滤镜特效应用　*263*

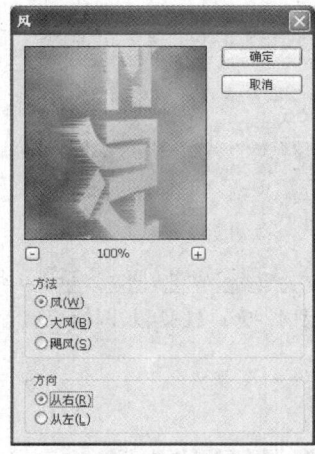

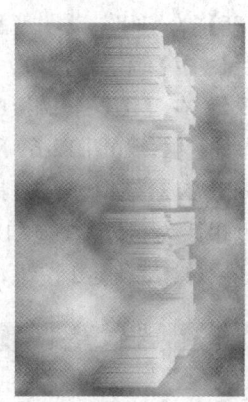

图 12-59　【风】对话框　　　图 12-60　执行【风】命令后的效果　　图 12-61　执行【风】命令后的效果

11 在菜单中执行【图像】→【图像旋转】→【90 度（逆时针）】命令，将图像还原，还原后的效果如图 12-62 所示。

12 按 Ctrl+I 键将图像反相，反相后的效果如图 12-63 所示。

图 12-62　执行【90 度（逆时针）】命令后的效果　　　图 12-63　执行【反相】命令后的效果

13 在菜单中执行【图像】→【锐化】→【USM 锐化】命令，弹出【USM 锐化】对话框，并在其中设置【数量】为"200%"，【半径】为"8 像素"，其他不变，如图 12-64 所示，设置好后单击【确定】按钮，以得到如图 12-65 所示的效果。

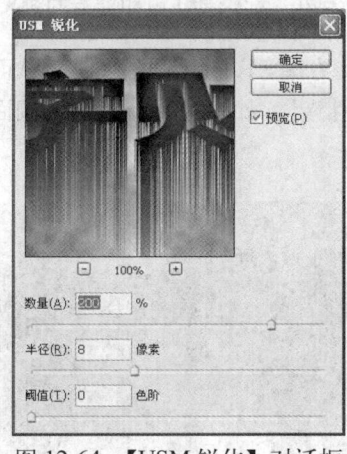

图 12-64　【USM 锐化】对话框　　　　图 12-65　执行【USM 锐化】命令后的效果

14 按 Ctrl+J 复制一个副本。如图 12-66 所示，按 Ctrl+U 键，弹出【色相/饱和度】对话框，并在其中先勾选【着色】复选框，再设置【色相】为"40"，【饱和度】为"58"，【明度】为"-15"，如图12-67所示，设置好后单击【确定】按钮，即可得到如图12-68所示的效果。

15 在【图层】调板中先关闭"背景副本"图层，再激活"背景"层，如图12-69所示，然后按Ctrl+U键，弹出【色相/饱和度】对话框，并在其中先勾选【着色】复选框，再设置【色相】为"5"，【饱和度】为"60"，【明度】为"-8"，设置好后单击【确定】按钮，即可得到如图12-70所示的效果。

图12-66 【图层】调板

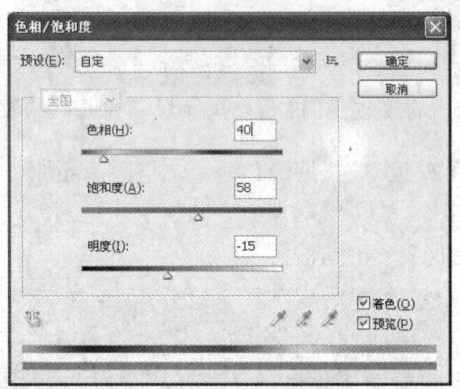

图12-67 【色相/饱和度】对话框

图12-68 调整色相/饱和度后的效果

图12-69 【图层】调板

图12-70 调整色相/饱和度后的效果

16 在【图层】调板中再单击"背景副本"图层前面的方框，以显示眼睛图标，从而显示"背景副本"图层中的内容，并设置其【混合模式】为"线性光"，如图12-71所示，画面效果如图12-72所示。

图12-71 【图层】调板

图12-72 更改混合模式后的效果

17 在【图层】调板中单击"数字财富"图层前面的方框,以显示眼睛图标,从而显示"数字财富"图层中的内容,在菜单中执行【图层】→【图层样式】→【内发光】命令,弹出【图层样式】对话框,并在其中设置【颜色】为"红色",【大小】为"13",其他不变,如图 12-73 所示,添加了内发光的效果如图 12-74 所示。

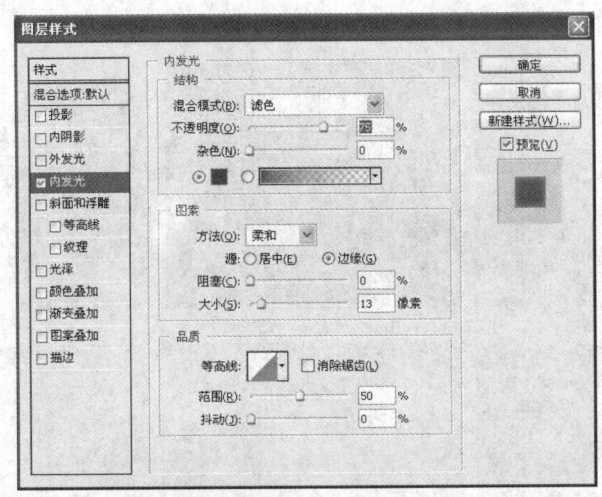

图 12-73 【图层样式】对话框

图 12-74 添加内发光后的效果

18 在【图层样式】对话框的左边栏中单击【描边】选项,再在右边栏中设置【大小】为"2",其他不变,如图 12-75 所示,设置好后单击【确定】按钮,即可得到如图 12-76 所示的效果。这样,空中燃烧效果就制作完成。

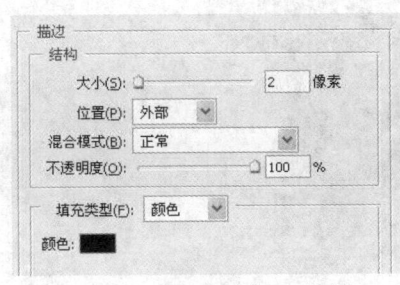

图 12-75 【图层样式】对话框

图 12-76 描边后的效果

12.4 褶皱效果

在制作褶皱效果时，主要应用了【云彩】、【分层云彩】、【浮雕效果】、【高斯模糊】、【存储为】、【置换】、【混合模式】、【色阶】、反选、【图层样式】等工具与命令来制作褶皱效果。

流程图：

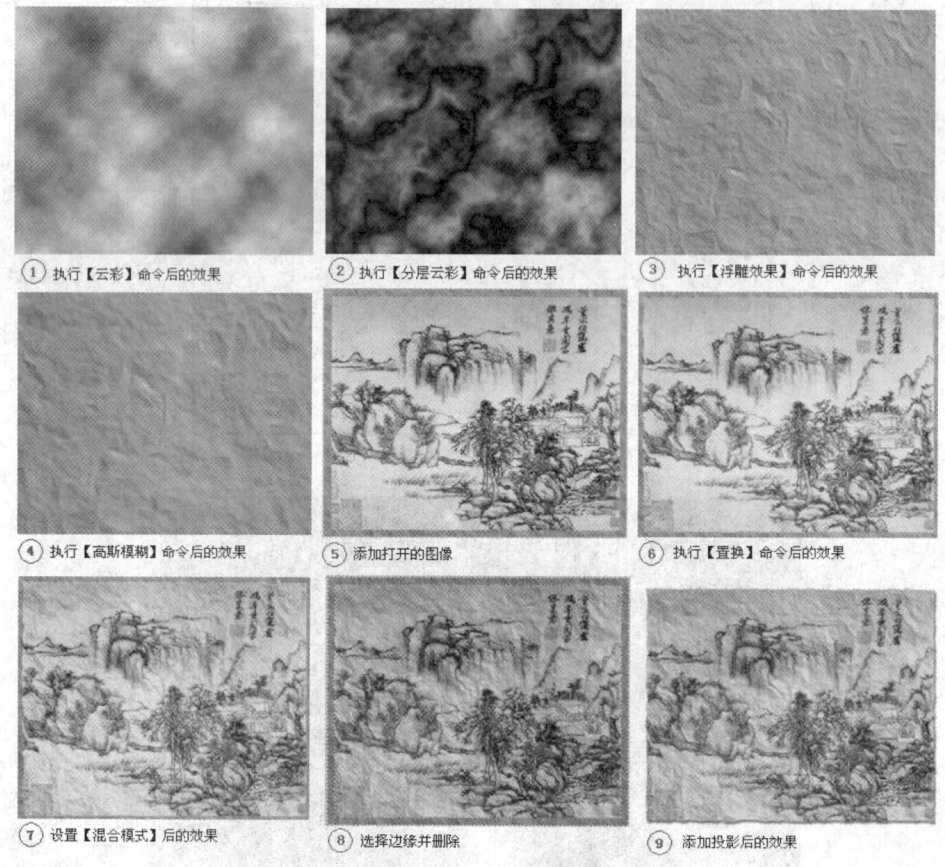

本例最终效果如图 12-77 所示：

图 12-77　褶皱效果

Howto 制作褶皱效果

1 按 Ctrl+N 键,弹出【新建】对话框,并在其中设置所需的参数,如图 12-78 所示,设置好后单击【确定】按钮,即可新建一个空白的图像文件。

2 按 D 键将前景与背景色设为默认值,再在菜单中执行【滤镜】→【渲染】→【云彩】命令,以得到如图 12-79 所示的效果。

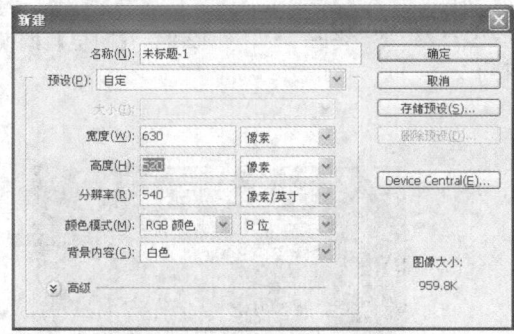

图 12-78 【新建】对话框

图 12-79 执行【云彩】命令后的效果

3 在菜单中执行【滤镜】→【渲染】→【分层云彩】命令,以得到如图 12-80 所示的效果。按 Ctrl+F 键重复执行几次,以得到如图 12-81 所示的效果。

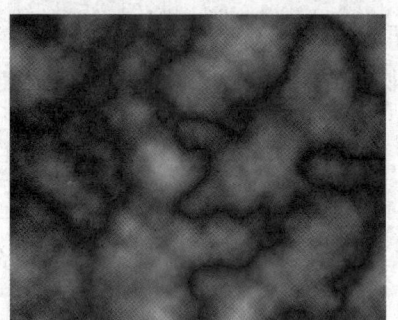

图 12-80 执行【分层云彩】命令后的效果

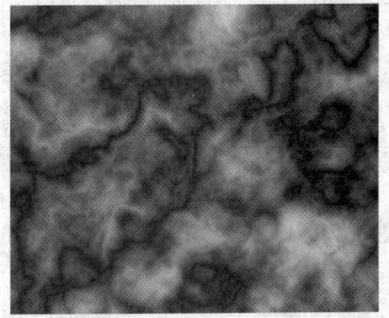

图 12-81 执行【分层云彩】命令后的效果

4 在菜单中执行【滤镜】→【风格化】→【浮雕效果】命令,弹出【浮雕效果】对话框,并在其中设置【角度】为"45 度",【高度】为"1 像素",【数量】为"500",如图 12-82 所示,设置好后单击【确定】按钮,以得到如图 12-83 所示的效果。

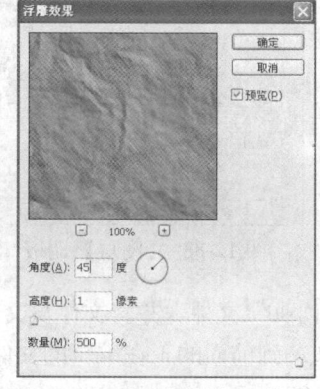

图 12-82 【浮雕效果】对话框

图 12-83 执行【浮雕效果】命令后的效果

5 按 Ctrl+J 键复制一个副本图层，如图 12-84 所示，接着在菜单中执行【滤镜】→【模糊】→【高斯模糊】命令，弹出【高斯模糊】对话框，并在其中设置【半径】为"2"像素，如图 12-85 所示，设置好后单击【确定】按钮，以得到如图 12-86 所示的效果。

6 在菜单中执行【文件】→【存储为】命令，弹出【存储为】对话框，并在其中的【文件名】文本框中输入所需的文件名称，在【保存在】列表中选择要存放在文件夹，如图 12-87 所示，设置好后单击【保存】按钮，即可将该纹理保存起来了。

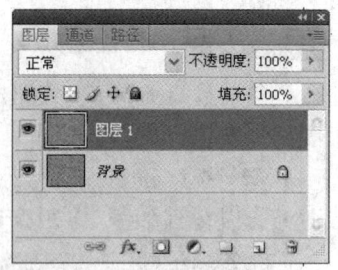

图 12-84 【图层】调板

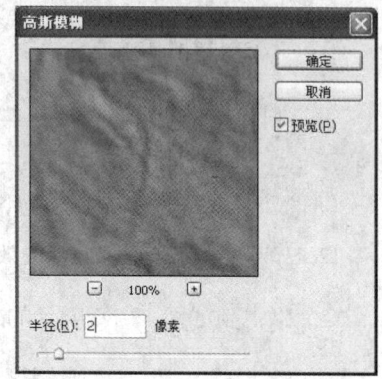

图 12-85 【高斯模糊】对话框

图 12-86 执行【高斯模糊】命令后的效果

7 在【图层】调板中单击"图层 1"前面的眼睛图标，使之不可见，从而隐藏"图层 1"中的内容，如图 12-88 所示。

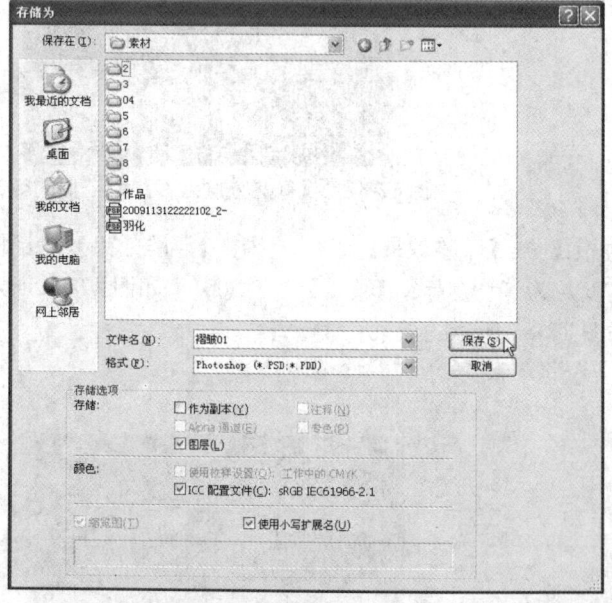

图 12-87 【存储为】对话框

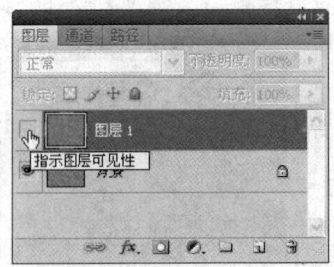

图 12-88 【图层】调板

8 按 Ctrl+O 键从配套光盘中打开"/范例源文件/CH12/001.psd"文件，并将文件从文档标题栏中拖出成浮停状态，然后用移动工具，将刚打开的文件拖动到前面的正在编辑的文件中，并排放到适当位置，如图 12-89 所示，其【图层】调板如图 12-90 所示。

第 12 章 滤镜特效应用 *269*

图 12-89 打开的图像文件

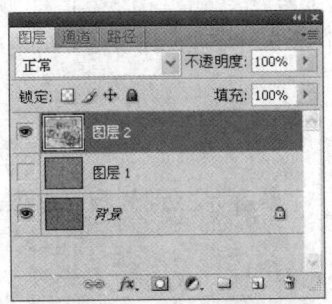

图 12-90 【图层】调板

9 在菜单中执行【滤镜】→【扭曲】→【置换】命令，弹出【置换】对话框，并在其中设置【水平比例】与【垂直比例】均为"10 像素"，【置换图】为"伸展以适合"，【未定义区域】为"重复边缘像素"，如图 12-91 所示，设置好后单击【确定】按钮，接着弹出【选择一个置换图】对话框，并在其中选择刚保存的纹理，如图 12-92 所示，单击【打开】按钮，即可得到如图 12-93 所示的效果。

10 在【图层】调板中设置图层 2 的【混合模式】为"叠加"，如图 12-94 所示，以得到如图 12-95 所示的效果。

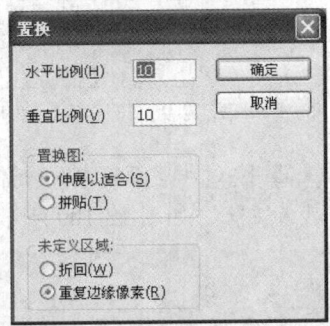

图 12-91 【置换】对话框

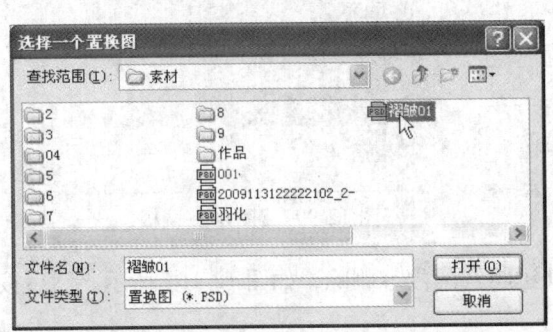

图 12-92 【选择一个置换图】对话框

图 12-93 执行【置换】命令后的效果

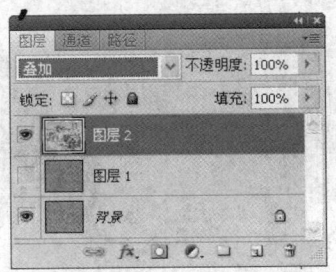

图 12-94 【图层】调板

图 12-95 更改【混合模式】后的效果

11 在【图层】调板中激活背景层,如图 12-96 所示。

12 按 Ctrl+L 键执行【色阶】命令,弹出【色阶】对话框,并在其中设置所需的参数,如图 12-97 所示,设置好后单击【确定】按钮,即可得到如图 12-98 所示的效果。

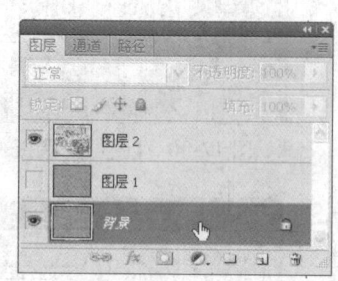

图 12-96 【图层】调板

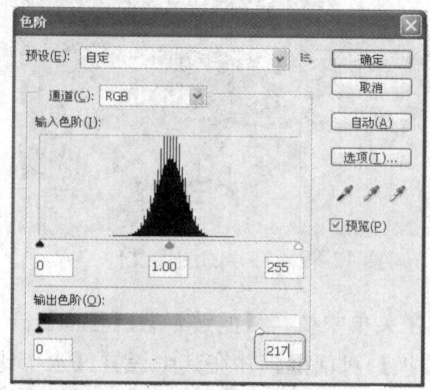

图 12-97 【色阶】对话框

13 按 Ctrl+J 键复制一个副本,再按 Ctrl 键单击图层 2 的缩览图,如图 12-99 所示,使图层 2 载入选区,如图 12-100 所示。

图 12-98 执行【色阶】命令后的效果

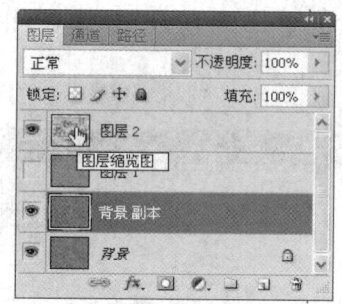

图 12-99 【图层】调板

14 按 Ctrl+Shift+I 键反选选区,再按 Del 键将选区内容删除,如图 12-101 所示,然后按 Ctrl+D 键取消选择。

图 12-100 使图层 2 载入选区

图 12-101 反选选区

15 设置前景色为白色，在【图层】调板中先激活"背景"层，单击【创建新图层】按钮，新建一个图层，再按 Alt+Del 键填充前景色，如图 12-102 所示，以得到如图 12-103 所示的效果。

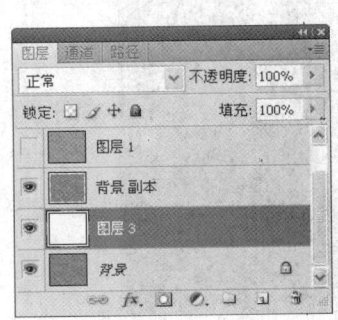

图 12-102 【图层】调板

图 12-103 填充颜色后的效果

16 在【图层】调板中激活"背景副本"图层，再在菜单中执行【图层】→【图层样式】→【投影】命令，弹出【图层样式】对话框，如图 12-104 所示，并在其中直接单击【确定】按钮，即可得到如图 12-105 所示的效果。这样，作品就制作完成了。

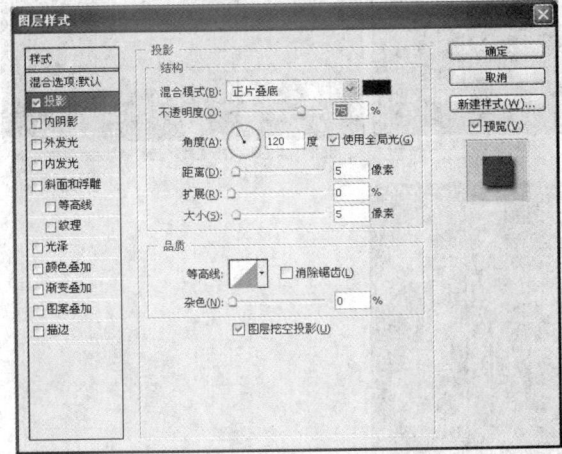

图 12-104 【图层样式】对话框

图 12-105 添加投影后的效果

12.5 本章小结

本章通过典型范例制作讲解了 Photoshop CS4 程序中常用的滤镜命令的综合使用方法与技巧。利用不同的滤镜命令可以制作各种各样的艺术效果。

12.6 本章习题

上机实训：

打开配套光盘中的"/范例源文件/CH12/001.jpg"文件，使用滤镜特效得到如图 12-106 所示的效果。其制作流程图如图 12-107 所示。

图 12-106　效果图

① 打开的原图像

② 执行【光照效果】命令，并在对话框中先调整光的位置，再设置点光颜色为R239 G125 B12，环境光颜色为R16 G242 B37

③ 用磁性套索工具与套索工具勾画面不需要进行调整的区域

④ 反选选区

⑤ 执行【胶片颗粒】命令后取消选择的效果

图 12-107　流程图

第 13 章 综合应用

 教学目标

通过 5 个综合实例的制作巩固前面所学的知识，加深对 Photoshop CS4 程序中各功能的理解，做到举一反三，活学活用，从而能创作出优美的作品。

 教学重点与难点

➢ 制作石镜
➢ 装裱照片
➢ 相册封面设计
➢ 制作房地产广告
➢ 网站设计

13.1 制作石镜

本例主要用到的工具和命令有：自定形状工具、斜面和浮雕、描边、投影、移动工具、创建剪贴蒙版、色阶、收缩、椭圆选框工具、羽化、添加图层蒙版、矩形选框工具、取消选择等。

流程图：

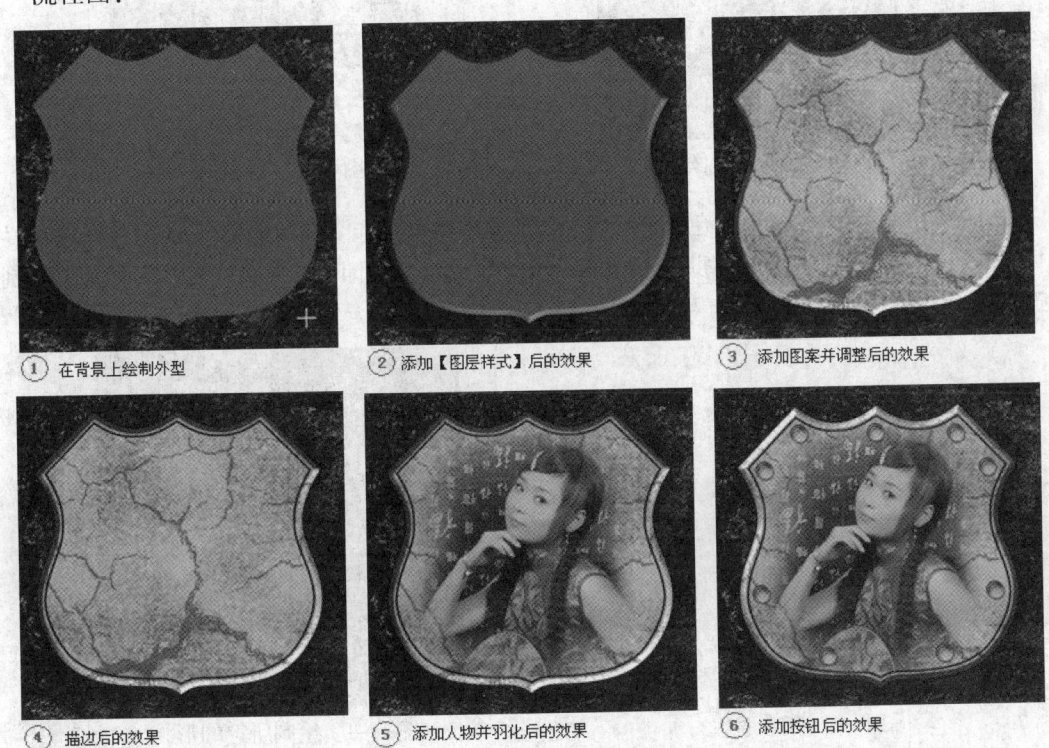

① 在背景上绘制外型　　② 添加【图层样式】后的效果　　③ 添加图案并调整后的效果
④ 描边后的效果　　⑤ 添加人物并羽化后的效果　　⑥ 添加按钮后的效果

本例最终效果：

石镜效果

Howto 制作石镜

1 按 Ctrl+O 键从配套光盘中打开 "/范例源文件/CH13/001.psd"文件，用来作背景，如图 13-1 所示，接着在【图层】调板中单击 ▢（创建新图层）按钮，新建一个图层，如图 13-2 所示。

图 13-1 打开的图像文件

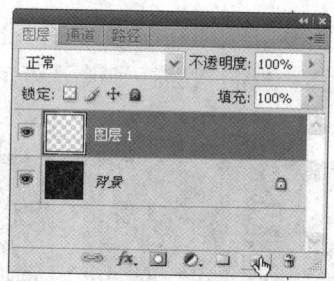

图 13-2 【图层】调板

2 在工具箱中先设置前景色为 R85、G71、B45，再点选 ▢ 自定形状工具，并在选项栏中选择 ▢ 按钮，在【形状】弹出式调板中选择所需的形状，如图 13-3 所示，然后在画面中绘制出所选的形状，如图 13-4 所示。

图 13-3 选择形状

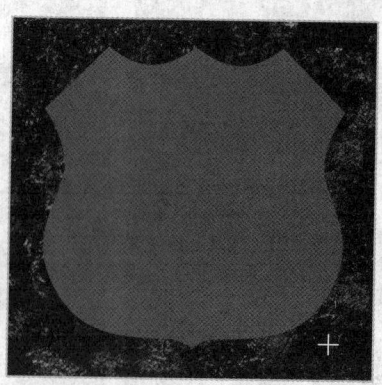

图 13-4 绘制所选的形状

3 在菜单中执行【图层】→【图层样式】→【斜面和浮雕】命令，弹出【图层样式】对话框，并在其中设置【深度】为"610%"，【大小】为"8 像素"，【高光模式】为"颜色减淡"，其【不透明度】为"52%"，如图 13-5 所示，添加了斜面和浮雕效果后的效果如图 13-6 所示。

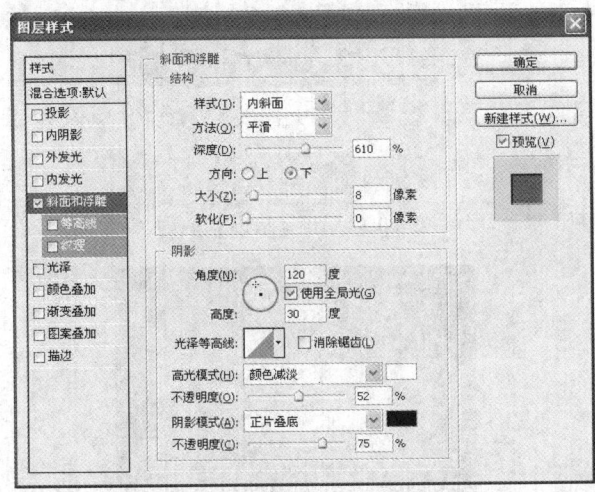

图 13-5 【图层样式】对话框　　　　　　　　图 13-6 添加斜面和浮雕后的效果

4 在【图层样式】对话框的左边栏中勾选【描边】选项，再单击【投影】选项，然后在右边栏中设置【混合模式】为"正常"，【距离】为"35 像素"，【大小】为"65 像素"，其他不变，如图 13-7 所示，设置好后单击【确定】按钮，得到如图 13-8 所示的效果。

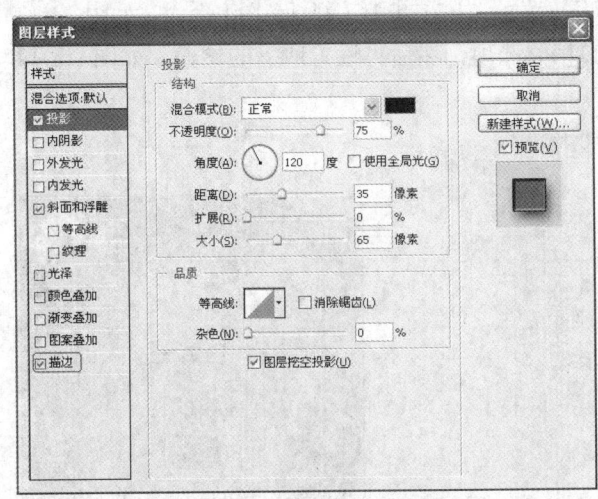
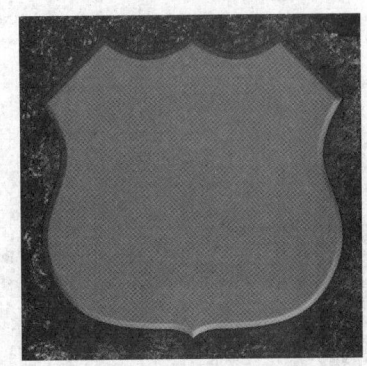

图 13-7 【图层样式】对话框　　　　　　　　图 13-8 添加投影后的效果

5 按 Ctrl+O 键从配套光盘中打开"/范例源文件/CH13/002.psd"文件，如图 13-9 所示，并将文件从文档标题栏中拖出成浮停状态。

6 在工具箱中点选移动工具，将刚打开的文件拖动到前面的背景文件中，并排放到适当位置，再在【图层】调板中设置其【混合模式】为"强光"，如图 13-10 所示，以得到如图 13-11 所示的效果。

7 按 Alt+Ctrl+G 键创建剪贴蒙版，以得到如图 13-12 所示的效果。

图 13-9　打开的纹理图像

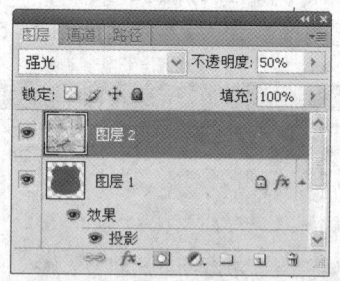

图 13-10　【图层】调板

图 13-11　更改混合模式后的效果

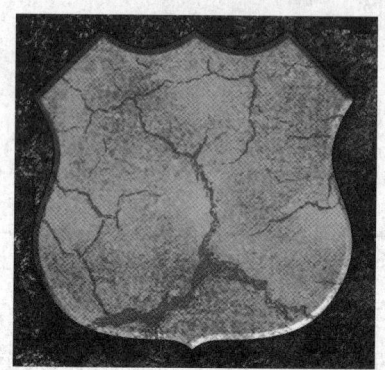

图 13-12　创建剪贴蒙版后的效果

8 在【图层】调板中单击 按钮，弹出下拉菜单，并在其中选择【色阶】命令，如图 13-13 所示，从而在【调整】调板中显示色阶调整的相关选项，然后再设置所需的参数，如图 13-14 所示，设置好后的效果如图 13-15 所示。

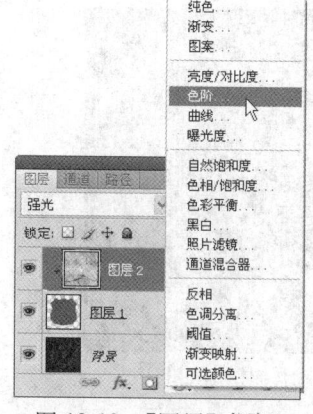

图 13-13　【图层】调板

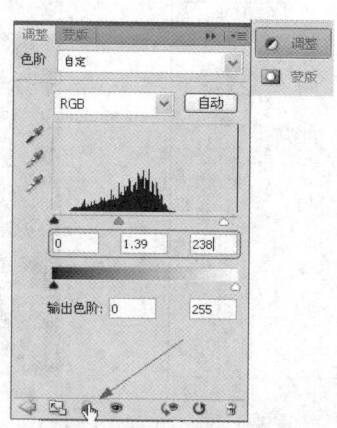

图 13-14　【调整】调板

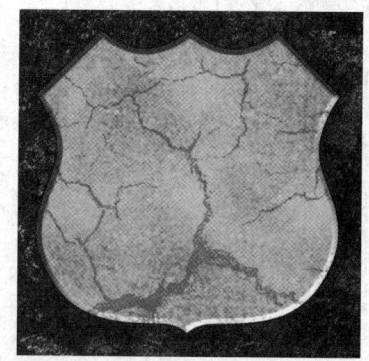

图 13-15　调整色阶后的效果

9 按 Ctrl 键在【图层】调板中单击图层 1 的图层缩览图，如图 13-16 所示，使图层 1 载入选区，结果如图 13-17 所示。

10 在菜单中执行【选择】→【修改】→【收缩】命令，弹出【收缩选区】对话框，并在其中设置【收缩量】为"10 像素"，如图 13-18 所示，设置好后单击【确定】按钮，即可将选区缩小了 10 个像素，结果如图 13-19 所示。

第 13 章 综合应用 **277**

图 13-16 【图层】调板

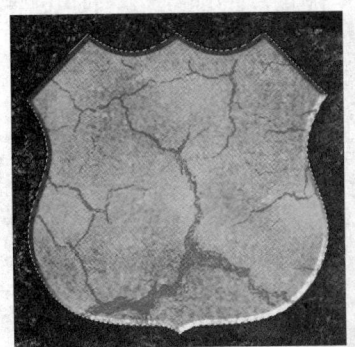

图 13-17 载入选区

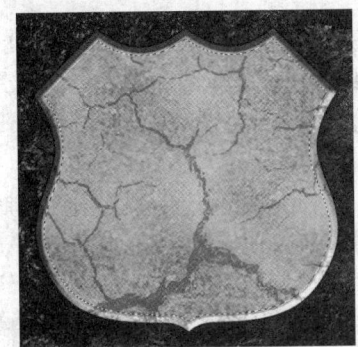

图 13-19 收缩选区

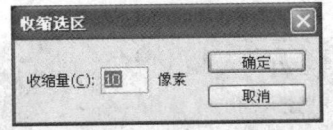

图 13-18 【收缩选区】对话框

11 在【图层】调板中单击 (创建新图层) 按钮, 新建一个图层, 如图 13-20 所示, 再在菜单中执行【编辑】→【描边】命令, 弹出【描边】对话框, 并在其中设置【颜色】为"黑色",【位置】为"内部", 其他不变, 如图 13-21 所示, 设置好后单击【确定】按钮, 即可用黑色给选区进行了描边, 按 Ctrl+D 键取消选择, 得到如图 13-22 所示的效果。

图 13-20 【图层】调板

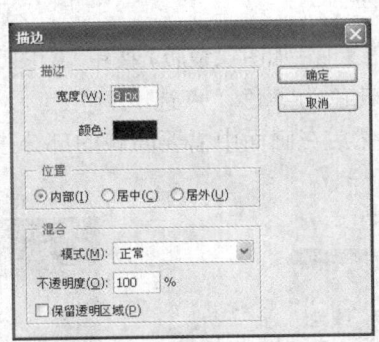

图 13-21 【描边】对话框

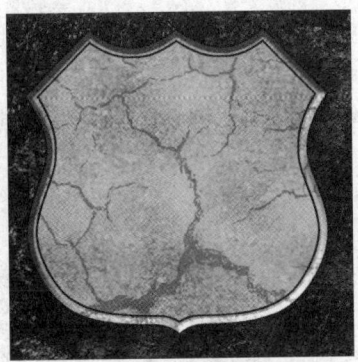

图 13-22 描边后的效果

12 按 Ctrl+O 键从配套光盘中打开"/范例源文件/CH13/003.psd"文件, 并将文件从文档标题栏中拖出成浮停状态, 然后用移动工具将其拖动到正在编辑的画面中来, 再排放到所需的位置, 如图 13-23 所示。

13 在工具箱中点选 椭圆选框工具, 接着在画面中拖出一个椭圆选框, 如图 13-24 所示。

图 13-23　打开的图像

图 13-24　拖出一个椭圆选框

14 按 Shift+F6 键执行【羽化】命令，弹出【羽化选区】对话框，并在其中设置【羽化半径】为"25像素"，如图 13-25 所示，设置好后单击【确定】按钮，以将选区进行羽化。

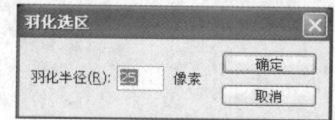

图 13-25　【羽化选区】对话框

15 按 Ctrl+J 键将选区内容通过拷贝新建一个图层，再将图层 4 关闭，如图 13-26 所示，以得到如图 13-27 所示的效果。

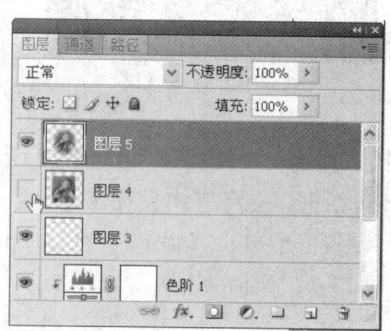

图 13-26　【图层】调板

图 13-27　关闭图层后的效果

16 在【图层】调板中单击 （添加图层蒙版）按钮，给图层 5 添加图层蒙版，如图 13-28 所示，接着在工具箱中设置前景色为黑色，点选 画笔工具，再在选项栏中设置参数为
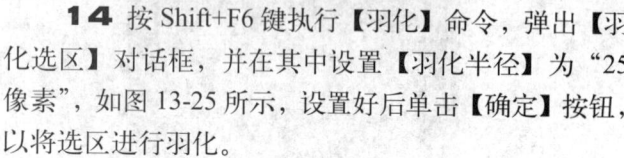
，然后在画面中需要隐藏的部分进行涂抹，涂抹后的效果如图 13-29 所示。

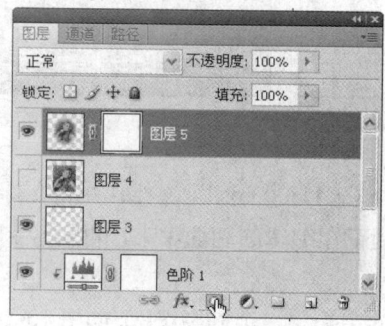

图 13-28　【图层】调板

图 13-29　隐藏后的效果

17 按 Ctrl+O 键从配套光盘的素材库中"/范例源文件/CH13/004.psd"文件，并用前面同样的方法将其复制到画面中来，再排放到所需的位置，如图 13-30 所示。

18 在工具箱中点选▭矩形选框工具，接着在画面中框选出按钮，如图 13-31 所示，再按 Ctrl+Alt 键将其拖动并复制到指定位置，如图 13-32 所示。

图 13-30　打开并复制按钮

图 13-31　框选按钮

图 13-32　复制按钮

19 用上步同样的方法再复制多个副本，复制好后按 Ctrl+D 键取消选择，以得到如图 13-33 所示的效果。

20 在【图层】调板中双击图层 1 中的"斜面和浮雕"栏，如图 13-34 所示，弹出【图层样式】对话框，并其中改变角度与高度，如图 13-35 所示，设置好后单击【确定】按钮，得到如图 13-36 所示的效果。

图 13-33　复制按钮

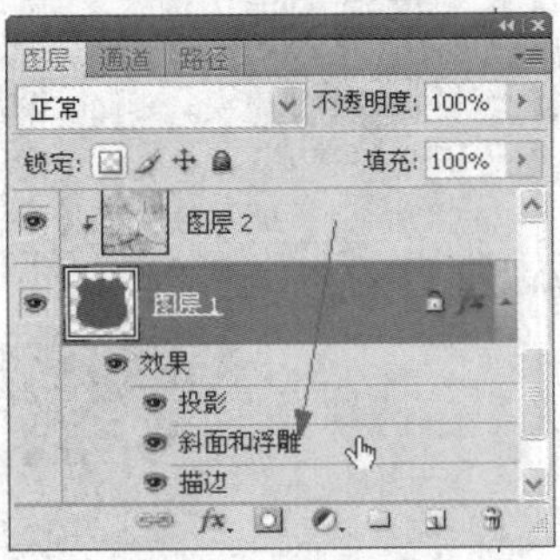

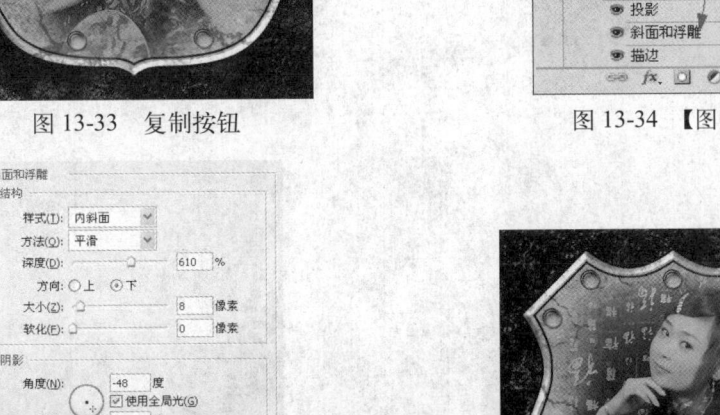

图 13-34　【图层】调板

图 13-35　【图层样式】对话框

图 13-36　改变图层样式后的效果

13.2 装裱照片

本例主要用到的工具和命令有：移动工具、添加图层蒙版、画笔工具、横排文字工具、矩形选框工具、取消选择等。

流程图：

本例最终效果：

装裱照片

Howto 装裱照片

1 按 Ctrl+O 键从配套光盘中打开"/范例源文件/CH13/005.psd"和"/范例源文件/CH13/

006.psd",如图13-37、图13-38所示,然后将婚纱照图像文件从文档标题栏中拖出。

图13-37 打开的图像文件

图13-38 打开的图像文件

2 在工具箱中点选移动工具,将婚纱照图像拖动到背景图像文件中,并排放到适当位置,如图13-39所示。

3 在【图层】调板中单击按钮,给图层1添加图层蒙版,如图13-40所示。

图13-39 复制图像

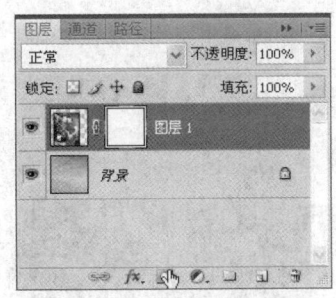

图13-40 添加图层蒙版

4 设置前景色为黑色,在工具箱中点选画笔工具,并在选项栏中设置所需的参数,具体参数如图13-41所示,设置好后在画面中人物的周围进行涂抹,以将其隐藏,隐藏后的效果如图13-42所示。

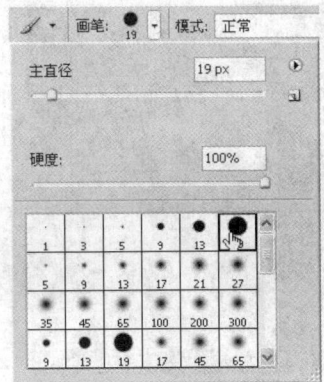

图13-41 选择画笔

图13-42 隐藏后的效果

5 在画面中右击弹出【画笔】调板，并在其中选择"尖角 5 像素"，如图 13-43 所示，然后在人物的周围进行精细涂抹，以将不需要的部分隐藏，隐藏后的效果如图 13-44 所示。

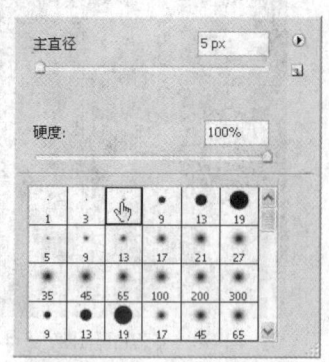
图 13-43　选择画笔

图 13-44　隐藏后的效果

6 按 Ctrl+O 键从配套光盘中打开 "/范例源文件/CH13/007.psd" 文件，如图 13-45 所示，并将其从文档标题栏中拖出，然后用移动工具从有国画的图像文件拖动到正在编辑的文件中来，并排放到适当位置，如图 13-46 所示。

图 13-45　打开的图像文件

图 13-46　复制并排放图像

7 从配套光盘中打开 "/范例源文件/CH13/008.psd" 文件，如图 13-47 所示，并将其从文档标题栏中拖出，然后用移动工具从有国画的图像文件拖动到正在编辑的文件中来，并排放到适当位置，如图 13-48 所示。

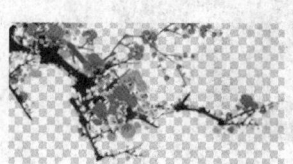
图 13-47　打开的图像文件

图 13-48　复制并排放图像

8 在【图层】调板中将刚复制的图层拖动到图层 1 的下层,如图 13-49 所示,以得到如图 13-50 所示的效果,然后在【图层】调板中激活图层 2,以使后面复制的图层位于它的上层。

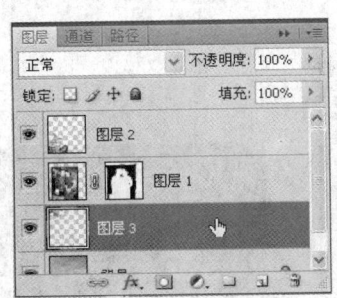

图 13-49 【图层】调板

图 13-50 调整图层顺序后的效果

9 从配套光盘中打开 "/范例源文件/CH13/009.psd" 文件,如图 13-51 所示,并将其从文档标题栏中拖出,然后用 移动工具将有蝴蝶的图像文件拖动到正在编辑的文件中来,并排放到适当位置,如图 13-52 所示。

图 13-51 打开的图像文件

图 13-52 复制并排放图像

10 从配套光盘中打开 "/范例源文件/CH13/010.psd" 文件,如图 13-53 所示,并将其从文档标题栏中拖出,然后用 移动工具将打开的图像文件拖动到正在编辑的文件中来,并排放到适当位置,如图 13-54 所示。

图 13-53 打开的图像文件

图 13-54 复制并排放图像

11 在工具箱中点选 直排文字工具,接着在画面中右上角拖出一个文本框,如图 13-55 所示,再在【字符】调板中设置【字体大小】为"6 点",【行距】为"14 点",【所选字符间距】为"40",如图 13-56 所示,然后再输入所需的文字,输入好文字后在选项栏中单击 按钮确认文字输入,结果如图 13-57 所示。

图 13-55　拖出一个文本框

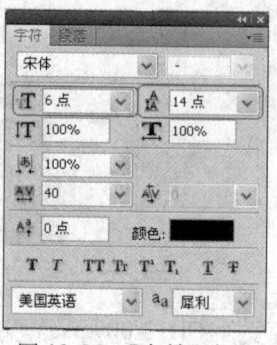
图 13-56　【字符】调板

图 13-57　输入文字

12 在【图层】调板中单击 按钮,新建图层 6,如图 13-58 所示,接着在工具箱中点选 矩形选框工具,然后在画面中文字之间拖出一个小矩形条,如图 13-59 所示。

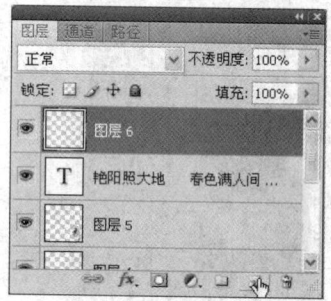
图 13-58　【图层】调板

图 13-59　绘制矩形条

13 按 Alt+Del 键填充前景色(黑色),再按 Ctrl+D 键取消选择,得到如图 13-60 所示的效果,然后按 Ctrl+Alt 键将其向左边拖动到第 2 行文字的中间,以复制一个副本,结果如图 13-61 所示。

图 13-60　填充颜色

图 13-61　复制并移动直线

14 用前面同样的方法复制多条直线,并将复制所得的直线合并为一个图层,复制好后的效果如图 13-62 所示。这样,照片就这样装裱好了。

图 13-62 复制并移动直线

13.3 相册封面设计

本例主要用到的工具和命令有：移动工具、全选、拷贝、贴入、混合模式、图层样式、画笔工具等。

流程图：

本例最终效果：

相册封面设计

Howto 设计相册的封面

1 按 Ctrl+O 键从配套光盘中打开"/范例源文件/CH13/011.psd"文件，用来作背景，如图 13-63 所示。

2 从配套光盘中打开"/范例源文件/CH13/012.psd"文件，如图 13-64 所示，并将其从文档标题栏中拖出，然后用移动工具将花朵拖动到正在编辑的文件中来，并排放到适当位置，如图 13-65 所示。

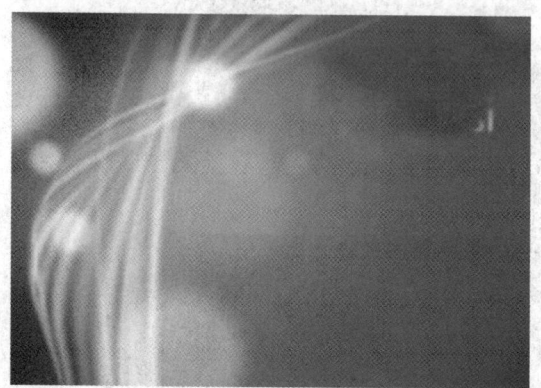

图 13-63　打开的图像文件

图 13-65　复制并排放图像

图 13-64　打开的图像文件

3 从配套光盘中打开"/范例源文件/CH13/013.psd"文件，如图 13-66 所示，并将其从文档标题栏中拖出，然后用移动工具将其拖动到正在编辑的文件中来，并排放到适当位置，如图 13-67 所示。

图 13-66　打开的图像文件　　　　　　　图 13-67　复制并排放图像

4 从配套光盘中打开"/范例源文件/CH13/014.psd"文件,如图 13-68 所示,并将其从文档标题栏中拖出,然后用移动工具将花拖动到正在编辑的文件中来,并排放到适当位置,如图 13-69 所示。

图 13-68　打开的图像文件　　　　　　　图 13-69　复制并排放图像

5 用上步同样的方法将配套光盘中的"/范例源文件/CH13/015.psd"文件复制到我们的画面中来,并排放到适当位置,如图 13-70 所示。

6 从配套光盘中打开"/范例源文件/CH13/016.psd"文件文件,并按 Ctrl+A 键全选,再按 Ctrl+C 键进行拷贝,如图 13-71 所示;然后激活我们正在编辑的文件,用矩形选框工具在画面中框选出一个要贴图像的区域,如图 13-72 所示,接着在菜单中执行【编辑】→【贴入】命令,即可将拷贝的内容贴入选区中,如图 13-73 所示。

图 13-70　复制并排放图像　　　　　　　图 13-71　打开的图像文件

图 13-72　框选贴图像的区域

图 13-73　将图像贴入选区

7 从配套光盘中打开"/范例源文件/CH13/017.psd"文件，并按 Ctrl+A 键全选，再按 Ctrl+C 键进行拷贝，如图 13-74 所示；然后激活我们正在编辑的文件，用矩形选框工具在画面中框选出一个要贴图像的区域，如图 13-75 所示，接着在菜单中执行【编辑】→【贴入】命令，即可将拷贝的内容贴入选区中，如图 13-76 所示。

图 13-74　打开的图像文件

8 从配套光盘中打开"/范例源文件/CH13/018.psd"文件，如图 13-77 所示，并将其从文档标题栏中拖出，然后用移动工具将其拖动到正在编辑的文件中来，并排放到适当位置，如图 13-78 所示。

图 13-75　框选贴图像的区域

图 13-76　将图像贴入选区

图 13-77　打开的图像文件

图 13-78　复制并排放图像

9 在【图层】调板中设置图层 7（即蝴蝶所在图层）的【混合模式】为"亮光"，如图 13-79 所示，以得到如图 13-80 所示的效果。

第 13 章 综合应用 *289*

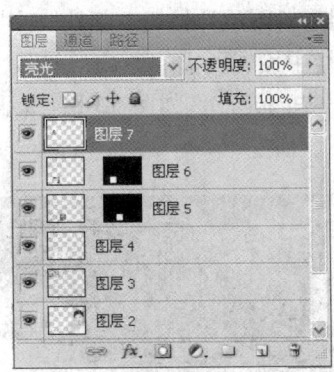

图 13-79 【图层】调板

图 13-80 更改混合模式后的效果

10 从配套光盘中打开 "/范例源文件/CH13/019.psd" 文件，如图 13-81 所示，并将其从文档标题栏中拖出，然后用移动工具将其拖动到正在编辑的文件中来，再按 Ctrl+T 键对它进行大小调整，如图 13-82 所示，调整好后在变换框中双击确认变换，并将其排放到适当位置。

图 13-81 打开的图像文件

图 13-82 复制并调整图像

11 在菜单中执行【图层】→【图层样式】→【描边】命令，弹出【图层样式】对话框，并在其中设置【大小】为"2像素"，【颜色】为"白色"，再勾选【投影】、【光泽】与【颜色叠加】选项，其他不变，如图 13-83 所示，设置好后单击【确定】按钮，得到如图 13-84 所示的效果。

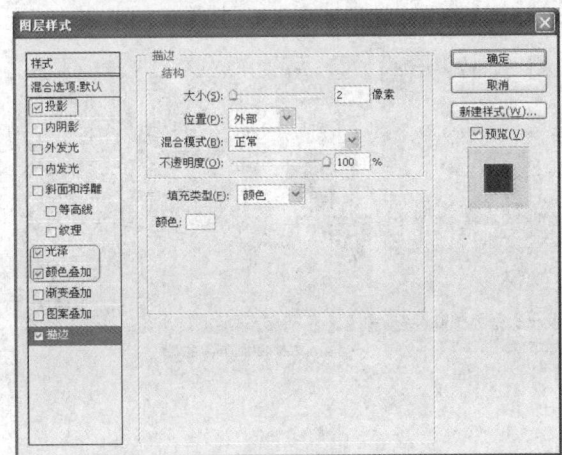

图 13-83 【图层样式】对话框

图 13-84 添加图层样式后的效果

12 设置前景色为白色，在【图层】调板中单击 ■（创建新图层）按钮，新建一个图层，如图 13-85 所示，再在工具箱中点选 ✓ 画笔工具，并在选项栏中设置所需的参数，如图 13-86 所示，设置好后在画面中不同位置分别单击，以给画面添加一些闪光点，如图 13-87 所示。这样，相册封面就制作完成了。

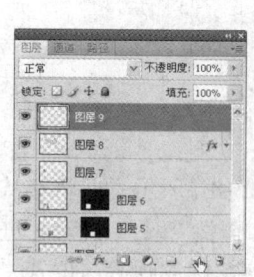

图 13-85 【图层】调板

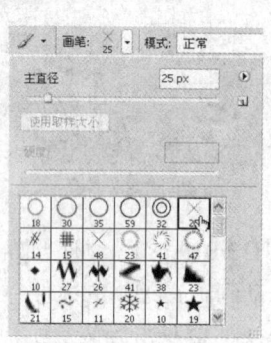

图 13-86 选择画笔

图 13-87 绘制闪光点

13.4 制作房地产广告

本例主要用到的工具和命令有：移动工具、添加图层蒙版、渐变工具、矩形工具、横排文字工具、图层样式等。

流程图：

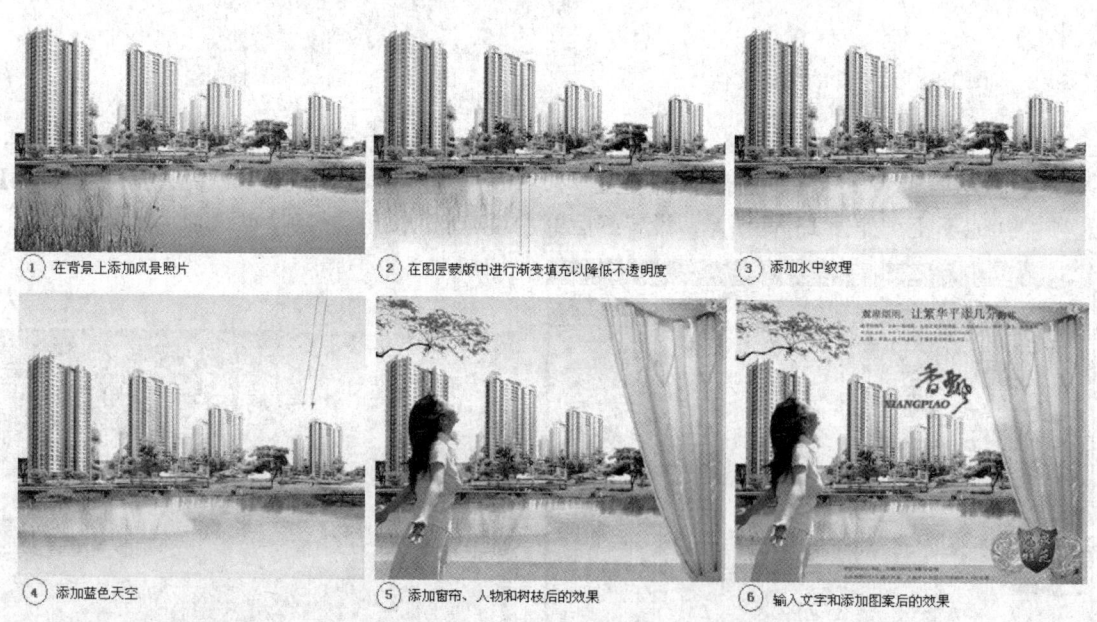

① 在背景上添加风景照片　② 在图层蒙版中进行渐变填充以降低不透明度　③ 添加水中纹理

④ 添加蓝色天空　⑤ 添加窗帘、人物和树枝后的效果　⑥ 输入文字和添加图案后的效果

本例最终效果：

第 13 章 综合应用

房地产广告

Howto 制作房地产广告

1 在工具箱中先设置背景色为 R255、G253、B233,再按 Ctrl+N 键,弹出【新建】对话框,并在其中设置所需的参数,如图 13-88 所示,设置好后单击【确定】按钮,即可新建一个空白的图像文件。

2 从配套光盘中打开"/范例源文件/CH13/020.psd"文件,如图 13-89 所示,并将其从文档标题栏中拖出,然后用移动工具将其拖动到正在编辑的文件中来,并排放到适当位置,如图 13-90 所示。

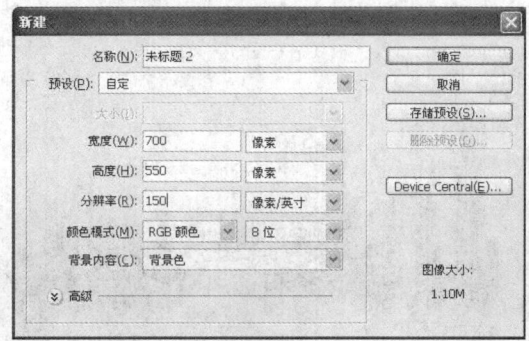

图 13-88 【新建】对话框

图 13-89 打开的图像文件

3 在【图层】调板中单击 按钮,给图层 1 添加图层蒙版,如图 13-91 所示。

图 13-90 复制并排放图像

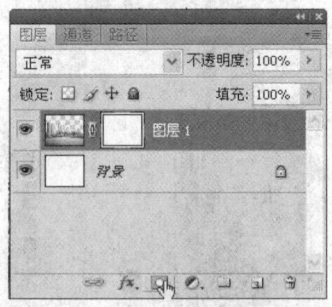
图 13-91 添加图层蒙版

4 设置前景色为黑色,再在工具箱中点选 渐变工具,并在选项栏的渐变拾色器中选择"前景色到透明渐变",如图 13-92 所示,然后在画面中拖动,以给蒙版进行渐变填充,填充后的效果如图 13-93 所示,接着在【图层】调板中激活"背景"层。

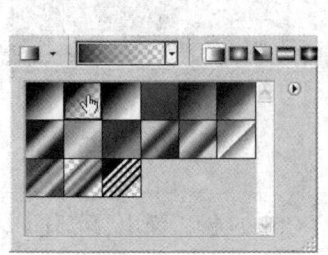
图 13-92 渐变拾色器

图 13-93 进行渐变填充

5 从配套光盘中打开"/范例源文件/CH13/021.psd"文件,如图 13-94 所示,并将其从文档标题栏中拖出,然后用 移动工具将其拖动到正在编辑的文件中来,并排放到适当位置,再在图层调板中将刚复制的图层排放到图层 1 的下层,画面效果如图 13-95 所示。

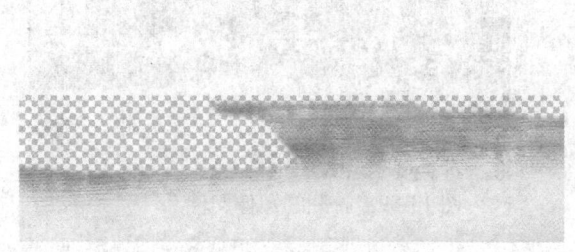
图 13-94 打开的图像文件

图 13-95 复制并排放图像

6 设置前景色为 R183、G231、B216，在【图层】调板中单击 ■（创建新图层）按钮，新建图层 3，如图 13-96 所示，再在工具箱中点选 ■ 渐变工具，并在选项栏的渐变拾色器中选择"前景色到透明渐变"，如图 13-97 所示，然后在画面中拖动，以给蒙版进行渐变填充，填充后的效果如图 13-98 所示。

7 在【图层】调板中单击【创建新图层】按钮，新建图层 4，如图 13-99 所示，在工具箱中设置前景色为 R186、G186、B186，再点选 ■ 矩形工具，并在选项栏中选择 ■ 按钮，然后在画面的底部绘制一个矩形，如图 13-100 所示。

图 13-96 【图层】调板

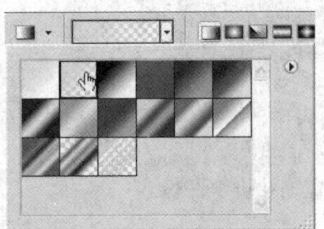

图 13-97 选择渐变

图 13-98 渐变填充后的效果

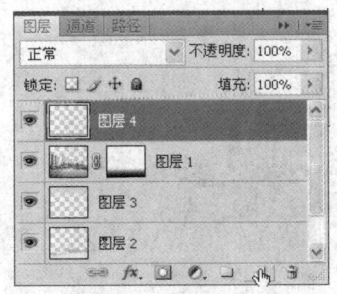

图 13-99 【图层】调板

图 13-100 绘制矩形

8 从配套光盘中打开"/范例源文件/CH13/022.psd"文件，如图 13-101 所示，并将其从文档标题栏中拖出，然后用 ▶ 移动工具将其拖动到正在编辑的文件中来，并排放到适当位置，如图 13-102 所示。

9 从配套光盘中打开"/范例源文件/CH13/023.psd"文件，如图 13-103 所示，并将其从文档标题栏中拖出，然后用 ▶ 移动工具将其拖动到正在编辑的文件中来，并排放到适当位置，如图 13-104 所示。

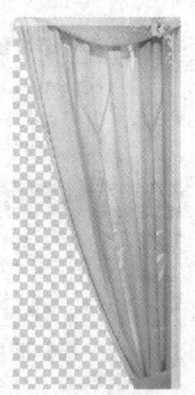

图 13-101　打开的图像文件　　　　　图 13-102　复制并排放图像

图 13-103　打开的图像文件　　　　　图 13-104　复制并排放图像

10 从配套光盘中打开"/范例源文件/CH13/024.psd"文件,如图 13-105 所示,并将其从文档标题栏中拖出,然后用 移动工具将其拖动到正在编辑的文件中来,并排放到适当位置,如图 13-106 所示。

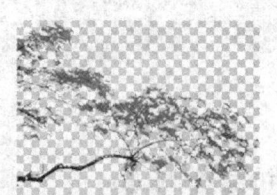

图 13-105　打开的图像文件　　　　　图 13-106　复制并排放图像

11 用上步同样的方法将配套光盘中的"/范例源文件/CH13/025.psd"文件复制到画面中,并排放到适当位置,如图 13-107 所示。

12 在工具箱中点选 T 横排文字工具,并在选项栏中设置参数为 华文行楷 ▼ - ▼ T 7.6点 ▼,然后在画面中适当位置单击并输入"龙泉雅苑"文字,输入好文字后单击 ✓ 按钮确认文字输入,如图 13-108 所示。

图 13-107 复制并排放图像

图 13-108 输入文字

13 在菜单中执行【图层】→【图层样式】→【描边】命令，弹出【图层样式】对话框，并在其中设置【大小】为"1 像素"，再勾选【光泽】选项，其他不变，如图 13-109 所示，设置好后单击【确定】按钮，得到如图 13-110 所示的效果。

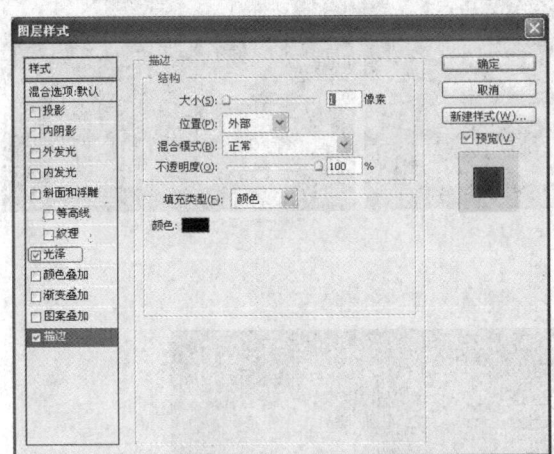
图 13-109 【图层样式】对话框

图 13-110 添加图层样式后的效果

14 用横排文字工具在画面中依次输入所需的文字，输入好文字后的效果如图 13-111 所示。

15 用前面同样的方法将配套光盘中的"/范例源文件/CH13/026.psd"文件复制到画面中，并排放到适当位置，如图 13-112 所示。这样，房地产广告就制作完成了。

图 13-111 输入文字

图 13-112 复制并排放图像

13.5 网站设计

本例主要用到的工具和命令有：移动工具、画笔工具、添加图层蒙版、横排文字工具、合并、矩形工具等。

流程图：

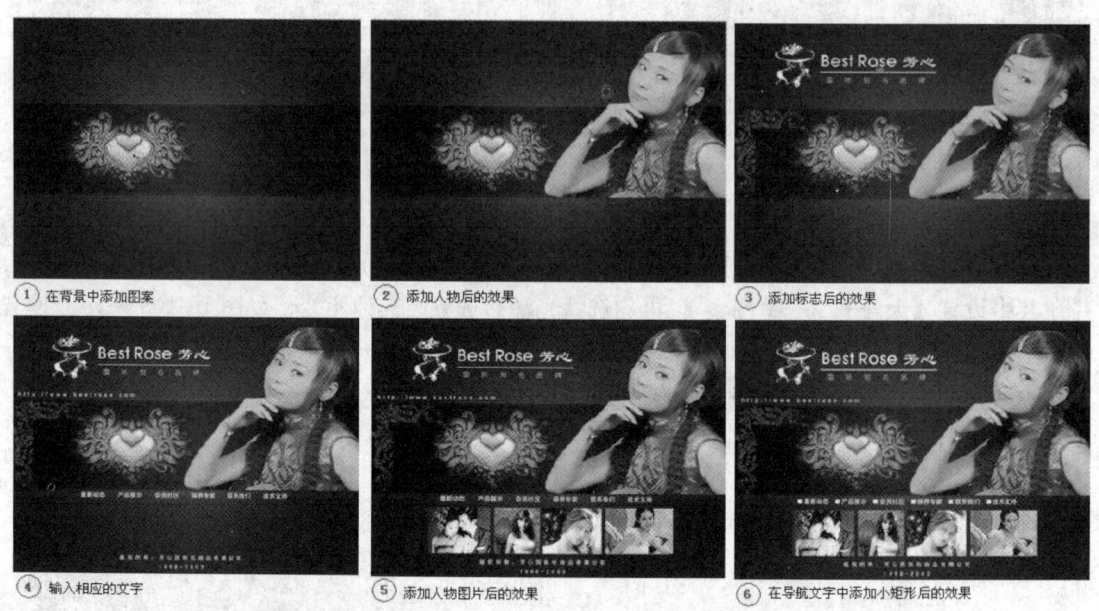

① 在背景中添加图案　　② 添加人物后的效果　　③ 添加标志后的效果

④ 输入相应的文字　　⑤ 添加人物图片后的效果　　⑥ 在导航文字中添加小矩形后的效果

本例最终效果：

网站设计效果

Howto 设计网站

1 按 Ctrl+O 键从配套光盘中打开"/范例源文件/CH13/027.psd"和"/范例源文件/CH13/028.psd"文件，如图 13-113、图 13-114 所示，然后将有图案的文件拖出文档标题栏。

第13章 综合应用 297

图13-113 打开的图像文件

图13-114 打开的图像文件

2 在工具箱中点选 移动工具,并将图案拖动到背景文件中,再排放到适当位置,如图13-115所示。

3 从配套光盘中打开"/范例源文件/CH13/029.psd"文件,如图13-116所示,并将其从文档标题栏中拖出,然后用 移动工具将其拖动到正在编辑的文件中来,并排放到适当位置,如图13-117所示。

图13-115 复制并排放图像

图13-116 打开的图像文件

4 在【图层】调板中单击 按钮,给图层2添加图层蒙版,如图13-118所示,接着在工具箱中点选 画笔工具,并在选项栏中选择所需的画笔,如图13-119所示;然后在画面中人物的周围进行涂抹,将不需要的部分隐藏,隐藏后的效果如图13-120所示。

图13-117 复制并排放图像

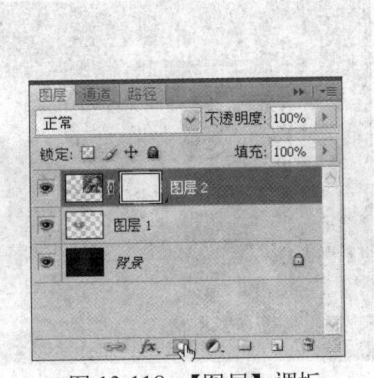

图13-118 【图层】调板

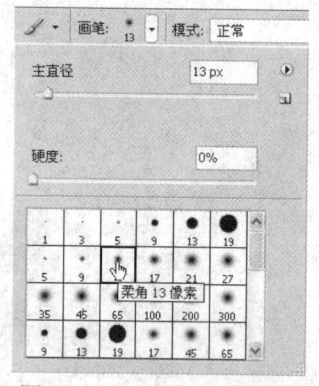
图 13-119 画笔工具选项栏

图 13-120 将不需要的部分隐藏

5 用前面同样的方法将"/范例源文件/CH13/030.psd"和"/范例源文件/CH13/031.psd"文件复制到画面中来,再排放到适当位置,如图 13-121 所示。

6 在工具箱中点选 T 横排文字工具,接着在画面中依次单击并输入所需的文字,然后根据需要设置所需的字体与字体大小,文本颜色为白色,如图 13-122 所示。

图 13-121 复制并排放图像

图 13-122 输入文字

7 用前面同样的方法将"/范例源文件/CH13/032.psd"文件复制到画面中来,再排放到适当位置,如图 13-123 所示。

8 用前面同样的方法将"/范例源文件/CH13/033.psd"、"/范例源文件/CH13/034.psd"以及"/范例源文件/CH13/035.psd"文件依次复制到画面中来,再分别排放到适当位置,如图 13-124 所示。

图 13-123 复制并排放图像

图 13-124 复制并排放图像

9 按 Ctrl+E 键向下合并，直至将并排的四个图片所在的图层合并为一个图层为止，如图 13-125 所示。

10 在【图层】调板中单击 ◻（创建新图层）按钮，新建图层 6，如图 13-126 所示，接着在工具箱中点选 ◻ 矩形工具，并在选项栏中选择 ◻ 按钮，然后在画面中文字前绘制一个白色的矩形，如图 13-127 所示。

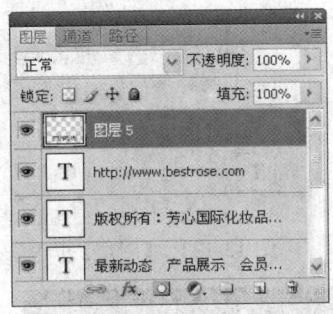
图 13-125 【图层】调板

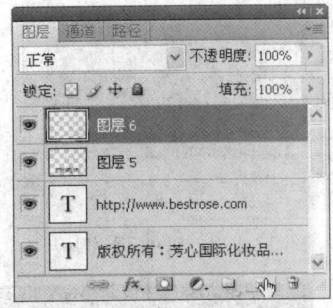
图 13-126 【图层】调板

图 13-127 绘制矩形

11 在工具箱中点选 ◻ 移动工具，再按 Alt+Shift 键将矩形向右拖动至另一个标题名称前，以复制一个副本，结果如图 13-128 所示。然后用同样的方法再复制多个副本，并依次排放到相应的文字前，复制好后的效果如图 13-129 所示。

图 13-128 复制矩形

图 13-129 复制矩形

12 按 Shift 键在画面中单击图层 6，以同时选择所有白色矩形所在的图层，如图 13-130 所示，再按 Ctrl+E 键将所选的图层合并为一个图层，结果如图 13-131 所示，其完整画面效果如图 13-132 所示。这样，我们的网站就制作完成。

图 13-130 【图层】调板

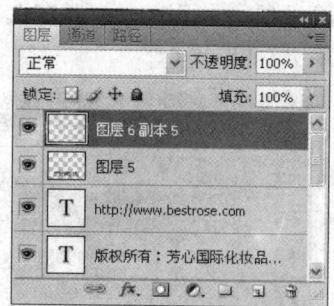
图 13-131 【图层】调板

图 13-132 最终效果

13.6 本章小结

本章通过 5 个典型的实例制作巩固与总结了全书所学的知识，在每个实例中都用了各种不同的工具与命令，以达到熟练掌握 Photoshop CS4 程序的功能。希望能够认真练习与操作。学完本章后相信读者能自己创作与设计出的优美作品，从而更进一步加深对 Photoshop CS4 程序中功能的理解。

13.7 本章习题

上机实训：

依次打开配套光盘中的 "/范例源文件/CH13/036.psd" 至 "/范例源文件/CH13/040.psd" 文件，将如图 13-133 所示的效果制作出来，其流程图如图 13-134 所示。

第13章 综合应用

图13-133 效果图

① 打开的背景文件

② 打开3个图像文件并依次复制到背景文件中，然后根据需要对它们进行图层蒙版编辑与设置混合模式及不透明度

③ 打开一个图像文件并将其复制到背景文件中，然后根据需要进行适当排放。

④ 用横排文字工具、画笔工具在画面中输入所需的文字与绘制一些辅助图形，以衬托出主题。

图13-134 流程图

部分习题参考答案

第1章

一、填空题

1. 点阵图像　许多点　像素　对象　形状
2. 向量图形　被称为矢量的数学对象　几何特性
3. 分辨率　任意尺寸　任意分辨率

二、选择题

1. A　　2. A B　　3. C　　4. B D

三、简答题

1. 答：像素大小为位图图像的高度和宽度的像素数量。图像在屏幕上的显示尺寸由图像的像素尺寸和显示器的大小与设置决定。

　　分率是指在单位长度内所含有的点（像素）的多少，其单位为像素/英寸或是像素/厘米，例如分率为200dpi的图像表示该图像每英寸含有200个点或像素。了解分率对于处理数字图像是非常重要的。

2. 答：位图图像（也称为点阵图像）是由许多点组成的，其中每一个点称为像素，而每个像素都有一个明确的颜色。在处理位图图像时，用户所编辑的是像素，而不是对象或形状；

　　矢量图形（也称为向量图形），它是由被称为矢量的数学对象定义的线条和曲线组成。矢量根据图像的几何特性描绘图像。

第2章

一、填空题

1. 9　矩形　多边形　椭圆
2. 矩形选框工具　椭圆选框工具　单行选框工具　单列选框工具

二、选择题

1. A　　2. A　　3. A

第3章

一、填空题

1. 拷贝　合并拷贝　剪切
2. 移动工具　拷贝　合并拷贝　剪切　粘贴
3. 顶边　垂直居中　左边　右边

二、选择题

1. A B C　　2. B　　3. A

第 4 章

一、填空题

1. 背景层 背景层 背景层
2. 投影 内阴影 内发光 外发光 斜面和浮雕 光泽 图案叠加 描边

二、选择题

1. D   2. C   3. A   4. D

第 5 章

一、选择题

1. D   2. B   3. A

二、简答题

1. 答：有画笔、模式、不透明度、流量、喷枪工具等属性。
2. 答：有样式、区域、容差、不透明度、画笔、模式等属性。

第 6 章

一、填空题

1. 横排文字工具 直排文字工具 横排文字蒙版工具
2. 定界框 格式化 定界框 重新排列 定界框 定界框
3. 点文字 段落文字
4. 字体 字体大小 字间距 行距 缩放
5. 工作路径 工作路径 工作路径

二、选择题

1. B   2. A

第 7 章

一、填空题

1. 取样】 图案
2. 色相 饱和度 颜色 亮度

二、选择题

1. A   2. A   3. C   4. A   5. D

第 8 章

一、填空题

1. 直线 曲线 自由的线条 路径 形状
2. 添加锚点工具 删除锚点工具 转换点工具 路径选择工具 直接选择工具
3. 矩形 正方形 椭圆 圆 圆角矩形 多边形

二、选择题

1. D 2. B 3. D 4. B

第9章

一、填空题

1. 56 尺寸 像素数目 像素信息
2. 预混油墨 四色（CMYK）油墨

二、选择题

1. D 2. D 3. D 4. B

第10章

一、填空题

1. 暗调 中间调 高光 色调范围 色彩平衡
2. 色相 饱和度 明度

二、选择题

1. C 2. D 3. B 4. D 5. B

第11章

一、填空题

1. 宽度 高度 长宽比
2. 文件 子文件夹

二、选择题

1. D 2. C 3. D

读者回函卡

亲爱的读者：

　　感谢您对海洋智慧IT图书出版工程的支持！为了今后能为您及时提供更实用、更精美、更优秀的计算机图书，请您抽出宝贵时间填写这份读者回函卡，然后剪下并邮寄或传真给我们，届时您将享有以下优惠待遇：

- 成为"读者俱乐部"会员，我们将赠送您会员卡，享有购书优惠折扣。
- 不定期抽取幸运读者参加我社举办的技术座谈研讨会。
- 意见中肯的热心读者能及时收到我社最新的免费图书资讯和赠送的图书。

姓　名：	性别：□男 □女	年　龄：
职　业：		爱　好：
联络电话：		电子邮件：
通讯地址：		邮编：

1. 您所购买的图书名：_____ 购买地点：_____
2. 您现在对本书所介绍的软件的运用程度是在：□初学阶段 □进阶／专业
3. 本书吸引您的地方是：□封面 □内容易读 □作者 □价格 □印刷精美
   　　　　　　　　　　□内容实用 □配套光盘内容 其他 _____
4. 您从何处得知本书：□逛书店 □宣传海报 □网页 □朋友介绍
   　　　　　　　　　□出版书目 □书市 其他 _____
5. 您经常阅读哪类图书：
   □平面设计 □网页设计 □工业设计 □Flash动画 □3D动画 □视频编辑
   □DIY □Linux □Office □Windows □计算机编程 其他 _____
6. 您认为什么样的价位最合适：_____
7. 请推荐一本您最近见过的最好的计算机图书：
   书名：_____ 出版社：_____
8. 您对本书的评价：_____
9. 您还需要哪方面的计算机图书，对所需的图书有哪些要求：_____

社址：北京市海淀区大慧寺路8号　网址：www.wisbook.com　技术支持：www.wisbook.com/bbs
编辑热线：010-62100088　010-62100023　传真：010-62173569
邮局汇款地址：北京市海淀区大慧寺路8号海洋出版社教材出版中心　邮编：100081

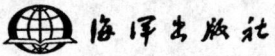  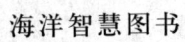

Wisbook.com 智慧图书

热烈祝贺海洋出版社海洋智慧图书网站开通啦！更多的惊喜等着你的光临！

| 加入收藏 | 资源下载 | 在线投稿 | 联系方式 |

站点首页　图书分类　排行榜　我的帐户　读者园地　帮助中心

完全自学手册系列——专业设计师快速成长之路
- 金牌图书　良好口碑
- 专业设计师成长之路
- 全国各大书城热卖中

◁ 查看以往动画　　　动画插件安装

海洋出版社计算机图书出版中心
北京海洋智慧图书有限公司　→ 海洋出版社网站

新闻播报
- 热烈祝贺我部门四种图书入选普通高... (2008-3-25)
- 北电动画学院动漫教材飘香第三届中国（... (2007-5-25)
- 2007暑假中国动画专业教师（师资）高级... (2007-4-25)
- 火热报名：第六届动画学院奖暨动画国际... (2006-11-20)
- 海洋出版社动漫游戏专业教材出版工程（... (2006-11-4)
- 访问柏林银熊奖最佳动画短片得主Jan Ko... (2006-11-9)
- 动画片《小兵张嘎》评为"中国青少年最... (2006-11-6)
- 《小兵张嘎》闪耀石家庄国际动漫节 (2006-10-7)
- 最新动漫游戏书讯抢鲜出炉可下载 (2006-9-29)

>> 更多新闻

[最新书目下载] [读者在线回函卡]　图书搜索：[　　] 图书名称▾ [立即搜索] [高级搜索]

我的购物车

用户名：[　　]
密　码：[　　]
[登录] [我要注册]

忘记密码 | 购物车 | 退出登录

快速导览
图文处理与工程制图
- 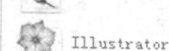 Photoshop
- Illustrator
- PageMaker
- CorelDRAW
- AutoCAD
-  Pro/Engineer
- Acrobat
- Protel
- 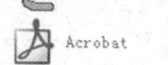 FreeHand

- 三维设计与多媒体制作
- 网络技术与网站开发
- 动漫游戏专业教材教辅
- 计算机教材与基础教程

➤ **推荐图书**　普通会员享受9折优惠　邮资均8元

编号：HY-6458
市场价：¥298
会员价：¥268.2
VIP价：¥238.4
[购买]
动画教学实训手册（6册）

编号：HY-6369
市场价：¥20
会员价：¥18
VIP价：¥16
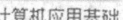
[购买]
计算机应用基础

编号：HY-6443
市场价：¥28
会员价：¥25.2
VIP价：¥22.4
[购买]
新编Office 2003 5合1应用技能培训教程

编号：HY-6478
市场价：¥35
会员价：¥31.5
VIP价：¥28
[购买]
新编中文版Photoshop CS3标准教程

编号：HY-6420
市场价：¥68
会员价：¥61.2
VIP价：¥54.4
[购买]
影视动画影片分析（综合卷）

编号：HY-6404
市场价：¥25
会员价：¥22.5
VIP价：¥20
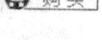
[购买]
北京电影学院动画学院教学参考图例：动态造型

编号：HY-6405
市场价：¥25
会员价：¥22.5
VIP价：¥20
[购买]
北京电影学院动画学院教学参考图例：动画运动规律

编号：HY-6406
市场价：¥25
会员价：¥22.5
VIP价：¥20
[购买]
北京电影学院动画学院教学参考图例：动画素描

编号：HY-6408
市场价：¥25
会员价：¥22.5
VIP价：¥20
[购买]
北京电影学院动画学院教学参考图例：下乡写生

编号：HY-6448
市场价：¥50
会员价：¥45
VIP价：¥40
[购买]
第七届动画学院奖获奖作品集

编号：HY-6400
市场价：¥88
会员价：¥79.2
VIP价：¥70.4
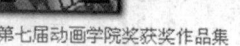
[购买]
中文版CorelDRAW X3完全自学手册

编号：HY-6421
市场价：¥68
会员价：¥61.2
VIP价：¥54.4
[购买]
3ds Max 9完全自学手册

凝聚万千智慧　成就你我他

销售热线：010-62132549　010-62113858　传真：010-62174379　010-62114300　邮编：100081
邮局汇款地址：北京市海淀区大慧寺路8号海洋出版社发行部　技术支持：www.wisbook.com/bbs